职业技术院校实用教材

# 新编彩色电视机轻松入门教程

## （第3版）

王忠诚　编著

電子工業出版社·

**Publishing House of Electronics Industry**

北京·BEIJING

## 内容提要

　　本书是根据新时期职业技术教育的特点及培养目标而编写的，包含了彩色电视机原理与电路分析、电视机实用检修技术等内容。全书从实用的角度出发，融合了普通彩色电视机检修知识及数码彩色电视机检修知识，突出"轻松学"的特点，能让读者轻松地学到富有时代特色的实用知识，真正适应市场的需要。本书选用单片数码机心和超级芯片机心作为分析对象，有利于读者学以致用，提高学习的实用价值。

　　全书内容新颖、通俗易懂，且理论联系实际，各章节内容编排符合教学规律，因而特别适合高职和中职学校电子技术类专业师生使用，也适合广大家电维修人员及无线电爱好者阅读、参考。

　　未经许可，不得以任何方式复制或抄袭本书之部分或全部内容。

　　版权所有，侵权必究。

**图书在版编目（CIP）数据**

新编彩色电视机轻松入门教程/王忠诚编著. —3 版. —北京：电子工业出版社，2013.9
职业技术院校实用教材
ISBN 978 - 7 - 121 - 20450 - 0

Ⅰ. ①新…　Ⅱ. ①王…　Ⅲ. ①彩色电视机 - 教材　Ⅳ. ①TN949.12

中国版本图书馆 CIP 数据核字（2013）第 103761 号

责任编辑：张　榕
印　　刷：北京七彩京通数码快印有限公司
装　　订：北京七彩京通数码快印有限公司
出版发行：电子工业出版社
　　　　　北京市海淀区万寿路 173 信箱　邮编 100036
开　　本：787×1092　1/16　印张：14.75　字数：378 千字　插页：1
印　　次：2018 年 10 月第 2 次印刷
定　　价：36.00 元

# 前　言

2004 年，《新编黑白/彩色电视机轻松入门教程》一书出版，由于此书内容安排合理，教学难度适中，又能使学生学到富有时代特色的知识，深受读者青睐。出版不到一年，便重印 3 次，此后的几年，该书的销量一直处于同类图书前列。2009 年，该书第 2 版问世，其销量仍然保持领先优势。

时隔多年之后，彩电维修领域的产业结构已经升级，第 2 版中的部分内容也逐渐失去了其先进性，广大读者纷纷来函来电，要求修订此书。对此笔者颇有感触，故萌发升级此书之念头，望能通过改版此书，再次掀起电子类教材改革的新高潮。

笔者通过对第 2 版（以下称原书）进行深入分析后，再结合学生的实际情况和当今市场，对原书内容进行了以下几个方面的修订。

1. 删除了原书中的第 1 章和第 10 章。第 1 章是关于黑白电视机的内容，该内容过于陈旧，没有存在的必要；第 10 章是关于数字电视原理方面的内容，难度太大，且实用性不强，不适合职业院校的学生学习，因而也没有存在的必要。

2. 调整了第 11 章的次序。原书第 11 章是关于维修方面的知识，在本书中被调到了第 1 章，同时对原内容进行了扩展。这样做的目的有二：一是强调维修技能的重要性，是告诉学生，学习的目的是为了维修故障，而不是单一的学习原理，更不是为了设计电路；其二是让学生在学习彩电维修之前，先掌握学习方法，学会仪表、工具的使用，真正做到"工欲善其事，必先利其器"。

3. 修改了原书中的第 2 章和第 4 章。第 2 章是关于彩电基本原理的内容，修改此章的目的有二：一是由于本书删除了黑白电视机原理的相关内容，使第 2 章顿失基础，因而必须增添显像管、电子扫描、电视信号传输等方面的内容，只有这样，第 2 章内容才能平稳过渡，初学者才能轻松学懂；其二是原书的编码部分过于详细，难度较大，不适合当前职业院校的学生学习，因而必须简化。第 4 章是关于解码电路的内容，解码是编码的逆过程，由于对第 2 章中的编码部分进行了简化，故解码部分也必须简化。

4. 在本书的第 9 章中增添了超级芯片彩电的相关内容。由于当今市场以超级芯片彩电为主，故增添这部分内容，进一步突出了本书的时代性、科学性和实用性。

总之，改版后，全书内容更加新鲜，营养更加丰富，更加切合学情，更加贴合市场，能让学生及时学到富有时代特色的新知识；改版后，全书章节结构更加合理，学习难度进一步下降，可使初学者循序渐进地掌握彩色电视机的工作原理及维修技术，而不会走弯路。

本书特别适合高职和中职学校电子技术类专业师生使用，也适合广大家电维修人员及无线电爱好者使用。

参加本书编写的还有：蒋茂方、张友华、罗纲要、孙唯真、邢修平、杨建红、陈兴祥、钟燕梅、王逸轩、王逸明、宋克对、王梅华、李华、宋兵等同志，在此谨表感谢。

编著者

# 目 录

# 第 **1** 章

## 维 修 知 识

▶▶ 学习要点 ◀◀

（1）了解彩色电视机维修方面的基本知识。
（2）明白电路图在检修过程中所起的作用。
（3）掌握常用的检修方法。
（4）掌握集成电路的检测与更换方法。

## 1.1 怎样学好彩色电视机维修技术

彩色电视机是视频显示设备，其最后的结果是将图像显示在屏幕上，同时从扬声器中再出现伴音。就维修角度而言，彩色电视机的故障体现在光、图、色、声四个方面，而每个方面的故障都与内部电路的工作情况存在一定的对应关系，只要掌握了这种对应关系，再施以适当的检测手段，就能找到故障点。因此，学会检修彩色电视机，不是什么难事。

### 1.1.1 学习彩色电视机维修技术应具备的基本知识

**1. 要了解彩色电视机的工作原理**

了解彩色电视机工作原理包含三层意思：

一是要求了解彩色电视机的整机结构，脑海中要有一幅彩色电视机的整机结构框图；

二是要了解各组成部分的作用，以及基本电路形式；

三是要了解各组成部分的简要工作过程及一些关键元器件的作用。

以上三个方面是一个合格维修人员最起码应该掌握的内容，只有掌握了上述三个方面的内容，才谈得上对电路做出正确的分析，对故障做出正确的判断。实践证明，一个维修高手，往往具有很强的电路分析能力。电路分析的能力取决于对机器工作原理的掌握程度，在检修疑难故障时，电路分析能力尤其重要。

**2. 要正确识读电路图**

故障现象是内部电路异常的外在反映，要能透过现象找到内部电路的故障所在，就需要对机器的内部电路有一定的了解。每一台彩色电视机在出厂时往往附有一张电路图（个别厂家可能未附电路图），它为检修者了解该机的结构提供了最重要的依据。正确识读电路图，是维修彩色电视机的重要一环。所谓识读电路图，就是要根据电路图来正确认识彩色电视机的内部电路，了解电路的基本结构及其对信号的处理过程，理清各电路的供电情况及关键元器件的功能等。

电路图向维修人员提供的信息是很多的，但是，并不是每个人都能从电路图上得到自己所需要的信息，尤其是对初学者来说，往往会对电路图感到陌生，图中的符号和线路如同一团乱麻，不能理解。这不要紧，随着专业知识的增加和理论水平的提高，对电路图的理解会逐步加深。一般来说，理论基础越扎实，专业知识越丰富，对电路图的理解就会越深，在维修过程中对各种故障的判断也就越准确。因此，正确识读电路图是每个维修人员都必须练好的基本功。

**3. 要能正确使用各种维修工具及设备**

检修彩色电视机时，常需要用到万用表、信号发生器及示波器等仪器设备，对于这些仪器设备，厂家都附有说明书，初学者必须认真阅读，充分掌握其使用方法。

1）常用的工具

俗语有云"工欲善其事，必先利其器"，这句话充分道出了工具的重要性。检修彩色电视机时所需要的工具有：电烙铁、起子、镊子、改锥（无感起子）、钳子等。

电烙铁：用来焊接和拆卸元器件。电烙铁有外热式和内热式之分，维修彩色电视机时，常用内热式电烙铁，功率选择在20～35W为宜。最好是配置两把电烙铁，一把为25W，另一把为35W。25W电烙铁用来拆、装小型元器件，如电阻、电容、二极管、三极管、集成块等；35W电烙铁用来拆、装大型元器件，如行输出变压器、大电流二极管等。

起子：起子又叫螺丝刀，用于紧固和拆卸螺钉，有一字起和十字起两种类型。为了在维修过程中能够方便地紧固和拆卸各种螺钉，建议准备多种规格尺寸的一字起和十字起。

镊子：镊子的主要用途是在焊接时夹持导线和元器件，以防止其移动。镊子也可作为拆卸元器件的辅助工具。镊子按其形状分为两种：直头镊子和弯头镊子。

改锥：改锥又称无感起子，它比普通起子小得多，改锥的主要作用是用来调节中周、可变电阻等。由于改锥是由绝缘材料制成的，用它来调节中周时，不会影响中周的谐振频率，可以提高调整精度。

钳子：常用钳子有尖嘴钳、扁嘴钳、斜口钳等。尖嘴钳的头部较细，一般用来夹持小螺母和元器件等，还可用来对元器件进行整形。尖嘴钳分带刀口尖嘴钳和不带刀口尖嘴钳两种类型，带刀口的尖嘴钳还可用做剪切工具。扁嘴钳主要用于拉直裸导线，对导线和元器件的引脚进行整形等。斜口钳主要用于剪切导线和元器件引脚，当一个元器件焊好后，就得用斜口钳剪掉多余的引脚。

2）常用的仪器仪表

常用的仪器仪表有：万用表、示波器、信号发生器等。其中，万用表是维修人员的必备仪表，其他仪器仪表可根据自己的实际要求进行配备。

万用表：是一种用来测量电压、电流及电阻的仪表。它是维修过程中用得最频繁、作用最大的仪表。

示波器：是一种用来观测电路中信号波形的仪器，有单踪和双踪之分。单踪示波器的屏幕上一次只能显示一个信号的波形；双踪示波器的屏幕上一次可以显示两个信号的波形，便于对比分析。

信号发生器：是一种用来输出测试信号的仪器。信号发生器的种类很多，如高频信号发生器、低频信号发生器、图像信号发生器等。高频信号发生器可以输出高频调幅或调频信号。低频信号发生器可以输出音频信号、低频脉冲信号等。图像信号发生器可以输出高频图像信号和视频信号。

**4. 要能正确识别元器件的好坏**

检修故障的过程就是查找坏元器件的过程，而坏元器件常常隐藏在电路中，所以元器件好坏的判别非常重要，初学者一定要加强这方面能力的训练。

要想准确无误地识别元器件的好坏，必须做到如下两点。

一是熟悉各种元器件的特性及检测方法。要想做到这一点，就得认真学习元器件基本知识。

二是要掌握正常元器件在测量时所呈现的现象。只有掌握了这一点，才能准确识别元器件的好坏。例如，一个正常的二极管在测量时应体现为正向测量导通，反向测量不导通的现象，如图 1-1 所示。若在测量时所呈现的现象与此不符，说明此二极管已损坏。

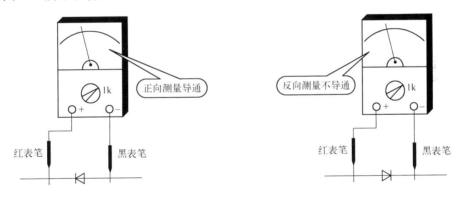

图 1-1　二极管的测量

识别元器件好坏的手段有两种：一是观察；二是测量。

所谓观察是指通过肉眼观看元器件的表面，凡是出现烧焦、鼓包、穿洞、断脚等现象时，说明元器件损坏。所谓测量是指利用万用表或其他仪表直接对元器件进行检测来识别元器件的好坏。

## 1.1.2 提高维修技能的常用方法

维修彩色电视机不仅需要系统的专业知识，还要有熟练的操作技能，整个维修过程包含着理论和实践的高度统一。所以要想提高维修技能，就得从理论学习和操作技能学习两方面着手。

**1. 要不断提高理论水平**

随着电子技术的不断发展，彩色电视机的电路也日新月异，加强理论学习，不断提高理论水平势在必行。学习的方式很多，概括起来，有以下几种。

**1）从书本中学习知识**

书本有两种类型，一是教材，二是参考书。教材和参考书的侧重点是不一样的，教材是根据某类读者的知识层次及培养目标编写的，它强调的是知识的系统性及循序渐进性。教材往往以人为本，自始至终将读者放在首位，考虑的问题是如何让知识最大限度地被读者接受。教材的缺点是缺乏深度和广度，因此教材一般只适合读者在学生时代或自学入门时使用，它能将一些基本原理及基本检修方法传递给读者。

参考书则不同，它一般以内容为本。它所强调的是将某类机型、某类电路或某类问题彻底分析清楚。参考书的起点在教材之上，要求学完教材后，才能学习参考书。参考书适合读者在工作中学习，它能帮助读者在工作中不断提高水平。

如果说教材能引导读者快速入门，那么参考书则能提高读者处理某类问题的能力。读者在入门时，要认真学习教材，在实际工作中要不断阅读参考书。

**2）从专业杂志、报刊中学习知识**

目前电子类杂志、报刊比较多，如《无线电》杂志、《家电维修》杂志、《电子报》等。这些杂志、报刊中都有彩色电视机维修专栏，若读者能坚持阅读，定能不断提高维修技能。

杂志、报刊上所刊出的文章一般是某一特定电路的分析或某一特定故障的检修方法等，因而其知识具有零碎性，它只能授予读者某个知识点，而难以授予读者某个知识面。但如果经常阅读杂志、报刊，定能积"点"成"面"。另外，杂志、报刊上还有他人的一些维修高招和维修资料，若能加以积累，对提高维修技能很有帮助。在实际检修过程中，若碰到疑难故障而久攻不下时，不妨查阅一下《无线电》、《家电维修》及《电子报》，若能在其中找到该问题的答案，你的困境就会立即解除，正是"山重水复疑无路，柳暗花明又一村"。

**3）从网络中学习知识**

人们在学习、工作之余，往往喜欢上网，其实在网上也可以学习，并能提高维修技能。目前我国的家电维修网站非常多，在网上，你可以轻松地与别人交流。当你碰到疑难问题时，你可以发帖向他人求助，当你的帖子发出之后，自有比你水平更高或与你水平接近的人来解答你的问题，你可以从众多的解答中寻找你需要的答案。

家电维修网站中有大量的维修实例和一些维修资料，有些是免费的，有些是收费的，可以根据自己的需要进行索取。这里需要提醒读者的是，网上的东西不能百分之百地相信，家电维修网站中的维修实例和维修数据的可信度也只有五六成，但一些图纸还是可靠的。

总之，彩色电视机的维修需要一定的理论基础，实践证明，理论水平越高的人，经过实践后，其维修技能提高得越快，维修故障的能力也越强。

**2. 要勤于实践**

理论学习能达到掌握原理、理解电路的目的，但光靠理论学习是难以提高维修技能的。在理论学习中，往往以分析电路图为主，而电路图中的元器件是以符号来表示的，它与实际电路中的元器件相距甚远，若不实践就会出现认识电路图中的元器件，而不认识实际电路中的元器件的现象。如果连元器件都不认识，检修故障从何谈起？

彩色电视机维修是一个细活，整个维修过程包括：观察故障现象、判断故障部位、查找故障元器件、更换或维修故障元器件、维修后的必要调整等步骤。要想将上述几个步骤完成好，就必须勤于实践。只有通过实践才能提高对故障的观察能力；只有通过实践才能摸清故障现象和故障部位之间的关系；只有通过实践才能准确把握故障点，并积累维修经验；也只有通过不断实践，才能提高调试机器的能力，使维修后的机器工作在最佳状态。

实践的方式很多，概括起来有以下几种。

1）观察别人如何维修故障

观察别人如何维修故障是一种间接的实践方式，这种方式比较适合初学者。初学者在理论学习阶段，可以时不时地观察别人如何维修，通过观察别人维修可以获得如下五大收益。

一是通过观察别人维修可以学会怎样拆、装机壳；在维修过程中，怎样摆放电路板；怎样拆、装组件及配件；怎样拆、装元器件等。

二是通过观察别人维修可以了解维修工具及仪器仪表的摆放位置及简要的操作步骤。

三是通过观察别人维修可以加深自己对实际电路的认识程度。

四是通过观察别人维修可以验证自己的一些维修思路。在观察故障现象后，自己肯定会有一个维修思路，此时，再仔细观察别人的维修过程，就能验证自己的思路是否正确。

五是通过观察别人维修可以学习别人的长处，克服别人的不足。特别是别人的一些好的维修习惯，一定要好好学习。

值得一提：观察别人维修时，一定要注意选择对象。那些理论水平高、维修技能好的人，他们的维修过程才值得观察。若在观察过程中能得到他们的指点，对提高维修技能更有帮助。

2）亲手装配电路

亲手装配电路属于直接实践方式，它适合有经济条件的初学者。对于初学者而言，这种实践效果最为明显。装配电路的过程包括：元器件识别及检测过程、元器件的安装过程、线路的连接过程、故障的排除过程及电路的调试过程。可以说装配电路是一种多层次、全方位的实践过程，能让初学者得到多方面的锻炼机会。

一般来说，装配电路适合初学者在学完彩色电视机原理之后进行，最好在老师的指导下完成。因为在老师的指导下，成功的概率会更高，效果会更好。通过装配电路可以了解各种元器件的大小和形状，了解各部分电路的布局及特点，初步学会故障的检修方法及电路的调试方法。

3）亲手维修故障

这也是一种直接实践方式，且是提高维修技能、积累维修经验、增加维修见识的重要手段。

初学者在学习彩色电视机维修技术的过程中，应主动要求老师或师傅设置一些模拟故障供自己检修。在检修过程中，肯定会碰到这样那样的问题，此时要勤于思考，仔细推敲，争取独立排除故障。当故障排除后，一定要做维修笔记，这样，不但能加深自己对此类故障的认识，还可以作为以后的参考。若无法独立排除故障，应将自己的检修思路和检修过程说给老师或师傅听，使自己能及时得到指点，纠正错误，直到排除故障为止。一旦故障排除，定会大幅度地提高维修技能。此时，故障现象、故障部位及检修思路之间的关系就会变得越来越明朗，维修经验也会有一个初步的积累。

具备模拟故障维修能力之后，就可以维修自然故障了。自然故障是机器在使用的过程中自然形成的，检修自然故障与检修模拟故障没有什么两样，只是检修自然故障更加真实罢了。对于初学者而言，每排除一个自然故障，都要做好维修笔记。对于一个技术程度很高的维修人员来说，当碰到疑难故障、罕见故障时，也应做好维修笔记。在维修自然故障时，若碰到疑难问题无法攻克时，首先应查阅相应的杂志和报刊，看能否找到答案；其次是向技术程度高于自己的人请教，以获得指点；再次可以通过网络求助，以获得解答。

### 1.1.3　理论学习和实践中应注意的几个问题

**1. 理论学习应注意的几个问题**

1）要充分重视理论知识的基础性

欲盖高楼，地基要牢；欲使维修技术达到较高的水平，理论知识的功底一定要打扎实。尤其是在电子技术飞速发展、电子产品不断更新的时代，对维修人员的素质要求越来越高。为了使所学的技术有广泛的实用性和比较长久的适应性，一定要注意奠定坚实的理论基础。

2）要注意理论学习的目的性

对维修人员来说，学习彩色电视机的工作原理，不是为了设计和生产，更不是为了从事研究工作。因此，应尽可能地回避纯理论的探讨和定量的数学分析。对于那些无法维修的器件的内部结构和工作原理也要从简，而将重点放在那些与维修有关的基础知识上，只有这样，才能提高知识的实用性。

3）要注意理论学习的层次性

在学习过程中，要充分注意学习的层次性，使所学知识的广度和深度达到应有的要求。对于知识的广度比较容易理解，它可以由所学知识的多少或覆盖面来衡量。但对于知识的深度，却往往缺乏明确的概念，一般片面理解为学习一些抽象难懂的知识，即钻得越深站得越高。从应用的角度来看并非如此，有时费了好大的劲才弄清的理论知识，却在实际维修中完全无用，这就不能说明学习达到了高层次。只有所学的理论知识能充分适应维修的需要，能运用理论知识指导实际维修，并能解决实际问题，才称得上是高层次。

**2. 实践过程中应注意的几个问题**

1）注意养成良好的职业习惯

对于初学者来说，养成良好的职业习惯对日后的工作是很有帮助的。良好的职业习惯反映在工具的摆放、仪器的使用、零件的拆装、安全意识等方面。这一切都应该是有条有理的，如果毛毛躁躁、手忙脚乱、工具乱放、元器件乱丢，没有安全意识，轻者会造成经济损失，重者会危及人身安全。

2）要注意实践的目的性

有目的的实践就是有目标的技能训练，对于初学者来说，任何一次实践都要注意目的性。例如，在装配电路时，就必须达到认识元器件、初步掌握故障检修方法和机器调试方法的目的；在维修故障时，就必须达到排除故障的目的。只有目的明确了，才会想方设法去完成实践，才会不断提高技能。如果实践没有目的，那就成了玩耍。

## 1.2　电路图在维修过程中所起的作用

电路图又称电路原理图或原理图，它是以各种电路符号连接而成的一种电路图形。电路图反映的是机器内部各元器件之间的连接规律，任何彩色电视机都有自己的电路图，彩色电视机的电路图一般作为机器附件进入销售领域，然后到达用户手中（也有些厂家只将电路图发到特约维修站，而不作为机器的附件进行销售）。在维修过程中，电路图非常重要，维修人员应注意搜集，并合理运用。

### 1.2.1　如何识读电路图

**1. 识图的基本原则**

识读电路图就是要求对电路图做出正确的分析，彩色电视机电路结构比较复杂，电路图中的元器件也密密麻麻，若不掌握一定的识图方法是难以对电路图做出正确分析的。

识图的基本原则是：从整体到局部，由局部到各级，由交流到直流。

从整体到局部是指，先根据电路图来了解整机的结构方框图。这样就能将整机电路划分成若干局部电路，还能基本弄清各局部电路的起止位置及所包含的元器件。

从局部到各级是指，在分析各局部电路时，应先弄清该电路究竟包含了哪几级电路，各级电路的作用及信号处理过程是怎样的，在此基础上再弄清各个元器件所起的作用。

从交流到直流是指在分析各级电路时，应先分析信号流程，再分析直流偏置电路及供电电路。

**2. 识图的基本方法**

识图的基本顺序是：根据信号流程从前往后进行，当信号出现分支时，应一条支路、一条支路地进行分析。

识图的基本方法是：将电路图平铺在桌面上，先找出各部分电路所在的位置（如电源部分在哪里，扫描部分又在哪里等），这样就实现了从整体到局部的分割；再依次对各部分电路进行分析。分析时，应根据信号流程找到起点和终点，再从起点开始，一级一级地走向终点，每级电路都要分析清楚信号流程及直流偏置情况；如果电路中设有级间反馈网络或自动控制电路，在分析信号流程时，可暂不理会，等信号流程分析完毕后，再来分析这些电路的工作情况。

在识图过程中，应注意如下两点。

（1）在分析信号流程的过程中，要重点把握信号频率的变化及信号形式的变化。

（2）若所识读的电路图是由分立元器件构成的，则只需要根据信号流程从前至后进行分析即可。若所识读的电路图是由集成块构成的，则应首先弄清集成块的功能及内部框图，再弄清集成块的各脚功能，然后结合外部元器件来理解信号流程。

### 1.2.2　如何将电路图与实物相结合

打开彩色电视机机壳，就会露出电路板（即电路实物），电路板的正面是元器件，每个元器件都有自己的序号；反面是铜箔条和焊点，同时也有元器件的序号。正面的元器件就是靠反面的焊点及铜箔条连接成一体的。

　　彩色电视机电路板上各元器件的连接情况均与电路图一致，但乍一看，电路板上的元器件的连接似乎杂乱无章，难以直接通过电路板来分析电路。此时，就得将电路图与电路板结合起来，方能理清电路。

　　分析元器件的作用应在电路图中进行，查找元器件的位置应在电路板中进行。电路板上的元器件与电路图中的元器件虽有一一对应的关系，但从电路板上分析某个元器件的作用往往比较困难，若到电路图中来分析此元器件的作用，则容易得多。例如，图1-2（a）和（b）分别是某彩色电视机伴音功放电路的电路图和电路板图，对于电路板图中的R5起何作用，初学者一下子难以弄清，但到电路图中找到R5，立即就会知道，R5是负反馈电阻，它的作用是稳定电路的工作点和改善放大器的性能。再如R6这个电阻，在电路板上也难以弄清它的作用，但到电路图中找到R6，立即就会知道，R6和C6构成吸收网络，既能吸收开机电流对扬声器的冲击，又能吸收关机时扬声器的自感电压对集成块的冲击。因此在检修故障时，应充分利用电路图来分析元器件的作用，分析故障部位，设计检修思路，然后在电路板上找到相应的电路，检测相应的元器件。

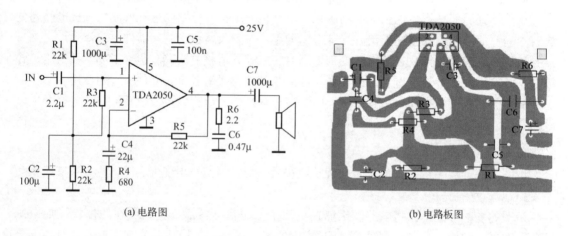

(a) 电路图　　　　　　　　　　　　　　　　(b) 电路板图

图1-2　电路图和电路板图

## 1.2.3　如何合理利用电路图

电路图一般提供了以下几种重要信息，检修者可以合理利用。

　　（1）电路图反映了电路板上各元器件之间的连接关系，所以可以充分利用电路图来分析故障，再根据分析的结果在电路板上查找故障。

　　（2）电路图中标有集成块引脚电压，检修时，可作为参考。

　　（3）电路图中标有一些重要的波形（包括波形形状、幅度、周期等），这些波形可作为检修时的参考。

　　（4）电路图中标有一些重要的提示，如安全方面的提示，元器件参数方面的提示等。这些提示能让维修人员明白哪些元器件是有安全性要求的，哪些元器件在参数上是有讲究的。这样，维修人员在维修过程中就会倍加注意这些问题，而不会在电路板上留下隐患。

（5）电路图中标明了"热底板"和"冷底板"区域，以提醒维修人员。所谓"热底板"是指底板带电的区域，一般位于电源部分，开关变压器初级之前的区域均属"热底板"，它与交流电网相通，若用试电笔去测这部分电路，试电笔会发亮。检修"热底板"区域时，要提高安全意识。所谓"冷底板"是指底板不带电的区域，热底板之外的区域皆属"冷底板"，这个区域被开关变压器和光耦隔离，与交流电网不相通。电路图中，一般采用比较醒目的标记来区分"热底板"和"冷底板"。"热底板"与"冷底板"之间的分区标记有三种：阴影、虚线及其他特殊线，如图1-3所示。"热底板"与"冷底板"中的地线一般也采用不同的接地符号来表示。当然，也有许多电路图未采用任何标记来区分热底板和冷底板，此时，只要找到开关变压器和光耦，自然就能区分热底板和冷底板。

（6）电路图中还标有各集成块引脚符号，这些符号实际上暗暗地反映了各脚的功能，因此，对集成块各引脚的功能没有必要死记硬背，只需根据各引脚的符号，就能了解各引脚的功能。例如，某引脚上标有"VCC"，表明该脚是供电端子。标有"VSS"或"GND"，表明该脚是接地端子。当然，初学者要想做到这一步是不容易的，但没有关系，经过长期的实践后就熟悉了。

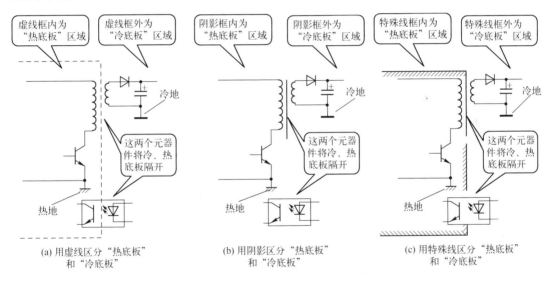

图1-3　"热底板"与"冷底板"之间的分区标记

## 1.2.4　使用电路图时应注意的一些问题

在检修故障时，电路图十分重要，维修人员一般都离不开它，但使用电路图时，应注意以下几个问题。

1）电路图可能会与实际电路存在很小的差异

电路图是厂家在设计某种机型的电路时确定下来的，厂家生产的首批机器完全按电路图进行，其电路板与电路图完全对应。由于电路设计难以十全十美，从而使机器在使用过程中可能暴露出一些不足。此时，厂家会对实际电路稍加改动。例如，改变某元器件的参数，在某元器件上再串联或并联一个同类型元器件等。由于这些改动仅在实际电路中进行，故电路图中并未体现出来，这样，电路图就与实际电路出现了很小的差异，所以厂家所提供的电路图上一般标有"此图仅供参考，如有更改，恕不预先奉告"的字样。在维修过程中，若碰到电路图与实际电路存在稍许差别的时候，请不要大惊小怪，要立即明白这是厂家对电路进行改进后的结果。

2）电路图中所标的电压及波形仅供参考

电路图中所标的电压及波形一般是在输入某种调试信号时测得的，而维修过程中测得的电压一般是在静态时测得的，它与电路图中所标的电压可能存在很小的差异。因此，切莫认为测得的结果与图中所标的不一样，就误认为不正常。当然，如果测得的结果与图中所标的电压相差甚远，那就值得怀疑了。

一些关键点的信号波形往往也因接收的信号不同而不同，因此不能机械地将测量波形与图中所标的波形进行比较来判断故障。

3）电路图中某些元器件的型号可能与实际电路中的元器件型号不一样

这种情况多出现在电容、集成块及三极管等元器件上，产生这种情况的原因有以下几种。

（1）某些电容的参数可以在一定范围内进行挑选。例如，电路中某些电容的容量可以在 $0.47 \sim 10\mu F$ 之间选择，这样可能会出现图中所标的容量为 $2.2\mu F$、而实际电路中所用的容量为 $3.3\mu F$ 的现象。

（2）电路中的某些三极管可以选择不同型号的管子。例如，$21' \sim 29'$ 彩色电视机的行激励管可以选用 C2482、C4544、C2383 等型号的管子，这样可能会出现图中所标的是 C2383、但实际所用的是 C2482 的现象。

（3）某些集成块虽然型号不同，但实际完全一样，它们之间可以相互代换。例如，图中所标的某集成块型号为 HEF4052，而实际所用的型号为 CD4052。这说明，HEF4052 与 CD4052 之间完全可以直接代换，它们实际上是同一种集成块，只是生产厂家不同而已。

## 1.2.5　无电路图时的解决方法

在检修时，有时会碰到无电路图的现象（用户手中无电路图，自己手中也无电路图），此时，该怎么办呢？

### 1. 经验打头阵

在无电路图时，应根据故障现象判断出故障部位，再在电路板上找到该部位。然后，充分发挥经验优势，根据以往的检修经验，先检查那些最易损坏的元器件，最后检查那些不易损坏的元器件。

任何型号的机器都存在一些易损元器件，由易损元器件引起的故障现象十分常见。因此，把握了易损元器件就如同把握了故障的命脉。而要想把握易损元器件，就必须积累大量维修经验才行。实践表明，在维修过程中，经验是很重要的。一个具有丰富维修经验的人，即使在无电路图的情况下，也能排除由易损元器件引起的故障。

### 2. 通过不同的途径寻到电路图

如果你是一位初学者或故障并非由易损元器件引起，无法利用以往的经验排除故障时，就得想方设法找到电路图。寻找电路图的方法很多，如向别人借阅、从书市购买图集、从杂志报刊中查找、上网查找等。

### 1.2.6　集成块资料有何作用

#### 1. 集成块内部框图及引脚功能的作用

集成块内部框图对分析电路、检修故障很有帮助。集成块内部框图能反映集成块的主要功能，展示集成块内部所含的单元电路。通过了解集成块的内部框图，很容易找到信号入口和出口，还很容易掌握信号在集成块内部经过了怎样的处理。

集成块的引脚功能对分析电路、检修故障也有很大帮助。通过了解集成块的引脚功能，很容易弄清各脚外部元器件的作用及信号流程，还很容易就能找到关键的测试点。实践证明，集成块的供电端，信号输入、输出端，控制端等都是关键的测试点。

#### 2. 集成块检修数据的作用

集成块各引脚的检修数据（特别是各引脚的电压值）是反映集成块工作情况的重要依据。一般而言，集成块工作正常时，其各引脚的电压也是正常的，而集成块工作异常时，往往会出现多个引脚电压不正常的现象。因此，通过测量集成块各引脚的电压，并将其与正常电压进行比较，就可以大致了解集成块的工作情况。

**值得一提：** 集成块引脚电压不正常时，不一定就是集成块本身损坏，也可能是供电不正常，或某脚外部电路存在问题造成的。因此，在更换集成块之前，一定要先检查供电和外围元器件，尤其是电压不正常的那些引脚的外围元器件应重点检查。

集成块各引脚的对地电阻在检修中也有一定的参考价值，但它的参考价值没有各脚电压那样大。这是因为集成块的各脚对地电阻很容易随测试条件的变化而变化。例如，使用不同的万用表测量同一机型的同一集成块时，测得的结果会相差很大。但在相同条件下测得的电阻却具有很大的参考价值。另外，通过测量集成块的各引脚对地电阻，很容易查出那些对地击穿或对地严重漏电的引脚。

## 1.3　常用的维修方法

彩色电视机的维修是一种复杂劳动，在维修过程中，除了要求维修人员能够灵活运用各种工具及仪器仪表外，还要求遵循一定的原则和讲究一定的方法，否则，难以排除故障。

### 1.3.1　维修故障应遵循的基本原则

在维修彩色电视机时，应遵循由表及里、由整体到局部、由后级往前级、由直流到交流的原则。

由表及里是指，当机器出现故障时，应先检查外部因素，再查内部因素。

由整体到局部是指，先了解机器的整体结构及特点，再根据故障现象来确定故障的具体部位。

由后级往前级是指，在检查某一局部电路时，应由后级往前级进行检查。这是因为后级一般工作在大信号状态，其故障概率比前级高。从后级往前级进行检查，有利于提高工作效率。

由直流到交流是指，在检查故障时，应先检查电路的直流工作电压（如测量三极管静态电压、测量集成块各引脚的直流电压等），在直流电压正常的情况下，再查信号的传输情况。实践表明，电路中的元器件损坏后，大都会引起直流电压的变化，因此通过检查直流电压，往往比较容易找到故障。

### 1.3.2　常用的维修方法

彩色电视机故障主要表现在光栅、图像、颜色、伴音等方面，在故障维修时，最佳的维修顺序是：光栅→图像→颜色→伴音。即先检修光栅故障，待光栅正常后，再维修图像故障，待图像正常后，再维修颜色故障，待颜色正常后，再维修声音故障，常用的维修方法有以下一些。

#### 1.　直流电压法

直流电压法是指通过测量电路中相关点的直流电压后，再与正常电压值进行比较来查出故障所在的方法。直流电压法是最常用的方法，绝大多数故障都需通过测量直流电压方可查出故障所在。

1）用直流电压法检测放大器

放大器一般由 NPN 管或 PNP 管外加偏置元器件和耦合元器件构成，如图 1-4 所示。放大器中有四个关键测试点，即供电端及三极管的三个电极。

供电端的电压能反映电源的好坏，三极管三个电极的电压能反映三极管及偏置元器件的好坏。若用 $U_C$、$U_B$ 和 $U_E$ 分别代表三极管的 C 极、B 极和 E 极对地电压，则当放大器中的三极管分别为 NPN 管和 PNP 管时，其各极电压应具有以下特点。

$$\text{NPN 管}\begin{cases} U_C > U_B > U_E \\ U_B - U_E \approx 0.7\text{V}（锗管为 0.3\text{V}） \\ U_C - U_B \geqslant 1\text{V} \end{cases}$$

$$\text{PNP 管}\begin{cases} U_C < U_B < U_E \\ U_E - U_B \approx 0.7\text{V}（锗管为 0.3\text{V}） \\ U_B - U_C \geqslant 1\text{V} \end{cases}$$

若不符合以上规律，说明放大器工作不正常。例如，对于图 1-4（a）来说，若 $U_B$ 与 $U_E$ 相等，说明三极管 VT1 的 BE 之间很可能击穿；若 $U_B$ 与 $U_C$ 非常接近，甚至相等，说明 VT1 的 BC 之间很可能击穿，或者 R2 开路使 VT1 进入饱和区。这样，通过测量三极管的各级电压，很容易判断故障所在。

**提醒你：** 在维修放大器时，要想快速、准确地判断故障所在，必须充分掌握三极管各级电压之间的规律，而要掌握三极管各极电压之间的规律，就得具备放大器的基本知识。

2）用直流电压法检测集成块

彩色电视机都是由集成电路构成的，集成电路内部大都采用直耦放大器，各级工作点之间彼此牵连，只要有一级不正常，其他各级的工作状态也就跟着发生变化，表现在外部就是各引脚的电压发生变化。因此通过测量集成块各脚的电压，很容易判断集成块工作是否正常。正因为集成块各脚电压对检修如此重要，因此许多厂家都将集成块的各脚正常电压标在

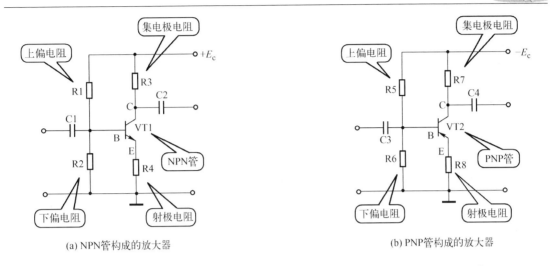

(a) NPN管构成的放大器　　　　　　(b) PNP管构成的放大器

图 1-4　放大器的结构

电路图中。

测量集成块各脚电压时，一定要分清引脚序号，切莫张冠李戴。有关集成块的引脚排列，请参考下一节的相关内容。

**教你一招**：集成块各引脚电压的测量方法：将万用表置直流电压挡，选好合适的量程，再将黑表笔接集成块附近的地线，将红表笔依次接集成块的各脚，便可依次测出集成块各脚的电压。因集成块各脚之间的距离较密，测量时，红表笔不要滑动，以免引起短路，造成集成块损坏。

### 2. 交流电压法

交流电压法主要用于检测彩色电视机开关电源的交流部分，如图 1-5 所示。由于这一部分的交流电压较高，且表笔不接地，在检测时手不能触及表笔的金属部分，以免触电。

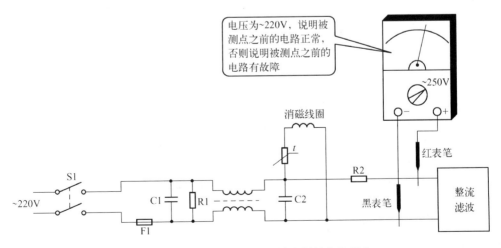

图 1-5　用交流电压法检测开关电源的交流部分

交流电压法还可用于检测音频输出电路有无音频信号输出、检测场输出电路有无场频锯齿波电压输出，以及检测行推动电路和行输出电路有无脉冲输出，如图1-6所示。

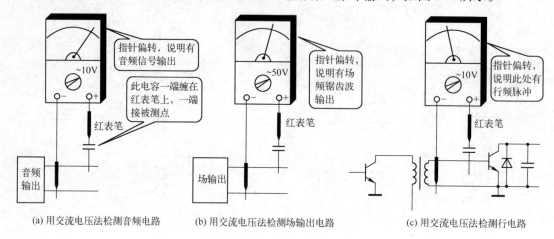

(a) 用交流电压法检测音频电路　　(b) 用交流电压法检测场输出电路　　(c) 用交流电压法检测行电路

图1-6　用交流电压法检测其他电路

值得注意的是，无论是测音频信号、场频锯齿波电压，还是行频脉冲，都应在红表笔上缠一只隔直电容，以防止直流电压进入万用表。测量音频信号和场频锯齿波电压时，电容选 $1\sim10\mu F$，耐压在 50V 以上即可；测行脉冲时，电容的容量应选 $0.1\mu F$，最好是高压电容。在测量过程中，应根据具体情况选择量程，当不知需要选择多大量程时，应先将万用表拨在高量程上，再根据实际情况缩小量程。

### 3. 电阻检查法

电阻检查法是检修彩色电视机最常用的方法之一。它是用万用表电阻挡测量有关元器件的对地电阻、各单元电路的对地电阻，以及测量元器件各引脚间的电阻来判断故障的一种方法。它对检修开路或短路性故障和确定故障元器件极为有效。

电阻检查法应用范围很广，大部分元器件（如集成块、二极管、三极管、电阻、电容、电感以及变压器等）均可采用电阻检查法来做定性检查，而且任何故障的检修，最后也要依靠电阻检查法来确定故障元器件。电阻检查法在实际使用时，一般有在路测量与脱机测量两种方法。

#### 1）在路测量法

在路测量法是在电路板上直接测量某元器件的对地电阻或极间电阻来查找故障的方法。这种方法简便，省时间，但数值不够准确，一般只能查出短路或断路性故障。检查半导体元器件各引脚对地电阻时，测量的结果往往与资料上所提供的参考值相差很大，这是测量环境不同（如机型不同、所用的万用表不同等）的缘故，维修人员应注意这一点。

使用在路测量法时，应根据具体电路选择适当的连接方式，以获得最有效的测量结果；同时要善于分析测量结果，并根据测量的结果做出正确的判断。

#### 2）脱机测量法

脱机测量法是将元器件从电路板上拆下来，再用万用表进行电阻测量，以判断其好坏的方法。该方法虽然较为麻烦，但测量的结果相当准确。利用这种方法很容易判断出以下一些结果。

（1）电阻是否断路或变值。

（2）电容是否击穿或漏电，大电容（$0.1\mu F$ 以上）是否开路或容量减小。

（3）二极管、三极管及场效应管是否击穿、断路或漏电。

（4）电感或变压器是否断路。

集成块各脚与接地脚之间的正向、反向电阻是否正常（注意，需要与正常集成块进行对比测量，方可做出判断），如不正常，说明集成块损坏。

（5）其他元器件（如声表面滤波器、陶瓷元器件、晶振等）是否击穿或漏电等。

在实际检修过程中，一般先进行在路测量，当怀疑某元器件有问题时，再用脱机测量法。这两种测量方法配合使用，就能充分发挥电阻检测法的优点。

**安全提示：**电阻检测法要求在断电（即关机）状态下进行。在通电状态下，千万不能测量电路中的电阻，否则，会对机器和万用表构成严重的危险。初学者务必注意这一点，以免造成损失。

#### 4. 电流检查法

电流检查法是指通过测量电路中的直流电流来发现故障的方法。电流检查法对判断故障的性质（断路故障还是短路故障）极为有效，但电流检查法不能直接找出故障元器件。电流测量有两种方法，一为直接测量法；二为间接测量法。

直接测量法是指把万用表置于直流电流挡，然后将万用表直接串入被测电路中测量电流的方法。使用直接测量法时，要求预先在电路中开一个口（如拆除一根短路线或割断某铜箔条等），再将万用表串联在开口处。一般而言，如果被测电路中有短路线、限流电阻或保险管时，则只需拆除这些元器件（断开一脚即可），将万用表串联在该元器件位置即可，如图 1-7（a）所示；如果电路中无上述元器件时，则应割断相应的铜箔条，将万用表的两表笔跨接在断点的两端即可，如图 1-7（b）所示。

间接测量法是指通过测量电路中某已知电阻上的电压来间接估算电流的方法，如图 1-7（c）所示。这种方法无需切断电路，使用起来很方便。但它不能直接测出电流值，只能直接测出某已知电阻上的电压 $U$，再用电压 $U$ 与已知电阻 $R$ 相除，来算出电流 $I$，即：

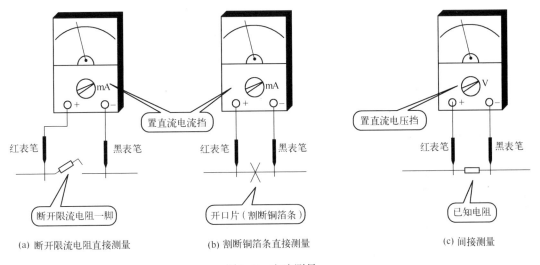

(a) 断开限流电阻直接测量　　　　(b) 割断铜箔条直接测量　　　　(c) 间接测量

图 1-7　电流测量

$$I = \frac{U}{R}$$

### 5. dB 脉冲法

所谓 dB 脉冲法是指用万用表的 dB 挡判断脉冲的有无、估测其幅度大小的一种检测方法，这种方法非常适合检查行激励电路及行输出电路。现以 MF500 型万用表为例来说明这种方法的使用。

在检测时，先将万用表置于交流电压挡，红表笔插在"dB"孔，黑表笔插在"﹣"或"﹡"孔，然后，将黑表笔接电路板中的地线（最好是靠近被测点的地线），将红表笔接在被测点，如图 1-8 所示。此时可根据万用表指针偏转与否及偏转幅度来判断被测点有无脉冲及脉冲幅度的大小。实践证明，这种方法对判断行激励级和行输出级故障极为有效。例如，若行激励管集电极有脉冲存在，说明行激励级及其以前的电路正常。同理，也可检测行输出级输入端和输出端的脉冲以判断故障部位。但行振荡级有无脉冲输出，难以用 dB 脉冲法进行判断，这是因为行振荡级输出脉冲的幅度太低、功率太小的缘故。dB 脉冲法也可用于判断开关电源有无振荡脉冲、场输出及伴音输出电路有无信号输出等方面。

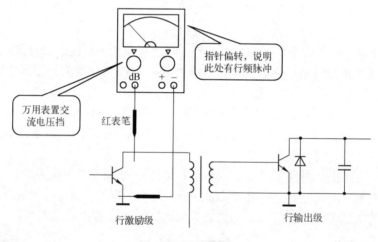

图 1-8　dB 脉冲法

### 6. 万用表干扰法

检修彩色电视机中频通道时，最理想的仪器是图像信号发生器，但其价格昂贵，又不易购到，一般维修人员都未配备此设备。因此，实际检修时可用万用表电阻挡做干扰源来进行检查。

1）测量原理

万用表电阻挡内接有的 1.5V 电池，当用表笔不断地碰触图像通道某点时，相当于向该点外加一系列干扰脉冲信号。由于脉冲信号的谐波分量频率范围很宽，故能作为干扰信号通过图像通道，使显像管屏幕上产生干扰。另外，由于其基波分量及低次谐波分量的频率较低，所以还可用这种方法来检修亮度通道及伴音电路。

2）测量方法

将万用表置于 R×1kΩ 挡，将其红表笔接地，用黑表笔从后至前逐级碰触电路的信号输入端，通过观察屏幕上的反应和辨听扬声器中的声音，即可判断故障部位。对某些反应较迟钝的点，可采用万用表 R×100Ω 挡，甚至 R×10Ω 挡。此时，因为万用表内阻减小，其输出电流就增大，反应就更明显。

　　**提醒你：** 万用表干扰法只能干扰各级电路的输入端，在碰触电路中某一点时，一定要确认该点是某级电路的输入端，切忌碰触电路的电源，这样很容易将表针打歪，甚至损坏万用表。

### 7. 波形观测法

　　波形观测法是指利用示波器观测电路中相关点的波形来查找故障的方法。波形观测法适合检测解码电路及扫描电路，特别是检修解码电路时，使用波形观测法，往往会获得事半功倍的效果。

　　波形观测法的主要优点在于能够清晰地观测到被测点的信号波形，包括波形的形状、周期及幅度。通过对波形的分析，很容易弄清故障性质及故障部位。波形观测法只适合检查电路的动态工作情况，不适合检测电路的静态工作情况，检测电路的静态工作情况还得使用万用表才行。波形观测法只能确定故障范围，不能确定故障的具体元器件，要检查出具体元器件，还得进一步使用万用表才行。

### 8. 元器件代换法（替代法）

　　元器件代换法也是检修过程中常用的方法。当怀疑某元器件不良，而又无法通过现有的仪器设备进行证实时，就可使用元器件代换法进行检修。将被怀疑的元器件取下，换上一个优质的同型号元器件，若故障得到排除，说明被替换的元器件确实损坏；若故障依旧，说明被替换的元器件未损坏，故障是由其他原因引起的。

　　对于小电容、陶瓷元器件、晶体振荡器等元器件，当其内部开路，性能变差时，无法用万用表进行判断，可用元器件代换法进行检修。

### 9. 彩条信号分析法

　　向电视机输入彩条信号，屏幕上会显示：白、黄、青、绿、紫、红、蓝、黑八级彩条。若这八级彩条的颜色发生变化，说明色度通道出现故障，此时，可以根据八级彩条的颜色变化情况来大致判断故障原因。

　　如果红基色信号丢失，八级彩条会变成青、绿、青、绿、蓝、黑、蓝、黑。

　　如果绿基色信号丢失，八级彩条会变成紫、红、蓝、黑、紫、红、蓝、黑。

　　如果蓝基色信号丢失，八级彩条会变成黄、黄、绿、绿、红、红、黑、黑。

　　如果某色差信号丢失，则彩条会出现明显的失真现象。

## 1.4　集成电路的使用、检测与更换

　　现今的彩色电视机都是由集成电路构成的，在检修的过程中，集成电路损坏的现象特别多见，因此，掌握集成电路的使用、检测与更换特别重要。

### 1.4.1　集成电路使用要点

#### 1. 使用前最好全面了解集成电路

使用集成电路前，要对该集成电路的功能、内部框图、主要特性、极限参数、外形封装

等做一次全面了解，使自己对该集成块有一个比较清楚的认识。

### 2. 安装集成电路时要注意方向

在印制电路板上装配集成电路时，要特别注意方向，千万不要搞错，否则，通电后集成电路很可能被损坏。集成电路一般封装成"块状"或"片状"，故又有集成块或集成片之称。集成块引脚排列规律如图1-9所示，其中图1-9（a）为双列直插式集成块。以半圆形缺口为准，若将引脚朝下，则按逆时针方向数即可得出各引脚序号。另外，也可先找到半圆形缺口边上的圆点，此点便是1脚的标记，然后逆时针数便可找到其他引脚。图1-9（b）为单列直插式集成块，将集成块标有型号的一面对着自己，便可看到左端靠近引脚处有一小圆点，这就是1脚的标记，然后依次向右数就可找到其他各脚。

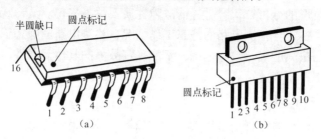

图1-9　集成块引脚排列规律

### 3. 不要折断引脚，并确保引脚间的绝缘

在对集成块进行刮脚或整形时，应注意力度，不要人为刮断或折断集成块的引脚。对于耐高压的集成块来说，其电源、地线和其他输入线之间要留有足够的空隙，以确保其绝缘性能。

### 4. 要注意供电电源的稳定性

集成块的供电电压要求稳定，否则会加大集成块的损坏概率。一些易受开/关机浪涌电流冲击的集成块，要在其外部增设浪涌吸收电路。

## 1.4.2　集成电路的检测与焊接要点

### 1. 测试时不要使引脚间造成短路

电压测量或用示波器探头测试波形时，表笔或探头不要由于滑动而造成集成电路引脚间短路，任何瞬间的短路都容易损坏集成块。最好在与引脚直接连通的外围印制电路上进行测量。

### 2. 测试仪表内阻要大

测量集成块引脚直流电压时，应选用表头内阻大于 $20\text{k}\Omega/\text{V}$ 的万用表，否则对某些引脚电压会有较大的测量误差。

### 3. 不要轻易判定集成块的损坏

在检修过程中，不要轻易判定集成块已损坏。因为集成块内部电路绝大多数为直接耦合方式，一旦某一电路不正常，可能会导致多处电压变化，而这些变化不一定是集成电路自身损坏引起的，也有可能是外部元器件不良而引起的。另外，在有些情况下测得的各脚电压与正常值相符或接近时，也不一定都能说明集成块是好的，因为有些软故障不会引起引脚直流电压的变化。

**4. 不要在机器通电情况下进行焊接**

不允许使用电烙铁在带电的电路上焊接，因为在焊接的过程中，稍有不慎就会造成相邻的焊点短路，这种短路有可能引起相应电路中的电流剧增，最终损坏集成块，扩大故障范围。

**5. 要保证焊接质量**

集成块引脚较密，焊接难度较高，在焊接时，要心无杂念，确保焊接质量。焊接集成块时最好使用 25W 的电烙铁，每个焊点的焊接时间不要超过 3 秒钟。焊点的形状、大小都要符合要求，切忌虚焊、假焊。焊接完毕后，不要急于通电，要仔细查看一遍，一定要等到确认无误后再接通电源。

## 1.4.3　集成电路的拆卸方法

集成电路由于引脚多，排列紧凑，拆装不小心常会使引脚断裂，另外，若烙铁焊接的时间太长也会使集成电路损坏或性能变差。所以如何采用更好的方法拆卸集成电路，也是初学者所关心的问题。一般来说，拆卸集成块通常采用以下几种方法。

**1. 金属编织带吸锡法**

取一段可焊性很好的多股金属编织带，再浸上松香酒精溶液，将编织带放置在焊点上，用烙铁同时加热引脚上的焊锡和编织带，到达一定温度后，引脚上的焊锡将被编织带吸附住，然后把编织带吃上锡的部分剪去，再用同样的方法吸去其他引脚上的焊锡，直至全部引脚上的焊锡均被吸走。这时，可用小一字起子把集成块轻轻撬起即可拆下。

**2. 空气负压吸锡法**

利用吸锡器拆卸集成块。吸锡器一般有两种，一种是本身无加热装置，靠电烙铁把焊锡熔化后，利用吸锡器产生的负压把熔化的焊锡从每个引脚上吸走；另一种是具有加热装置的吸锡器，又叫吸锡烙铁，它一方面可以熔化焊锡，另一方面可以产生负压把熔化的焊锡吸走。由于吸锡器的价格较低，建议维修人员配备一把。

**3. 空心针头剥离法**

找一支 9~10 号医用空心针头（原则上是针头内径刚好能套住集成块的引脚，外径能插入引脚孔），将针头尖端斜口锉平。使用时采用尖头烙铁把集成块引脚焊锡熔化，然后把针头套住引脚，插入印制板孔内，随后边移开烙铁边旋转针头，使熔锡凝固，最后拔出针头，这样，该引脚就和印制板完全脱离。照此方法处理每个引脚，那么，整块集成电路即能自动脱离印制板，此方法简便易行，维修人员应学会使用。

**4. 焊锡熔化拔出法**

在不具备以上条件的情况下，只用一把烙铁和一把小起子（或镊子）也能拆卸集成块，用烙铁按顺序一边熔化各引脚上的焊锡，一边用小起子向外撬，直至全部引脚脱离印制板为止。此种方法看来简单，但拆卸很不容易，而且很容易拆坏集成块和印制电路板。

**5. 焊锡熔化扫除法**

此方法只用一把电烙铁和一把小刷子，当把引脚上的焊锡熔化后，立即用小刷子把焊锡扫除掉，以达到集成电路引脚和印制板脱离的目的。每个引脚都这样处理后就可用小起子轻撬拆下集成块。使用这种方法时，一定要注意清扫电路板，因为在扫除熔化的焊锡时，焊锡很容易落入到电路板的其他位置，因此，拆下集成块后，要仔细清扫电路板，确保所有锡渣全部被清扫干净。

### 1.4.4  如何判断集成块的好坏

在检修彩色电视机的过程中，准确判断集成块的好坏非常重要。如果判断不准确，即使花了大力气换上一块新集成块，也不能排除故障。这样既浪费时间，又蒙受经济损失。所以，如何准确判断集成块的好坏是每个维修人员都必须高度掌握的内容。对集成块好坏判断的准确程度不但涉及维修效率，还涉及维修效益。

要对集成块的好坏做出准确判断，首先要掌握该集成块的用途、内部结构及一些重要参数等。在此基础上，再了解各引脚对地直流电压（若还能了解相关引脚的波形及各引脚对地正反向电阻值，则对判断集成块的好坏更为有利）。判断集成块好坏的方法有以下一些。

**1. 电压测量法**

主要是测出各引脚对地的直流电压值，然后与标称值进行比较，进而判断集成块的好坏。用电压测量法来判断集成块的好坏是检修中最常用的方法之一，但要区别非故障性的电压误差。测量集成块各引脚的直流电压时，如遇到个别引脚的电压与原理图或维修资料中所标的电压值不符，不要急于断定集成块已损坏，应先排除以下几个因素后再确定。

（1）所提供的标称电压是否可靠，因为常有一些说明书、电路图等资料上所标的数值与实际电压值有较大差别，有时甚至是错误的。此时，应多找一些相关资料进行对照，以判断真伪。

（2）要弄清标称电压究竟是静态电压还是动态电压，是在何种条件下测得的电压（如使用何种型号的万用表、接收何种信号等）。因为集成块的个别引脚随着输入信号的有无及信号类型的变化会有明显变化。

（3）要注意由于外围电路可变元器件引起的引脚电压变化。当测出的电压与标称电压不符时，可能是因为个别引脚或与该引脚相关的外围电路连接有可变电阻。当可变电阻所处的位置不同，引脚电压会有明显的不同。所以当出现某一引脚电压不符时，要考虑该引脚或与该引脚相关的可变电阻的位置变化，可调节一下可变电阻，看引脚电压能否调到标称值附近。

（4）要防止由于测量造成的误差。由于万用表表头内阻不同或不同直流电压挡会造成误差，一般电路图上所标的直流电压都是以测试仪表的内阻参数大于 $20k\Omega/V$ 进行测试的。用内阻参数小于 $20k\Omega/V$ 的万用表进行测试时，将会使被测结果低于原来所标的电压。另外，还应注意不同电压挡上所测的电压会有差别，尤其用大量程挡，读数偏差影响会更显著。

排除以上几个因素后，所测的个别引脚电压还是不符标称值时，需要进一步分析原因，但不外乎两种可能：一是集成块本身损坏造成的；二是集成块外围电路有故障造成的。分辨出这两种故障源，也是维修的关键。如果知道集成块各脚对地电阻的话，此时应进一步检查集成块的电阻；若不知道集成块各引脚电阻，则先检查外围电路。

**2. 外围电路普查法**

在发现集成块引脚电压异常后，可采用外围电路普查法来检测集成块外围元器件的好坏，进而判定集成块是否损坏。外围电路普查法属于电阻检测法，完全是在断电的情况下进行的，所以比较安全。具体操作方法如下。

用万用表 R×10 挡分别测量集成块外围的二极管和三极管的正/反向电阻。此时由于使用小量程电阻挡，外电路对测量数据的影响较小，可很明显地看出二极管、三极管的正/反向电阻值，进而可以判断二极管和三极管正常与否。实践证明，这种测量法很容易判断二极管和三极管的 PN 结是否击穿或断路。检查完二极管和三极管后，再对电感是否开路进行普查，正常时电感两端的在路电阻很小（一般在 1Ω 以下，最大的也只有几欧姆）。如测出电感两端的阻值较大，那么可以断定电感开路。查完电感后，再根据外围电路元器件参数的不同，采用不同的欧姆挡测量电容和电阻，看电容和电阻当中有无明显的短路和开路性故障。

采用外围电路普查法时，要有的放矢，不要遍地开花。这里所说的"有的放矢"包含以下两层意思。

（1）对于功能正常的电路单元，其外围电路不必检查。例如，一块集成块内部包含图像中频处理和伴音中频处理两部分，所产生的故障现象是有图像而无声音。很显然，在检查该集成块时，没有必要检查图像中频单元的外围电路，而只检查伴音中频单元的外围电路，这样就缩小了检查范围。

（2）对于那些电压正常的引脚，其外围电路不做重点检查，甚至可以不检查，而将重点放在电压不正常的那些引脚的外围电路上。这样，又缩小了检查范围。由此可知，"有的放矢"可提高检修效率。

总之，一定要等到确认外围电路无故障后，再更换集成块。

**3. 在路电阻对比测量法**

此方法是利用万用表测量集成块各引脚对地电阻值，再与正常值进行比较来判断集成块的好坏。这一方法需要积累同一机型、同一型号集成块的正常可靠数据，以便和待查数据相对比。要积累这些正常数据，只有靠平时多收集，可以从报刊、杂志中收集，也可以从维修实践中收集，特别是在维修实践中收集的资料更值得依赖。

**4. 替换法**

通过采用以上一些方法进行检查后，觉得集成块非常可疑，而又无法肯定其损坏时，就可采用替换法。但在代换前必须注意以下几点。

（1）应选用同型号的集成块或选用可以直接代换的其他型号集成块。

（2）在选择功率集成块的代换型号时，还应注意安装尺寸。例如，场输出集成块 LA7830 与 μPC1378 之间虽能直接代换，但与散热片之间的安装尺寸不同，若用 LA7830 代换 μPC1378，需在散热片上重新钻孔。

（3）最好先安装一个专用集成电路插座，这样拆装方便。

（4）代换上的集成电路首先应保证是好的，否则判断故障更费周折。

### 1.4.5　集成电路的代换

集成块的代换存在两种方式，一种是直接代换；另一种是间接代换。它们之间的主要区别在于：直接代换无需改动任何电路，应用起来非常方便；而间接代换往往需要改动电路或交换引脚，应用起来不太方便。

**1. 直接代换法**

当一块集成块损坏后，应寻找相同型号的集成块来替换。但有时要找到相同型号的集成块还真不容易，此时就得寻找能够直接代换的产品。那么如何在繁多的型号中寻找出相应的代换产品呢？一般来说，能够直接相互代换的集成块具有以下几种特点。

*1）不同厂家生产的相同集成块*

同一集成块可能会有不同的厂家在生产，且对集成块的命名也不一样（字母、数字均不同，或字母不同，但数字相同），粗看起来，似乎是两块不同的集成块，其实它们之间可以相互代换。例如，飞利浦公司总部产生的 TDA8843 和飞利浦公司台湾生产基地生产的 OM8839 就属于相同集成块，它们之间可以直接代换。这种情况比较多，读者应注意这方面资料的收集。

*2）保持原引脚功能的改进产品*

某种原产品经过一定时期使用后，厂家发现其具有不足之处，需要对它进行改良。为了不改变原机的印制板，其引脚功能就得保持不变。这种改进后的产品，常用不同型号来代表或在原型号基础上添加后缀来区别。这种改良后的产品与原产品之间具有互换性。例如，东芝公司推出的 TB1231N 经改良后变成 TB1238N，它们之间可以互换。

*3）仿制产品*

有的生产厂引进别家的产品进行仿制，仿制品一般仍用原来的数字进行命名，而仅仅改变前缀字母以区分产地。例如，国产集成块 CD4053 是恩智浦半导体公司 HEF4053 的仿制品，除了厂家不同外，集成块的结构完全相同，两者之间可以互换。

**2. 间接代换法**

当集成块损坏后，若找不到原型号，也找不到代换型号，或者有代换型号，但实际上又买不到时，就应考虑间接代换。间接代换需要使用一定的方法和技巧，并通过合理改动外围电路方可获得成功，整个代换过程比较复杂，而且需要有一定的电路制作能力，对于初学者来说应尽量不考虑间接代换法。

# 第**2**章

## 彩色电视机的基本原理

▶▶ 学习要点 ◀◀

(1) 彩色电视机的主要部件及显像管的结构。

(2) 彩色电视信号的编码、解码过程及信号传输方式。

(3) 彩色电视机的电路结构框图。

(4) 彩色电视机的故障与电路部位之间的对应关系。

很久以前，劳动人民就有"千里眼、顺风耳"这一美好的想象，但受当时生产力发展水平的限制，这一美好的想象只能是一种神话。随着社会的不断进步，科学技术的不断发展，这一美好的想象到了今天变成了现实，千里外的景色和声音让人耳目一新，这就是现代电视系统为人们所带来的享受。电视系统包含发射系统（发射机）和接收系统（电视机）。发射系统利用无线电波来"装载"图像信号和声音信号，并传送出去，再由电视机进行接收，并在荧光屏上还原出图像，在扬声器中还原出声音。

## 2.1 彩色电视机的主要部件

打开彩色电视机的后壳，便可清晰地看到彩色电视机的内部部件，彩色电视机的内部共有三大部件，即显像管、扬声器（或称喇叭）、电路板（包含主板的灯座板），如图 2-1 所示。

显像管是彩色电视机的心脏，是用来显示图像的部件，荧光屏是它的一个重要组成部分，图像就显示在荧光屏上。

扬声器是用来再现声音的部件，它一般装在电视机前壳的左右两侧，或者装在前壳的左下角和右下角。电视机中的声音称为伴音，因为它总是与画面相伴而行，而不独立存在。

电路板是用来处理各种信号的部件，彩色电视机的所有电路均安装在电路板上。它是电视机的核心，显像管和扬声器均靠电路板上的相应电路来驱动。任何电视机至少包含两块电路板，一块是主板（又称底板），另一块是灯座板（又称视放板）。灯座板用来安装显像管驱动电路（即末级视放电路）和显像管的附属电路，其他电路全部安装在主板上。

图2-1　彩色电视机内的三大部件

## 2.1.1　显像管与光栅

　　显像管是一种阴极射线管（或称电子射线管），英文代号为CRT，它是电视机的心脏。显像管分单色显像管和彩色显像管两类，以前的黑白电视机用的是单色显像管，而彩色电视机用的是彩色显像管。以显像管为显示部件的电视机称CRT电视机。

### 1. 单色显像管

　　图2-2为单色显像管的外形及结构示意图，单色显像管由荧光屏、电子枪及玻璃外壳组成。

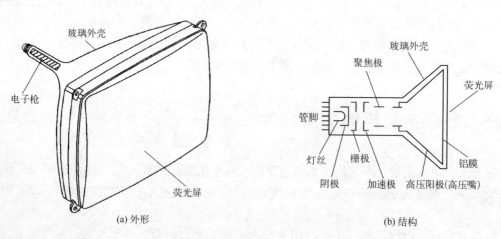

图2-2　单色显像管的外形及结构

1）电子枪

　　电子枪由灯丝、阴极、栅极、加速极、聚焦极及高压阳极组成。其任务是发射电子束轰击荧光屏。

　　灯丝的作用是加热阴极，使阴极发射电子。灯丝两端一般加12V直流电压，电流流过灯丝后，灯丝会被点亮，并产生热量，加热阴极，使阴极发射电子。

阴极的作用是发射电子。阴极被加热后，就会向外发射电子。阴极发射电子的多少与阴—栅电压（即阴极与栅极之间的电压）有关，当阴—栅电压越高时，阴极表面的电子就越难挣脱阴极的束缚而发射出去，此时发射的电子就少；若阴—栅电压越低，阴极表面的电子就越容易发射出去，此时发射的电子就多。

栅极位于阴极的前方，离阴极很近（约 $0.1 \sim 0.2$mm），中央开有小孔，为电子运行提供通路。栅极一般接地，这样，只要控制阴极电压的高低，就可控制电子的发射量。

加速极位于栅极的前方，中央开有小孔，以便电子能够通过。加速极上一般加有一百多伏的正电压，它对阴极发射出来的电子起加速作用，使电子向荧光屏方向高速运行。加速极电压越高，电子运行速度就越快。

聚焦极一般做成直径较大的圆筒，其上加有 $0 \sim 400$V 直流电压。聚焦极的作用是将较粗的电子束聚成很细的电子束。电子束越细，重现的图像就越清晰。

高压阳极加有 10kV 左右直流电压（俗称高压），其作用是进一步加速电子束，使电子束能高速轰击荧光屏上的荧光粉，使荧光粉发光。高压不从引脚引入，而通过玻璃锥体上所开的小嘴（俗称高压嘴）引入。高压阳极分成两部分，一部分位于管颈部位，另一部分与铝膜相连。铝膜很薄，高速运行的电子很容易穿过。

2）玻璃外壳

玻璃外壳包括管颈、锥体和玻屏三部分。管颈内部安装电子枪，玻璃锥体将玻屏和管颈连接起来。玻璃锥体内、外壁涂有石墨导电层，内导电层与高压阳极相连，外导电层与电视机的"地线"相连。这样，内、外导电层之间形成一个约 $500 \sim 1000$pF 的电容，该电容作为阳极高压的滤波电容。

3）荧光屏

玻屏内壁上涂有一层约 10μm（微米）厚的荧光粉，故通常称为荧光屏或屏幕。荧光屏近似长方形，宽高比为 4∶3。电视机的尺寸通常以荧光屏的对角线长度来计量，例如，35cm（14 英寸）电视机，就是指该机的荧光屏对角线长度为 35cm。

当电子束以很高的速度轰击荧光屏时，荧光粉就会发光。发光的强度与电子的轰击速度及数量有关，若电子束轰击荧光粉的速度越高或单位时间内轰击单位面积上的电子数量越多，荧光屏的发光强度也就越大。因此，提高加速极电压或阳极高压，都能提高屏幕的亮度。当然，控制阴极电压的高低，也能控制屏幕的亮度。事实上，一般将图像信号加在阴极，使阴极电压随图像信号电压的变化而变化，这样就在屏幕上显示出了有亮度层次的图像来。

**2. 光栅**

荧光屏上的光称为光栅。当显像管阴极所发射出的电子束未受任何外力作用时，它只会轰击屏幕中心位置的荧光粉，从而在屏幕中心位置产生一个亮点，如图 2-3（a）所示。如果让电子束不断从左至右进行偏转，亮点就会在荧光屏上进行左右移动。只要移动的速度足够快，人眼就不再有亮点移动的感觉，看到的便是一条水平亮线，如图 2-3（b）所示。电子束这种从左到右轰击荧光屏的过程称为行扫描，或称水平扫描。同理，如果让电子束不断从上至下进行偏转，亮点就会在荧光屏上进行上下移动，只要移动的速度足够快，人眼看到的便是一条垂直亮线，如图 2-3（c）所示。电子束这种从上至下轰击荧光屏的过程称为场扫描或称垂直扫描。单一的行扫描或场扫描只能在屏幕上留下一条水平或垂直亮线，还不能形成光栅。实际中，电子束的两种扫描是同时进行的，且行扫描的速度远大于场扫描的速度，这样就在屏幕上形成一行接一行略向右下方倾斜的水平亮线，这些亮线合成为光栅，如图2-3（d）所示。只要水平亮线足够密，人眼就不再有"线"的感觉，而是觉得整个屏幕都发亮了。

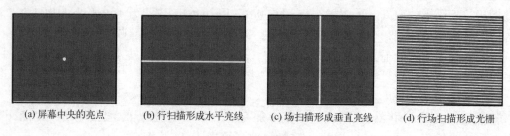

| (a) 屏幕中央的亮点 | (b) 行扫描形成水平亮线 | (c) 场扫描形成垂直亮线 | (d) 行场扫描形成光栅 |

图2-3　光栅的形成

不同的国家、不同的地区，对电视扫描的参数有不同的规定，我国对电视扫描的参数规定如下：一帧图像的总行数为625行，分两场扫描，每一场总扫描行数为312.5行。行扫描频率为15625Hz，周期为64μs，其中正程（即从左扫到右）占52μs，逆程（即从右回到左）占12μs。场频为50Hz（帧频为25Hz），场周期为20ms，其中正程（即从上扫到下）占18.4ms左右，逆程（即从下回到上）占1.6ms左右。

**3. 彩色显像管**

*1）彩色显像管的结构*

彩色显像管有三枪三束管、单枪三束管和自会聚管三种类型。目前，彩色电视机所用的显像管均为自会聚管，这种显像管由玻璃外壳、荧光屏、电子枪、阴罩板等部件组成，如图2-4所示，显像管的管颈上套有一个配套的偏转线圈。

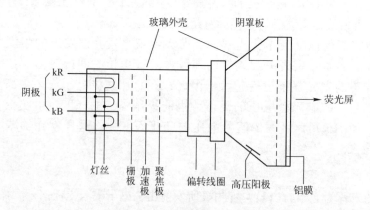

图2-4　自会聚管结构示意图

电子枪由灯丝、三个一字形排列的阴极、栅极、加速极、聚焦极及高压阳极组成。

灯丝采用6.3V的脉冲电压进行供电，供电电压由行输出变压器的一个绕组提供。灯丝的作用是加热三个阴极，使三个阴极能发射出三条电子束。

三个阴极分别用kR（红阴极）、kG（绿阴极）和kB（蓝阴极）来表示，阴极电压的高低决定电子发射量。R（红）、G（绿）、B（蓝）三基色视频信号分别加在三个阴极上，在三基色视频信号电压的控制下，三个阴极分别发出相应强度的电子束，并轰击荧光屏上的对应荧光粉，最终显示彩色图像。

栅极通常接地，为 0 电位。

加速极又称帘栅极，一般加有 300 ~ 800V 的直流电压，以便对电子束进行加速，使电子束能高速向荧光屏方向运行。

聚焦极一般加有 3 ~ 7kV 的直流电压，它能将电子束聚细，以提高图像清晰度。

阴罩板是一块用来选色的部件，位于显像管内离荧光屏约 1cm 处。阴罩板的作用是确保 kR、kG 和 kB 所发射出来的电子束只能击中各自对应的荧光粉条，进而确保画面颜色准确。

荧光屏的内壁上涂有垂直交替的 R、G、B 三基色荧光粉，由于阴罩板的作用，每一基色荧光粉只能被其对应的电子束所击中而发光。在荧光屏上未涂有荧光粉的空隙处，涂上黑色吸光材料（如石墨），以吸收管内、外杂散光，提高图像对比度。在荧光粉上蒸上一层铝膜，它能将荧光粉所发出的光向外反射，以增强荧光屏的亮度。铝膜很薄，能让体积小、运行速度高的电子穿过，而那些体积大、运行速度慢的重离子不能穿过铝膜，这样就可有效避免荧光粉受重离子轰击而提前衰老。

高压阳极上加有 18 ~ 25kV 的高压，它对电子束起进一步的加速作用，使电子束以足够的速度轰击荧光屏。

套在管颈上的偏转线圈能控制电子束进行扫描运动，偏转线圈由两部分构成，即行偏转线圈和场偏转线圈，如图 2-5 所示，它们内部流过的电流都是锯齿波电流。当锯齿波电流流过行偏转线圈时，行偏转线圈就会产生垂直方向的磁场，从而使电子束在水平方向上一行一行地进行扫描。当锯齿波电流流过场偏转线圈时，场偏转线圈就会产生水平方向的磁场，从而使电子束在垂直方向上一场一场地进行扫描。由于电子的扫描运动，使得荧光屏上形成光栅；又由于三个阴极上分别加有 R、G、B 三基色视频信号，使得荧光屏上各部位的光栅亮度及颜色按视频信号规律变化，结果在荧光屏上出现彩色图像。

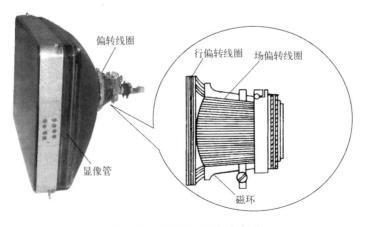

图 2-5　显像管上的偏转线圈

#### 2）彩色显像管的消磁

在彩色显像管内部有许多金属部件，它们容易被地磁场和机内杂散磁场磁化而带上剩磁，从而使三条电子束在运行的过程中产生附加偏移，使色纯和会聚变差。为了杜绝这种现象，彩色电视机中设有自动消磁电路。

消磁原理是利用一个由大到小逐步趋向于零的交变磁场来磁化显像管内部的金属部件，这种磁化的结果将使显像管内金属部件的剩磁减小到零。

图 2-6（a）所示的电路是一种典型的消磁电路，L 为消磁线圈，它套在显像管的锥体部位；RT 为消磁电阻，它是一个正温度系数的热敏电阻，其阻值随温度的升高而急剧增大，阻值与温度的关系如图 2-6（b）所示。图 2-6（c）为消磁原理图。通电后，220V 交流电压经消磁电阻 RT 送入消磁线圈 L 中。刚通电时，因 RT 的温度低，故 RT 的阻值小，流过 L 的交流电流大，产生的磁场也强。当 RT 中有较大的电流流过后，RT 开始发热，温度上升，其阻值也迅速增大，从而使流过 L 的交流电流也迅速减小，并逐步趋向于零。这样，L 产生的磁场也迅速减小，并逐步趋向于零。显像管内金属部件被这个逐步趋向于零的交变磁场反复磁化，其上的剩磁将沿着磁滞回线变化到零，使显像管内金属部件得到彻底的消磁。

消磁过程仅发生在开机后的一段较短的时间内，当 RT 的温度上升到一定程度后，其阻值也增大到足够值，这时，流过 L 的交流电流接近于零，消磁结束。

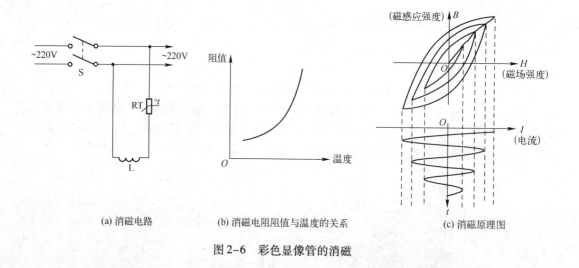

(a) 消磁电路　　　　(b) 消磁电阻阻值与温度的关系　　　　(c) 消磁原理图

图 2-6　彩色显像管的消磁

### 2.1.2　扬声器

扬声器是用来再现伴音的部件，它一般装在电视机前壳的左右两侧，或装在前壳的左下角和右下角。扬声器的形状有圆形和椭圆形两种，如图 2-7 所示。圆形扬声器的开口呈圆形；椭圆形扬声器的开口呈椭圆形，其性能比圆形扬声器略差一些，但对安装空间的要求较低，大多数彩色电视机使用椭圆形扬声器。

彩色电视机所用的扬声器通常是内磁式电动型扬声器，其结构如图 2-8 所示，由于使用了磁屏蔽罩，故磁铁的磁场不会向外泄漏，不会对显像管造成影响。这种扬声器的工作原理是：当音圈中有音频电流流过时，音圈就会在磁场中受力运动，从而带动纸盆振动，发出声音，声音通过空气向外传播。

(a) 圆形扬声器

(b) 椭圆形扬声器

图 2-7　圆形和椭圆形扬声器

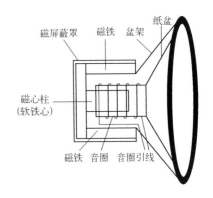

图 2-8　扬声器的结构

## 2.1.3　电路板

电路板是用来处理各种信号的部件，彩色电视机的所有电路均安装在电路板上。它是电视机的核心，显像管和扬声器均靠电路板上的相应电路来驱动。彩色电视机一般有两块电路板，一块为主板，另一块为灯座板。

### 1. 主板

主板上装有信号处理电路、扫描电路、遥控电路及电源电路，图 2-9 是主板实物图。不同品牌、不同机型的主板，其电路布局及电路芯片会存在一定区别。

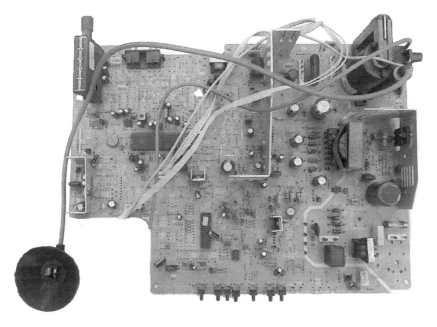

图 2-9　主板实物图

### 2. 灯座板

灯座板上装有显像管驱动电路（即末级视放电路）及管座等电路，如图 2-10 所示。

视放管

管座

图 2-10　灯座板

## 2.2　彩色电视信号

彩色电视信号是由彩色摄像管产生的，彩色摄像管输出的是红（R）、绿（G）、蓝（B）三基色信号。为了将它们传送出去，还必须对它们进行"加工"处理，将它们编成一个彩色全电视信号，这个"加工"的过程叫编码。在彩色电视机中，为了在彩色显像管上重现彩色图像，必须将彩色全电视信号"分解"成 R、G、B 三基色信号，这个"分解"过程叫解码。解码是编码的逆过程。

### 2.2.1　彩色三要素与三基色原理

**1. 彩色三要素**

衡量彩色的物理量有三个，即亮度、色调和色饱和度。常将它们称为彩色三要素，色调和色饱和度统称为色度。

亮度：表示彩色在视觉上引起的明暗程度，它决定于光的强度。

色调：表示彩色的种类，是彩色的重要属性。我们所说的红、橙、黄、绿、青、蓝、紫七种颜色，实际上就是指七种不同的色调。色调是由光的波长（或频率）决定的。

色饱和度：表示彩色深浅的程度。同一色调的彩色光，可给人深浅程度不同的感觉，如深红、浅红就是饱和度不同的两种红色。深红色的饱和度高，而浅红色的饱和度较低。

**2. 三基色原理**

自然界中的彩色虽然千差万别，形形色色，但绝大多数彩色都可以分解成红、绿、蓝三种独立的基色。而用红、绿、蓝三种独立基色按不同比例混合，可以模拟出自然界中绝大多数彩色。三种基色之间的比例，直接决定混合色的色调和饱和度，混合色的亮度等于各基色的亮度之和，这就是三基色原理的基本内容。这里所说的独立基色是指红（R）、绿（G）、蓝（B）三种基色，它们中的任一种基色都不能由其他两种基色来合成，彼此之间是独立的，不能相互代替。

利用三基色按不同比例混合来获得彩色的方法，称为混色法。彩色电视机都是利用相加三个基色来获得彩色图像的，这种方法称为相加混色法。相加混色法如图 2-11 所示。由图可知，红色和绿色混色可得黄色，红色和蓝色混合可得紫色，蓝色和绿色混合可得青色，红色、绿色、蓝色三者混合可得白色。

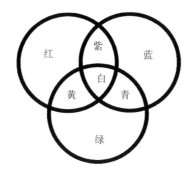

图 2-11　相加混色法

### 2.2.2　彩色电视信号的编码与解码

**1. 彩色电视制式**

彩色电视制式是指完成彩色电视信号发送与接收的具体方式。不同的国家、不同的地区在进行彩色电视信号传送和接收时，可能采取不同的编码及解码方式，从而使彩色电视具有不同的制式。

当今全球应用最多的电视制式有三种，即 NTSC 制（美国、日本及加拿大等国使用）、PAL 制（中国、英国等国使用）及 SECAM 制（俄罗斯、法国等国使用）。这三种制式都是同时传送亮度信号和色度信号，且传送的色度信号是两个色差信号（即红色差信号 R-Y 和蓝色差信号 B-Y），并将色差信号插入到亮度信号的高频端进行传送。为了将色差信号插入到亮度信号的高频端，三种制式都是以色差信号调制另一个彩色副载波的方式来实现，副载波频率在 3.5~4.5MHz 之间，且经过严格选择（我国选择的副载波频率为 4.43361875MHz，简称 4.43MHz）。

**2. 彩色电视信号的编码**

图 2-12 为 PAL 制彩色电视信号编码示意图，编码过程在发射端完成。从摄像管输出的三基色信号 R、G、B，经过矩阵电路形成一个亮度信号 Y 和两个色差信号 R-Y 和 B-Y。R-Y 和 B-Y 信号经幅度压缩后，调制到 4.43MHz 的副载波上（采用平衡调幅方式），形成已调红色差信号 $F_v$ 和已调蓝色差信号 $F_u$，两个信号的中心频率都为 4.43MHz，但相位不同。然后 $F_u$ 和 $F_v$ 混合，形成色度信号 F，F 再与 Y 混合，形成彩色全电视信号（用 FBYS 表示）或称复合视频信号，其频率范围（即频带宽度）为 0~6MHz。FBYS 信号就是需要传送出去的信号，只要将该信号送入发射机，调制到某一频道的载波上，就可以发射出去，或通过有线网络传输出去。平衡调幅方式是一种抑制副载波的调幅方式，可有效减小副载波所引起的干扰。PAL 制的全称是逐行倒相正交平衡调幅制，它输出的 $F_v$ 信号是逐行倒相的，即第 $n$ 行为 $+F_v$，则第 $n+1$ 行就为 $-F_v$。

在彩色全电视信号中，除了图像信号（即亮度信号和色度信号）外，还有三个辅助信号，分别是色同步信号、复合同步信号和复合消隐信号。下面简要介绍一下这三个信号的作用。

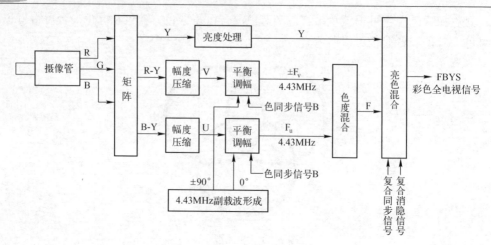

图 2-12　彩色电视信号编码示意图

　　在编码时，色度信号采用平衡调幅方式，抑制了副载波，故在解码时必须恢复副载波。为了使恢复出来的副载波与编码时被抑制掉的副载波同频同相，要求平衡调幅时插入色同步信号（用 B 表示）。

　　图像信号是由摄像管产生的，为了让摄像管输出的图像信号能稳定地显示在电视机的荧光屏上，要求显像管的扫描次序必须与摄像管的扫描次序完全相同，即两者的扫描必须同步。保证同步的方法是从发射端发射一种同步信号，控制电视机的扫描次序。例如，摄像管每扫完一行，便在该行图像信号后插入一个行同步信号。电视机接收到行同步信号后，无条件地结束该行的扫描，并准备下一行扫描。这样，接收端的行扫描和发射端的行扫描就同步了。同理，摄像管每扫完一场，也在该场图像信号后，插入一个场同步信号，电视机接收到场同步信号后，便无条件地结束该场扫描，并准备下一场扫描。这样，接收端的场扫描和发射端的场扫描也同步了。可见，同步信号的作用是确保发射端和接收端的扫描完全同步，进而保证图像的稳定还原。行同步信号和场同步信号混合在一起，就构成了复合同步信号。

　　图像信号的传送仅在扫描正程中进行，而在回扫期间（即扫描逆程），不传送图像信号。因此，在回扫期间，需要传送一个脉冲来关掉显像管的电子束，以免回扫线在荧光屏上出现，影响图像的质量，这种脉冲叫消隐脉冲。每一个行逆程都得传送一个行消隐脉冲，每一个场逆程也得传送一个场消隐脉冲，它们分别构成了行消隐信号和场消隐信号，行消隐信号和场消隐信号混合后，就构成了复合消隐信号。

　　消隐脉冲的宽度与逆程时间相等，而同步脉冲宽度比逆程时间短。为了便于用简单的幅度分离法分离出同步脉冲，一般是将同步脉冲叠加在消隐脉冲上，如图 2-13 所示。

**3. 彩色电视信号的解码**

　　图 2-14 为彩色电视信号解码示意图，解码过程在彩色电视机中完成。彩色电视机接收到的高频电视信号，先经高、中频电路进行处理，获得彩色全电视信号 FBYS，FBYS 信号经亮色分离后形成亮度信号 Y 和色度信号 F，F 经色度分离后形成 $F_v$ 和 $F_u$ 信号，$F_v$ 和 $F_u$ 经同步检波和放大后，形成 R-Y 和 B-Y 信号，Y、R-Y、B-Y 经过矩阵后恢复出 R、G、B 三基色信号，三基色信号经放大后便可驱动彩色显像管，从而再现彩色图像。

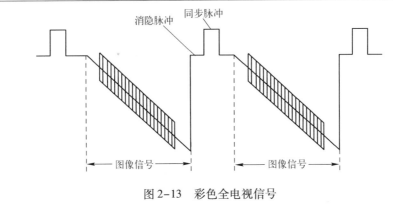

图 2-13　彩色全电视信号

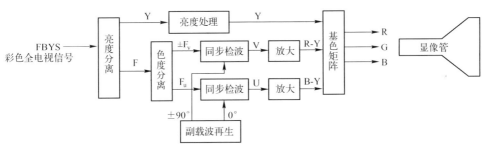

图 2-14　彩色电视信号解码示意图

## 2.2.3　电视信号的传输

目前，电视信号主要有三种传输方式：即地面（Terrestrial）传输、有线（Cable）传输及卫星（Satellite）传输。

**1. 地面传输**

地面传输是以超短波（VHF、UHF）为载波，在大气底层沿直线传播到接收点的。这种传输方式易受地理因素和各种干扰的影响，因而信号质量较差，但成本最低。

地面传输模型如图 2-15 所示，彩色全电视信号 FBYS 和伴音信号同时送到发射机中，被调制到某一频道的载波上，形成高频电视信号，再由天线发射出去，供远方的电视机接收。

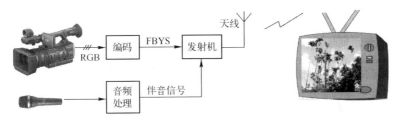

图 2-15　地面传输模型

目前，世界各国都使用甚高频（VHF）段和特高频（UHF）段来传送地面电视信号。为了合理地使用甚高频和特高频，常将甚高频段划分为 12 个频道，即第 1 频道至第 12 频道；将特高频段划分为 56 个频道，即第 13 频道至第 68 频道。每个频道的频带宽度均为 8MHz。频道划分情况见表 2-1，表中仅列出了 1～12 频道的划分情况，表中的载频是指载波频率。由表可知，1～5 频道的频率连续，常将此段称为 VHF－L 段（常用 VHF－L、VL 或 BL 等符号表示）；6～12 频道的频率也连续，常将此段称为 VHF－H 段（常用 VHF－H、VH 或 BH 等符号表示）。在第 5 频道和第 6 频道之间有相当大的一段频率间隔，这段频率范围常用于传送调频广播。为了避免图声之间的相互干扰，我国电视的伴音载频总比图像载频高 6.5MHz。

表 2-1 VHF 段频道划分表

| 波 段 | 电视频道 | 频率范围<br>（MHz） | 图像载频<br>（MHz） | 伴音载频<br>（MHz） | 本振频率<br>（MHz） | 频道中心频率<br>（MHz） |
|---|---|---|---|---|---|---|
| I<br>VHF-L | 1 | 48.5～56.5 | 49.75 | 56.25 | 87.75 | 52.5 |
| | 2 | 56.5～64.5 | 57.75 | 64.25 | 95.75 | 60.5 |
| | 3 | 64.5～72.5 | 65.75 | 72.25 | 103.75 | 68.5 |
| | 4 | 76～84 | 77.25 | 83.75 | 115.25 | 80 |
| | 5 | 84～92 | 85.25 | 91.75 | 123.25 | 88 |
| II<br>VHF-H | 6 | 167～175 | 168.25 | 174.75 | 206.25 | 171 |
| | 7 | 175～183 | 176.25 | 182.75 | 214.25 | 179 |
| | 8 | 183～191 | 184.25 | 190.75 | 222.25 | 187 |
| | 9 | 191～199 | 192.25 | 198.75 | 230.25 | 195 |
| | 10 | 199～207 | 200.25 | 206.75 | 238.25 | 203 |
| | 11 | 207～215 | 208.25 | 214.75 | 246.25 | 211 |
| | 12 | 215～223 | 216.25 | 222.75 | 254.25 | 219 |

**2. 有线传输**

有线电视是利用光缆和电缆来传送电视信号的，一般是光缆到边（路边），电缆进户。我国有线电视（CATV）已经发展到了乡村，网络极其庞大，是一种非常可贵的电视传播资源。有线电视不易受干扰，图像质量高。

有线电视频道划分仍沿用了地面电视频道划分方式，每个频道宽度为 8MHz。在有线电视系统中，发射机输出的信号通过有线网络传输到千家万户。

**3. 卫星传输**

卫星电视是利用位于赤道上空 35800km 的同步卫星作为电视广播站，对地面居高临下进行传播，这种方式不受地理条件限制，一颗卫星就能覆盖全国，且图像质量好，没有重影。

卫星电视节目分为 C 波段和 Ku 波段。C 波段的频率范围是 3.4～4.2GHz。Ku 波段的频率范围为 10.7～12.75GHz，它又可分为 10.7～11.7GHz、11.7～12.2GHz、12.2～12.75GHz 几个段。国际电信联盟对卫星广播业务使用的频率进行了分配，我国规定使用 11.7～12.2GHz（简称 11/12GHz）的 Ku 波段。

卫星电视广播系统主要由上行站、卫星、接收站及测控站组成，如图 2-16 所示。电视台要广播的节目信号，经光纤线路或微波中继线路传送到上行站，节目信号经放大和调制后，变成 14GHz 的载波信号发射给卫星，卫星上的转发器接收到上行微波后，将其放大并转换成 Ku 波段的微波信号（12GHz 左右），再通过卫星上的天线转变成覆盖一定地区的下行微波。卫星地面接收站收到 Ku 波段的微波信号后，从中解调出节目信号，经当地转播台或有线电视台播出，供用户接收。用户也可利用卫星电视接收机直接接收卫星电视节目信号。测控站测量卫星的姿态和运行情况，并对卫星进行实时控制，以保证卫星的正常运行。

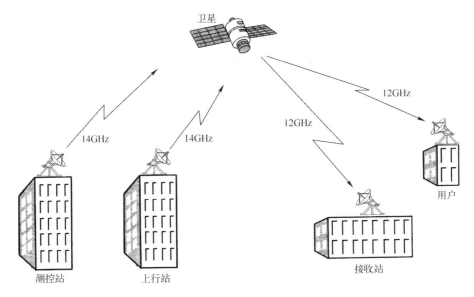

图 2-16　卫星电视广播系统

## 2.3　彩色电视机的电路结构

彩色电视机是在黑白电视机的基础上发展起来的，它不但包含了黑白电视机的全部电路，而且还增加了解码电路和遥控系统。跨世纪后，我国出产的彩色电视机均为数码彩色电视机，所谓数码彩色电视机是指信号处理采用模拟方式，但整机控制采用 $I^2C$ 总线控制的方式。

### 2.3.1　整机电路结构框图

图 2-17 是彩色电视机的电路框图，它由以下八大部分构成。

第一部分为调谐器部分，这一部分主要负责接收高频电视信号，并将高频电视信号转化为中频电视信号。

第二部分为中频通道，它包含图像中频通道及伴音中频通道两部分，这两部分常位于同一集成块中。图像中频通道负责对图像中频信号进行处理，产生复合视频信号（即彩色全电视信号，常用 FBYS 或 CVBS 表示），同时还将图像中频信号和第一伴音中频信号进行混频处理，产生第二伴音中频信号。伴音中频通道负责对第二伴音中频信号进行放大和解调处理，产生音频信号。

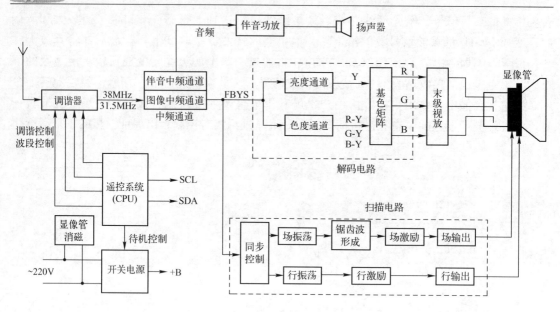

图 2-17 　彩色电视机的电路框图

第三部分是解码电路，它是彩色电视机的核心电路，由亮度通道、色度通道及解码矩阵等电路组成。解码电路的作用是将彩色全电视信号还原成 R、G、B 三基色信号。

第四部分是末级视放电路，它负责对 R、G、B 信号进行电压放大，并驱动显像管工作。末级视放电路装在一块独立的电路板上，常称该电路板为视放板（或灯座板）。

第五部分为伴音功放电路，它负责对音频信号进行功率放大，最终推动扬声器工作。

第六部分是扫描电路，其作用是向偏转线圈提供行、场扫描电流，还向显像管提供灯丝电压、高压、聚焦电压和加速电压。

第七部分是遥控系统。彩色电视机均采用遥控系统来完成整机控制，包含调谐控制、波段控制、模拟量控制、换台操作等。由于采用遥控系统，极大地方便了使用者。遥控系统是以中央微处理器（CPU）为核心构成的，是一个微机系统。

第八部分是开关电源及显像管消磁电路。开关电源产生各种直流电压输出，为电视机各部分提供供电电压。消磁电路的作用是在开机后的瞬间为显像管提供逐渐递减的交流消磁电流。

### 2.3.2 　彩色电视机的机心

机心指的是电路类型，代表彩色电视机的电路骨架。目前，家庭拥有量最大的是单片机心和超级芯片机心。

**1. 单片机心**

单片机心的电路结构框图如图 2-18 所示。由图可知，单片机心的最大特点是，将中频通道、解码电路、扫描电路的小信号处理部分集成在同一个集成块中，这个集成块被称为单片小信号处理器，它是一个大规模集成块，引脚一般在 50 个以上。在单片机心中，整机只有两块大规模集成块，一块是单片小信号处理器，另一块是遥控系统的 CPU，且单片小信号处理器受 CPU 的控制，控制方式为 $I^2C$ 总线式，即由时钟线 SCL 和数据线 SDA 来传输控制指令。

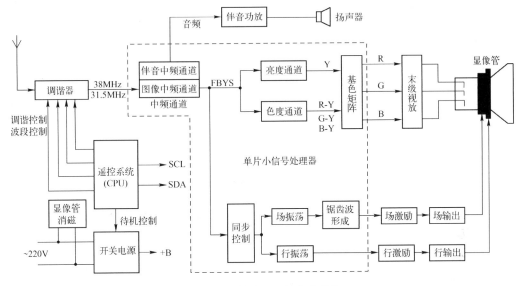

图 2-18   单片机心的电路结构

## 2. 超级芯片机心

超级芯片机心的电路结构框图如图 2-19 所示，由图可知，超级芯片机心的最大特点是，将中频通道、解码电路、扫描电路的小信号处理部分及 CPU 集成在同一个集成块中，这个集成块被称为超级芯片，它的集成度规模更大，引脚一般为 52～64 个。在超级芯片机心中，整机只有一块大规模集成块，因而电路变得更加简单。

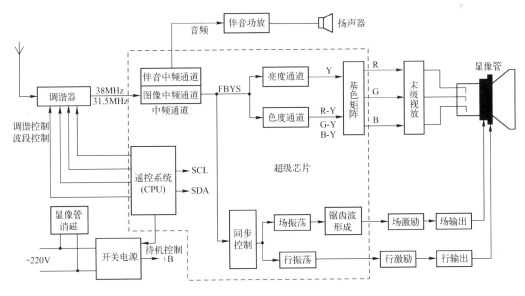

图 2-19   超级芯片机心

### 2.3.3 电路实物图

彩色电视机（后文为叙述方便，简称彩电）的电路是由元器件组成的，这些元器件按照一定的规律安装在印制板上，构成彩电的电路板。弄清各部分电路在电路板上的位置及熟练掌握某些关键元器件的特征，对维修极有帮助。图 2-20 是某彩电的电路板实物图，图中标明了一些关键元器件的名称，通过这些关键元器件，很容易找到各部分电路所在的位置。初学者若能熟练地认识此图，不但对维修会有直接的帮助，同时还能达到举一反三、触类旁通的目的。

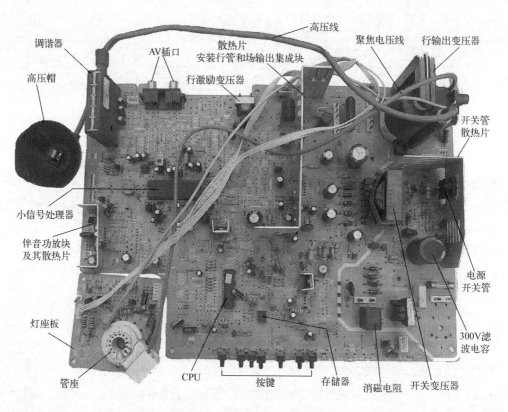

图 2-20　彩电的电路板实物图

下面着重谈谈如何在电路板上找到相应电路。要想在电路板上找到相应的电路，有两种方法：

一是根据电路图和印制板图来寻找。例如，要在电路板上找到行输出电路，可先在电路图中找到行输出电路，再根据行管和行输出变压器（关键元器件）的序号在电路板上找到行管和行输出变压器，行管和行输出变压器周边的那部分电路就是行输出电路。这种方法虽准确，但比较机械。

二是根据各电路的特征及一些关键元器件的特征来寻找。这种方法具有简单、快捷的特点，特别适合快速检修和无电路图时的检修，但它要求检修者具有一定的认识电路和认识元器件的经验。下面重点介绍一下这种方法的应用。

**1. 如何找到电源电路**

电源电路一般安排在电路板的某个边沿部位，且具有以下几个特征：

（1）电源电路与交流进线相连，只要找到交流进线，就能大致了解电源部位。

（2）电源电路中有一个体积较大的开关变压器，只要找到该变压器，就能找到电源的大致部位。

（3）电源电路中有一个面积很大的散热片，散热片上有一个大功率三极管（开关管），只要找到该散热片，就能找到电源部位。

（4）电源电路中有一个体积较大、耐压在 400V 以上、容量在 $100\mu F$ 以上的电解电容（俗称 300V 滤波电容），只要找到该电容，就能大致了解电源部位。

根据以上几个特征，寻找电源部位十分容易。

**2. 如何找到行扫描电路**

行扫描电路一般安装在电路板的一个角上，具有以下几个特征：

（1）行扫描电路中有一个行输出变压器（俗称高压包），该元器件是电路板上体积最大的元器件，一般带有两个电位器（极少数带有一个或三个电位器），只要找到行输出变压器，就可以大致了解行扫描电路。

（2）行扫描电路中有一个体积较大的散热片，且靠近行输出变压器位置，散热片上装有一个大功率管（俗称行管），故只要找到行管及散热片就能大致找到行扫描电路。

（3）行扫描电路中有一个体积较小的变压器（即行激励变压器），找到了该变压器也就能找到行扫描电路的大致位置。

根据以上三个特征，很容易找到行扫描电路的具体部位。

**3. 如何找到场扫描电路**

场扫描电路一般安排在靠近行扫描电路的区域，且场输出电路常由大功率集成块担任，该集成块是一单列直插式集成块，且带有一块面积较大的散热片。因此，只要找到场输出集成块，就能找到场扫描电路的位置。

**4. 如何找到伴音功放电路**

伴音功放电路有两个比较明显的特征，一是伴音功放电路中有两根或四根引出线，它们连接扬声器。二是伴音功放电路一般由一块大功率单列直插式集成块担任，集成块上带有一块面积较大的散热片。根据这两个特征很容易找到伴音功放电路。

**5. 如何找到遥控系统和小信号处理电路**

单片机心中有两块大规模集成块，一块是遥控系统的 CPU，另一块是小信号处理器。只要将这两块集成块区分开来，就能找到遥控系统和小信号处理电路所在的部位。CPU 与键盘相连，比较靠近键盘位置，根据这一点就能找到 CPU。找到了 CPU，自然也就找到了遥控系统的大致位置。遥控系统的位置找到之后，剩下的一块大规模集成块所在的区域便是小信号处理电路的具体部位。另外，小信号处理器的引脚一般比 CPU 的引脚多，根据这一点也很容易将两者区分开来。

**6. 如何找到灯座板电路**

灯座板是用来安装末级视放电路及显像管附属电路的那块电路板，它戴在显像管的引脚上，一般呈方形或近似方形，根据这一特点很容易找到它。

### 2.3.4　彩色电视机的故障类型

彩色电视机是视频显示设备，其最后的结果是将图像显示在屏幕上，同时从扬声器中再现出伴音。就维修角度而言，彩色电视机的故障体现在光、图、色、声四个方面，而每个方面的故障都与内部电路的工作情况存在一定的对应关系，只要掌握了这种对应关系，再施以适当的检测手段，就能找到故障点。因此，学会检修彩色电视机，不是什么难事。

**1. 故障现象描述**

彩色电视机的故障现象常反映在光、图、声、色几个方面，大多数故障现象都有一种习惯性的描述，现收录如下，初学者很有必要了解一下。

三无故障：如果彩色电视机开机后，扬声器无声音发出，屏幕上也无图像和光栅，就称机器出现了三无故障。这种故障最常见。

无光故障：如果彩色电视机开机后，伴音正常，但屏幕上无光栅出现，就称机器出现了无光故障。这种故障比较常见。

水平亮线故障：如果彩色电视机开机后，仅在屏幕中部出现一条水平亮线，其余部分均无光栅，就称机器出现了水平亮线故障。这种故障很常见。

场幅不足故障：如果彩色电视机开机后，屏幕上部和下部出现了无光栅区域（上下黑边），就称机器出现了场幅不足的故障。这种故障很常见。

行幅不足故障：如果彩色电视机开机后，屏幕左边和右边出现了无光栅区域（左右黑边），其余部分有光栅，就称机器出现了行幅不足的故障。这种故障比较少见。

场线性不良故障：如果彩色电视机开机后，屏幕上的扫描线梳密不均匀，就称机器出现了场线性不良的故障。这种故障很常见。当出现场线性不良时，图像几何形状会失真。例如，上部拉长，下部压缩；或下部拉长，上部压缩等。出现场线性不良时，大多数情况下伴有场幅不足或场幅过大的现象。

黑屏故障：如果彩色电视机开机后，伴音正常，但屏幕上未出现光栅，而显像管灯丝发亮，若将加速极电压调高一点，屏幕能出现带回扫线的光栅，就称机器出现了黑屏故障。这种故障比较常见。黑屏故障与无光故障的最大区别是调高加速极电压后能出现光栅。

无图无声故障：如果彩色电视机开机后，扬声器无声音发出，屏幕上也无图像，但光栅正常，就称机器出现了无图无声故障。这种故障比较常见。

无图像故障：如果彩色电视机开机后，屏幕上无图像，但光栅及伴音均正常，就称机器出现了无图像故障。这种故障比较常见。

无伴音故障：如果彩色电视机开机后，图像正常，但无伴音，就称机器出现了无伴音故障。这种故障比较常见。

无彩色故障：如果彩色电视机开机后，屏幕上有正常的黑白图像，伴音也正常，就称机器出现了无彩色故障。这种故障比较常见，且检修难度也较大。

彩色幻影（或称彩色暗影）故障：如果彩色电视机开机后，屏幕上的图像很暗，且不清晰，看上去就像一团一团的彩色影子一样，没有背景亮度，就称机器出现了彩色幻影（或彩色暗影）故障。这种故障比较少见，但也时有发生。这种故障还有一个特点，就是将色饱和度调到最小时，图像也会消失，此时屏幕变为黑屏。出现彩色暗影时，伴音一般是正常的。

彩色失真故障：如果彩色电视机开机后，图像彩色不正常，就称机器出现了彩色失真故障。这种故障比较常见。

色斑故障：如果彩色电视机开机后，屏幕上分布着一块一块的色斑，即使在无图像时，色斑也存在，就称机器出现了色斑故障。这种故障比较常见。

枕形失真故障：如果彩色电视机开机后，图像沿四角方向拉长，就称机器出现了枕形失真故障。这种故障是大屏幕彩色电视机专有的。

跑台（漂台）故障：如果彩色电视机收到节目后，图声均正常，但一会儿后，图声质量慢慢变差，最后完全消失，就称机器出现了跑台（或漂台）故障。这种故障在早期遥控彩色电视机中比较常见，在新型数码彩色电视机中比较少见。

不能二次开机故障：按下彩色电视机面板上的电源开关，称为一次开机；一次开机后，再按遥控器上"开/关"键，称为二次开机。大多数彩色电视机一次开机后，机器就能进入正常工作状态；少数彩色电视机一次开机后，机器仅处于等待状态（又称待机状态），需经二次开机后，机器才能进入正常工作状态。若按下彩色电视机面板上的电源开关后，机器处于待机状态，再按遥控器上"开/关"键后，机器仍无法开启，就称彩色电视机出现了不能二次开机的故障。另外，多数彩色电视机的"节目增/减"键（或"频道增/减"键）可用于二次开机。

无字符故障：如果彩色电视机能正常工作，只是操作遥控器或本机键盘时，屏幕无相应的字符出现，就称机器出现了无字符故障。

**2. 故障现象与故障部位之间的对应关系**

故障现象与故障部位之间有着明显的对应关系，如表 2-2 所示。

表 2-2 故障现象与故障部位之间的对应关系

| 故 障 现 象 | 故 障 部 位 |
| --- | --- |
| 三无现象（即无图、无声及无光） | 电源或行扫描电路 |
| 无图、无声现象 | 中频通道、调谐器 |
| 无图像现象 | 解码电路、灯座板电路 |
| 水平亮线或场幅不足 | 场扫描电路 |
| 无伴音现象 | 伴音通道或扬声器 |
| 黑屏现象（伴音正常） | 解码电路、灯座板电路或显像管 |
| 无彩色故障 | 色度通道 |
| 彩色幻影（或称彩色暗影）现象 | 亮度通道 |
| 彩色失真 | 色度通道、末级视放 |
| 色斑故障（无图像时也存在） | 消磁电路 |
| 整机失控，键控及遥控皆不起作用 | 遥控系统 |
| 不能二次开机 | 遥控系统 |
| 无字符 | 遥控系统 |

## 习题

**一、填空**

1. 三基色是指_____、_____、和_____。

2. 全世界应用最多的彩色电视制式有三种，即_____、_____和_____。我国使用_____。

3. 我国所选用的副载波频率为_____。

4. 彩色电视机有三大部件，分别是_____、_____和_____。

5. 显像管电子枪由_____、_____、_____、_____、_____和_____组成，其任务是_____。

6. 电视信号有三种传输方式，分别是_____、_____和_____。

**二、问答**

1. 什么是彩色三要素？

2. 三基色原理的主要内容是什么？

3. 彩色全电视信号由哪几部分构成？彩色全电视信号的表示符号有哪几种？

4. 套在显像管管颈上的偏转线圈起什么作用？

5. 彩色电视机电路由哪几部分构成？各部分有什么作用？

# 第 3 章

## 高频、中频及伴音通道

▶▶ 学习要点 ◀◀

(1) 电子调谐器及其控制电路的工作原理。

(2) 中频通道的结构特点、工作原理，特别是 PLL 检波电路的工作原理及其优点。

(3) 伴音通道的结构及伴音功放集成电路的工作过程。

高频、中频及伴音通道是彩色电视机的重要组成部分，黑白电视机也具有这部分电路，且二者的作用也一样。但在彩色电视机中，这部分电路的结构更为复杂，电路档次更高，性能也更好。

## 3.1 高频调谐器

前已述及，黑白电视机一般装有两个高频调谐器，VHF 调谐器属于机械式调谐器，UHF 调谐器属于电容式调谐器。而彩色电视机通常只装有一个 U/V 一体化调谐器，属于电子调谐方式，无机械触点，因而性能优于机械式调谐器，寿命也长得多。

### 3.1.1 电子调谐器的分类

电子调谐器由输入回路、高放电路、本振电路及混频电路组成，其结构框图如图 3-1 所示。它能接收和选择高频电视信号，并将高频电视信号转化为 38MHz 的图像中频信号和 31.5MHz 的第一伴音中频信号。

彩色电视机所用的电子调谐器分 A 型、B 型和 C 型三种。A 型调谐器因其体积庞大，早已淘汰。B 型调谐器的体积虽比 A 型小，但比 C 型大。在 20 世纪 90 年代，B 型调谐器和 C 型调谐器都得到了广泛的应用，但目前，各彩色电视机生产厂大都使用 C 型调谐器。B 型调谐器和 C 型调谐器除了体积大小不同，引脚方式也有所不同，具体如图 3-2 所示。

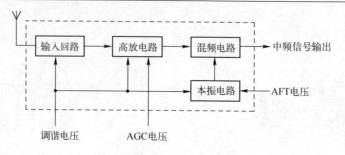

图 3-1    电子调谐器结构框图

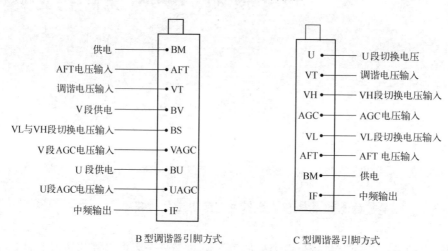

B 型调谐器引脚方式          C 型调谐器引脚方式

图 3-2    B 型调谐器和 C 型调谐器引脚方式

由图可知，B 型调谐器和 C 型调谐器最大的区别就是波段控制方式不一样。对于 B 型调谐器的来说，使用 BV 端子和 BU 端子来切换 VHF 段和 UHF 段，使用 BS 端子来切换 VHF-L 段和 VHF-H 段。如果 BV 端为高电平（如 12V），而 BU 端为低电平（0V），则调谐器工作于 VHF 段，简称 V 段。至于是工作在 VHF-L 段还是 VHF-H 段，则要看 BS 端子的电压。如果 BS 端子为高电平（30V），则工作于 VHF-H 段，简称 VH 段或 BH 段；如果 BS 端子为低电平（0V），则工作于 VHF-L 段，简称 VL 段或 BL 段。如果 BV 端子为低电平，而 BU 端子为高电平时，调谐器就工作于 UHF 段，简称 U 段或 BU 段。

对于 C 型调谐器来说，直接使用三个端子进行波段切换。当 VL（或标成 BL）端为高电平（如 12V）时，调谐器就工作于 VHF-L 段；当 VH（或标成 BH）端为高电平时，调谐器就工作于 VHF-H 段；若 U（或标成 BU）端为高电平时，则调谐器工作于 UHF 段。但任何时刻，上述三个端子只有一个为高电平，其余两个均为低电平。

近年来，随着增补频道不断在有线电视网络中的应用，许多调谐器生产厂生产出了增补频道调谐器。这种调谐器的外形与普通 C 型调谐器一样，属 C 型调谐器的特殊类型。增补调谐器主要有两种类型，即 470MHz 增补调谐器和 870MHz 增补调谐器。470MHz 增补调谐器的接收范围为 1～5 频道、Z1～Z7 频道、6～12 频道及 Z8～Z38 频道。也就是说，这种调谐器除了能接收 VHF 段的 12 个频道外，还能接收 5～6 频道之间及 12～13 频道之间的增补频道。870MHz 增补调谐器除了覆盖 470MHz 增补调谐器的频率范围外，还能接收 UHF 段的

13～57 频道。目前，市场上销售的彩色电视机大都使用 870MHz 增补调谐器。

### 3.1.2　电子调谐器的工作原理

彩色电视机所用的电子调谐器虽然与黑白电视机所用的机械调谐器作用一样，电路结构也相似，但二者的工作原理不太一样。电子调谐器使用变容二极管进行频道选取，使用开关二极管进行频段（或称波段）切换。

**1. 用变容二极管进行频道选取**

在电子调谐器的输入回路及高放电路中，设有选频网络（由 LC 元器件构成），以选择某频道的高频电视信号。在本振电路中设有振荡网络，振荡频率总比外来信号（所选取的高频电视信号）高 38MHz。振荡频率与外来信号频率经混频后，产生 38MHz 的图像中频信号和 31.5MHz 的第一伴音中频信号。

为了能够接收不同频道的电视节目，在输入回路及高放电路的选频网络中设有变容二极管；在本振电路的振荡网络中也设有变容二极管，如图 3-3（a）所示。变容二极管的容量与所加的反向电压之间的关系如图 3-3（b）所示，即反向电压越大，容量就越小，反向电压越小，容量就越大。

调节 RP 时，输入回路、高放电路及本振电路的工作频率则同步变化。若输入回路谐振于 1 频道，将 1 频道的高频电视信号选择下来，则高放电路的选频网络也谐振于 1 频道，使 1 频道的高频电视信号得到放大。此时，本振电路的振荡频率高于 1 频道图像载频 38MHz，经混频后，得到 38MHz 的图像中频信号。若继续调节 RP，使输入回路谐振于 2 频道，则高放电路的选频网络也谐振于 2 频道，本振电路的振荡频率变到比 2 频道图像载频高 38MHz 的频率点上，以此类推。这样，通过调节 RP，便可实现频道的选取。为了稳定本振频率，本振电路中还加有 AFT 电压，当本振频率升高时，AFT 电压就会自动校正本振频率，使本振频率降低，从而确保混频电路输出的 38MHz 图像中频信号准确。

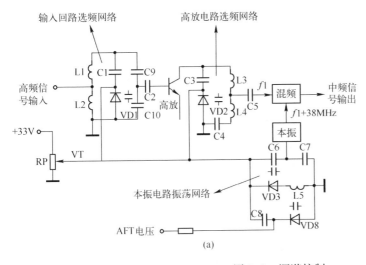
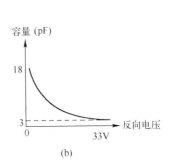

图 3-3　调谐控制

### 2. 用开关二极管进行频段（或称波段）切换

电子调谐器是一个 U/V 一体化调谐器，因变容二极管的容量变化范围较小，对于 UHF

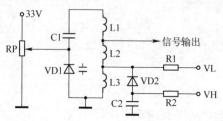

图 3-4　开关二极管切换频段

波段来说，虽含 56 个频道（13～68 频道），但其频率范围在 470～958MHz，相对宽度约为 2（最高频率与最低频率的比值），调节 RP 时，能覆盖 13～68 频道的频率范围。但对于 VHF 波段来说，其频率范围为 48.5～223MHz，相对宽度达 4.6；调节 RP 时，难以覆盖 1～12 频道的频率范围。因此，将 VHF 段又分成两个小段，即 VHF-L 段（简称 VL 或 BL 段）和 VHF-H 段（简称 VH 或 BH

段）。用开关二极管来完成 VL 段和 VH 段的切换。如图 3-4 所示。在接收 VL 段节目（1～5 频道）时，VL 为高电平（12V），VH 为低电平（0V），VD2 截止，选频网络的谐振频率较低。调节 RP 时，选频网络的频率变化范围能覆盖 VL 段的频率范围，可以选取 1～5 频道的节目。在接收 VH 段节目时，VH 为高电平，VL 为低电平，VD2 导通，C2 接入电路。因 C2 容量大，对于高频电视信号而言相当于短路，从而使 L3 被 C2 旁路，选频网络中的电感量减小，谐振频率上升。调整 RP 时，选频网络的频率将在较高的频段范围内变化，能覆盖 VH 段的频率范围，可以选取 6～12 频道的节目。

## 3.1.3　电子调谐器的控制方式

电子调谐器的控制方式有两种，一种是由频道预选器进行控制；另一种是由 CPU（微处理器）进行控制。由于频道预选器具有结构复杂，使用寿命短等缺点，故已淘汰。从 20 世纪 90 年代中期开始，所生产的电视机均使用 CPU 来控制调谐器的工作情况。

如图 3-5 所示的电路就是采用 CPU 来控制调谐器的。控制内容包含波段控制和调谐控制。CH04001 为 CPU，它的 5 引脚和 6 引脚输出波段控制指令，送至波段切换电路 LA7910。经 LA7910 处理后，分别从 1 引脚、2 引脚及 7 引脚输出波段切换电压，又分别送至调谐器的 VL、VH 及 U 端子，控制调谐器的工作波段。波段控制逻辑见表 3-1。调谐电压是从 CPU 的 39 引脚输出的，经 VT 放大后，再经三节 RC 积分滤波后，送至调谐器的 VT 端，控制调谐器搜索节目。

调谐器所需的 AFT 电压和 AGC 电压均由中频通道传送而来，AFT 电压用来稳定本振频率，AGC 电压用来控制高放级增益。

表 3-1　波段控制逻辑

| CPU | | LA7910 | | | | | | 调谐器工作波段 |
| --- | --- | --- | --- | --- | --- | --- | --- | --- |
| | | 输入 | | 输出 | | | | |
| 5 引脚 | 6 引脚 | 4 引脚 | 3 引脚 | 1 引脚 | 2 引脚 | 7 引脚 | 8 引脚 | |
| L | L | L | L | H | L | L | L | VL 段 |
| L | H | L | H | L | H | L | L | VH 段 |
| H | L | H | L | L | L | H | L | U 段 |
| H | H | H | H | L | L | L | H | 未用 |

注：L：低电平（0V）；H：高电平（12V）

当搜索节目时，CPU 的 39 引脚电压不断变化，从而使调谐器 VT 端电压也不断变化，相当于调节图 3-3 中的 RP。

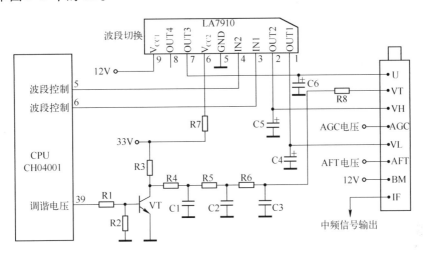

图 3-5 采用 CPU 控制调谐器

## 3.1.4 高频通道常见故障分析

电子调谐器位于信号通道的最前端，当它出现故障时，故障现象一般体现在图像和声音上，常见的故障如下。

### 1. 任何波段都收不到节目

不管将调谐器置 VL、VH 或 U 段，都收不到节目。出现这种现象时，应检查调谐器的 BM 端有无供电电压，若无供电电压时，可检查外部供电电路。

若供电电压正常，则检查波段切换电压，即检查 VL（BL）、VH（BH）及 U（BU）端是否有一个是高电平（等于供电电压）。若都为低电平，应检查波段切换电路。

若波段切换电压正常，则检查调谐器的 VT（BT）端子电压在调谐时，能否变化（在 0~32V 变化）。若不变化，说明调谐电压放大电路、积分滤波电路有故障，或者 CPU 的调谐电压输出端无调谐电压输出。

若调谐时，调谐器的 VT（BT）端子电压能在 0~32V 变化，则检查调谐器的 AGC 端子有无电压。若 AGC 端子无电压或电压很低，应检查 AGC 端子外部电路；若 AGC 端子电压正常，说明调谐器内部电路有问题，应更换调谐器。

提醒你：当中频通道出现故障时，也会出现任何波段都收不到节目的现象。因此检修收不到节目故障时，应区分是调谐器故障还是中频通道故障。区分的方法是，在搜索节目时，观察屏幕有无淡淡的雪花点，若有，说明故障发生在调谐器，若无，说明故障发生在中频通道。也可在搜索节目时，用镊子碰触中放集成块的输入端，若屏幕有干扰，说明故障发生在调谐器或前置中放；若屏幕无干扰，说明故障发生在中频通道。

### 2. 接收不到某波段的节目

由于只有一个波段收不到节目，而其他两个波段皆正常，说明调谐控制是正常的，应重点检查波段切换电压。可先将电视机调至故障波段，测量波段切换电压是否正常。若不正常，应检查波段切换电路，若正常，应更换调谐器。

**3. 跑台现象**

跑台现象是指：调好的节目刚开始时正常，然后，图、声效果逐渐变差，最后，图、声完全消失。引起跑台现象的原因如下：

1）调谐电压不稳定

在收看电视节目过程中，若调谐器的调谐电压逐步变化，会引起调谐器的调谐频率逐步漂移，出现跑台现象。判断调谐电压是否稳定，可在无信号状态下进行。在无信号状态下，测量调谐器 VT（或 BT）端子电压，看有无缓慢变化的现象，若不稳定，说明调谐电压不稳定。此时，可断开 VT（或 BT）端，再测积分滤波器所送来的调谐电压，若稳定不变，说明调谐器内部漏电。若仍不稳定，应检查积分滤波电路及调谐电压放大器。

2）AFT 电压不正常

AFT 电压是由中频通道传送来的，有些图纸或调谐器上常将 AFT 标成"AFC"。AFT 电压用来控制本振频率，以稳定本振频率。若断开 AFT 电路后，调出某套节目，能在较长时间内观看，但接上 AFT 电路后，该节目随即出现跑台现象，说明 AFT 电路有问题。事实上，AFT 电路出现问题绝大多数是因图像中周或 AFT 中周失谐引起的。

# 3.2　中频通道

彩色电视机中频通道担负着图像中频信号及第一伴音中频信号的处理任务，输出彩色全电视信号和第二伴音中频信号。

## 3.2.1　中频通道的结构

### 1. 中放幅频特性

由于彩色电视信号中含有色度信号，色度信号位于比图像载频高 4.43MHz 的位置上。经高频调谐器变频后，会产生 33.57MHz 的色度中频信号。所以，彩色电视机中放电路除了放大 38MHz 的图像中频信号和以较小的增益放大 31.5MHz 的第一伴音中频信号外，还要放大 33.57MHz 的色度中频信号。为此，通常要求中放电路具有宽带特点，频带宽度达 5.5MHz，中放幅频特性如图 3-6 所示。色度中频 33.57MHz 位于幅

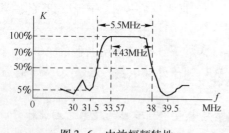

图 3-6　中放幅频特性

频特性的平坦部分，色度信号的两个边带基本上能得到均匀的放大，以确保彩色不会失真。

### 2. 中频通道结构

彩色电视机中频通道结构框图如图 3-7 所示。由图可知，它与黑白电视机的中频通道结构基本相同，但须要检出 38MHz 图像中频信号的频偏，以产生 AFT 电压，用以稳定调谐器的本振频率，进而稳定 38MHz 图像中频信号的频率，以达到稳定图像质量的目的。

检波电路通过对图像中频信号进行检波后，产生 6MHz 以下的彩色全电视信号。检波电

路还会对图像中频信号和第一伴音中频信号进行混频，产生 6.5MHz 的第二伴音中频信号。由于检波电路的非线性，会使 33.57MHz 的色度中频信号与 31.5MHz 的第一伴音中频信号进行混频，产生 2.07MHz 的干扰信号，此信号落在亮度信号的频带之内，在显像管屏幕上产生黑白垂直干扰条纹。如果将第一伴音中频信号幅度衰减到 3% 以下，便可彻底避免这种现象。但这样做会使伴音过弱，对伴音通道不利。所以大多数厂家在设计彩色电视机电路时，均未这样做。仍让第一伴音中频信号幅度保持在 3% ~ 5%，这样，虽然存在 2.07MHz 的干扰，但在视觉上并不感到很明显。

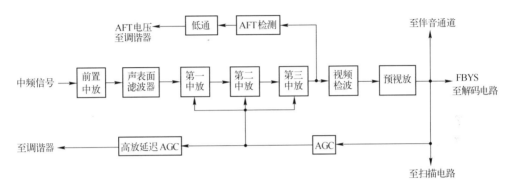

图 3-7　彩色电视机中频通道结构框图

## 3.2.2　中频通道工作原理

### 1. 前置中放及声表面滤波器

这部分电路与黑白电视机的对应电路完全相同，由于声表面滤波器具有一定的插入损耗，需用前置中放电路进行补偿，前置中放电路的增益常设计在 15 ~ 20dB 之间。

### 2. 中频放大电路

彩色电视机的中频放大电路常设计成宽带放大器，一般由三级构成，如图 3-7 所示，各级之间采用直接耦合（简称直耦）方式。由于这部分电路做在集成块内部，为了防止零点漂移的影响，第一中放必须采用差动输入方式。与黑白电视机一样，彩色电视机中放电路也要受 AGC 电路的控制，一般采用峰值 AGC。通过对预视放输出的彩色全电视信号的峰值进行检波后，形成 AGC 电压，来控制中放电路的增益。AGC 电压还要经高放延迟 AGC 电路处理后，获得高放 AGC 电压，控制调谐器高放级的增益。

### 3. 视频检波器

视频检波器常与中放电路、预视放电路及 AGC 电路做在同一块集成块内部。视频检波器有两种电路形式，一种为双平衡乘法检波器（即同步检波器）；另一种为 PLL 检波器（即锁相环检波器）。20 世纪 90 年代中期以前所生产的彩色电视机均使用双平衡乘法检波器，90 年代末期以后所生产的彩色电视机均使用 PLL 检波器。对于双平衡乘法检波器，在第 1 章中已有分析，故这里不再重述，而主要分析 PLL 检波器。

如图 3-8 所示为 PLL 检波器结构框图，在 PLL 检波器中，专门设有一个压控振荡器（VCO），它产生一个 38MHz 的等幅波送至视频检波器，故又常将这个压控振荡器称为中频振荡器或中频载频振荡器。

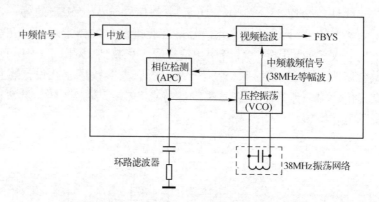

图 3-8　PLL 检波器结构框图

中放电路输出的图像中频信号一方面直接送至视频检波电路，另一方面送至相位检测电路（APC 电路）。在相位检测电路中，38MHz 的图像中频信号与压控振荡器送来的中频载频信号进行比较，产生误差电压。误差电压经环路滤波器进行滤波后，变成直流电压，用以控制压控振荡器的振荡频率及相位。这种控制方式称为锁相环控制方式，即 PLL 控制方式。当环路处于锁相状态时，压控振荡器产生的 38MHz 等幅波与图像中频信号之间保持严格的同步关系。压控振荡器的振荡网络由 LC 网络构成，一般接在集成块外部；环路滤波器常由 RC 网络构成，也接在集成块外部。

视频检波器是一个模拟乘法器，它通过将图像中频信号和中频载频信号进行相乘后，输出视频信号（彩色全电视信号）。同时，视频检波器还能将 38MHz 的等幅波与 31.5MHz 的第一伴音中频信号进行混频，输出 6.5MHz 的第二伴音中频信号。

PLL 检波器与普通双平衡乘法检波器相比，具有以下一些优点：

（1）PLL 检波所需要的 38MHz 中频载频信号由压控振荡器提供，是单频正弦波，且不受图像内容、过调制、重影等因素影响，其幅度、相位都十分稳定，即使图像中频信号幅度有较大的变化，也不会使检波输出的信号产生失真。

（2）PLL 检波器的检波线性比双平衡乘法检波器要好，图像信号的边带在检波器中对图像载频及伴音载频进行的附加调相作用小，可减小噪声来源。

（3）PLL 检波器的检波灵敏度比普通双平衡乘法检波器要高。

（4）由于 PLL 检波器的线性好，能有效抑制 2.07MHz 干扰信号的产生。

因 PLL 检波器具有以上优点，能使图像和伴音的质量得到提高，所以新型彩电广泛使用这种检波方式。

### 4. AFT 电路

AFT 是自动频率微调的英文缩写，AFT 电路就是自动频率微调电路。AFT 电路的作用是自动控制调谐器的本振频率，使本振频率稳定，进而使 38MHz 的图像中频稳定。

AFT 电压是通过对图像中频信号或中频载频信号的频偏进行检测后形成的。AFT 电压可以直接用来控制调谐器的本振频率，也可送至 CPU，再由 CPU 输出调谐校正电压来控制调谐器的本振频率。如图 3-9 所示为两种常见的 AFT 电路。

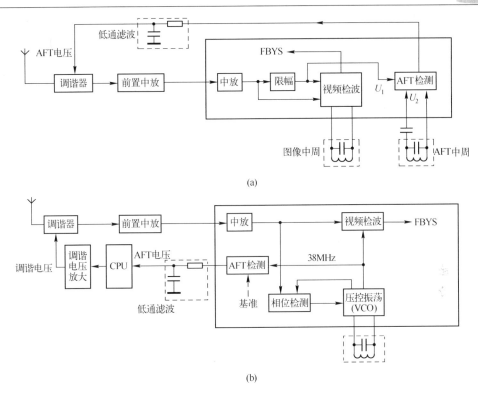

(a)

(b)

图 3-9　两种常见的 AFT 电路

　　20 世纪 90 年代中期以前所生产的彩电一般使用图 3-9（a）所示的电路。通过对 38MHz 的图像中频信号进行限幅后，获取 38MHz 等幅波 $U_1$，并将 38MHz 等幅波 $U_1$ 送至 AFT 检测电路。AFT 检测电路实际上是一个鉴相器，其外部接有一个 AFT 移相网络（俗称 AFT 中周），能将 38MHz 的等幅波移相 90°，产生 $U_2$。$U_2$ 和 $U_1$ 在 AFT 检测电路中进行相位比较，输出误差电压，即 AFT 电压。AFT 电压经低通滤波后，变为直流电压，送至调谐器，控制调谐器的本振频率。当本振频率准确时，图像中频信号等于 38MHz，此时 AFT 移相网络的相移为 90°，即 $U_1$ 与 $U_2$ 相差 90°，经 AFT 检测电路进行相位比较后，得到的误差电压为 0，此时，本振频率维持不变。当本振频率偏高时，图像中频信号也高于 38MHz，此时，AFT 移相网络的相移会小于 90°，即 $U_1$ 与 $U_2$ 相差小于 90°，经 AFT 检测电路进行相位比较后，输出一个负的误差电压。该电压经低通滤波后送至调谐器，使本振电路的变容二极管容量增大，本振频率下降，从而使图像中频信号向 38MHz 的方向变化，最终锁定在 38MHz 上。同理，当本振频率偏低时，图像中频信号会低于 38MHz，经 AFT 电路控制后，本振频率会上升，最终使图像中频信号锁定在 38MHz 上。由于 AFT 电路的控制作用，本振频率和图像中频都会被锁定在正确值上。

　　新型彩电因其采用 PLL 检波方式，故 AFT 电路也相应采用如图 3-9（b）所示的形式。它通过将压控振荡器（VCO 电路）产生的 38MHz 等幅波进行检测后，或将 38MHz 等幅波与另一基准信号（可由副载波产生）进行比较后来产生 AFT 电压。再将 AFT 电压经过低通滤波器送至 CPU，然后由 CPU 输出一个调谐校正电压，此电压叠加在调谐电压上，送至调谐器，校正调谐器的工作频率。

不难看出，如图3-9（a）所示的电路需在中频通道中设置两只中周，一只用于视频检波，另一只用于AFT移相。因而调试比较烦琐。如图3-9（b）所示的电路只用了一个38MHz振荡网络，故调试比较简单。

事实上，对于采用PLL检波方式的中频通道来说，由于相位检测器输出的误差电压反映了锁相环路的锁相情况，因而，完全可作为AFT电压使用。三洋公司推出的单片小信号处理器LA7688就采用这种方式。

### 5. 中频通道分析举例

如图3-10所示的电路为三洋A6机心中频通道，三洋A6机心是以LA7688为核心而构成的单片彩色电视机，其中频通道做在集成块LA7688的内部。我国长虹、康佳等生产商都推出过大量的A6机心彩色电视机，家庭拥有量很大。

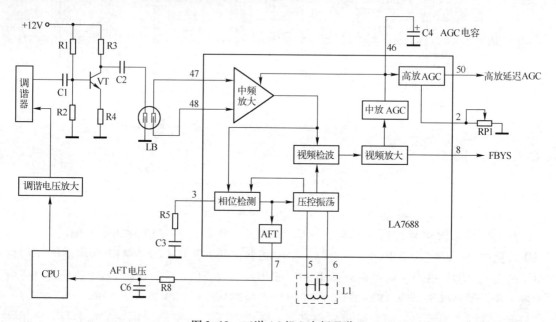

图3-10　三洋A6机心中频通道

由调谐器输出的中频信号送至前置中放VT，经VT放大后，再经声表面滤波器LB送至LA7688的47引脚和48引脚，进入中频放大器。中频信号经中频放大器放大后，一方面送至视频检波电路，另一方面送至相位检测电路。由于采用PLL检波方式，故中频通道中设有压控振荡器（VCO），振荡网络接在5引脚和6引脚外围（即L1）。压控振荡器产生38MHz的中频载频信号，送至相位检测电路，与38MHz的图像中频信号进行比较，并输出误差电压。误差电压由3引脚外围RC网络滤波后，变为直流电压，送至压控振荡器，以锁定压控振荡器的振荡频率和相位。压控振荡器所产生的38MHz中频载频信号还要送至视频检波电路，视频检波电路通过对图像中频信号和中频载频信号进行乘法运算后，检出彩色全电视信号（FBYS），同时混频产生第二伴音中频信号（6.5MHz）。彩色全电视信号及第二伴音中频信号经视频放大后，从8引脚输出。

视频放大电路输出的彩色全电视信号还要送至中放AGC电路，通过对信号峰值进行检波后，在C4上建立起AGC电压。AGC电压一方面送至中频放大电路，控制中频放大电路的增益，另一方面经高放 AGC 电路处理后，从 50 引脚输出高放延迟 AGC 电压，送至调谐器，控制高放电路的增益。调节 RP1 可调节高放延迟 AGC 的起控点。

由于相位检测电路输出的误差电压反映了 PLL 环路的锁相情况，因而可作为 AFT 电压从 7 引脚输出，送至 CPU。在正常收看时，CPU 通过对 AFT 电压的检测来产生一个调谐校正电压，校正调谐器的工作频率。

另外，在遥控彩色电视机中，AFT 电压除了用来控制调谐器的本振频率外，还要作为调谐准确度信息送入 CPU，以实现全自动搜索记忆这一功能。

### 3.2.3　中频通道常见故障分析

中频通道不正常时，常会出现无图无声、跑台或全自动搜索不记忆等故障。

**1. 无图无声故障**

出现无图无声现象时，说明中频通道或高频调谐器工作不正常，可用镊子或用万用表欧姆挡（如 100 欧姆挡）碰触中频集成块的信号输入端。若屏幕有反映，说明故障在前置中放或调谐器上。若屏幕无反映，说明故障在中频集成块或其外围元器件上。接着测中频集成块的供电电压是否正常，若供电不正常，则应检查供电电路。若供电正常，可检查中频集成块其他端子的静态工作电压，哪一引脚电压不正常，就重点检查其外围元器件。若外围元器件正常，可怀疑集成块有问题。若中频集成块各端子的静态电压基本正常，可查图像中周（或 38MHz 振荡网络），看其内附电容是否发黑，若发黑，说明漏电，应更换。

值得注意的是，新型彩电均有蓝屏功能，因此检修无图无声故障时，有必要先取消蓝屏。待蓝屏取消后，再按上述方法操作。取消蓝屏的具体方法将在遥控系统中进行讲解。

**2. 跑台或全自动搜索不记忆**

跑台或全自动搜索不记忆这种现象多为 AFT 电路故障引起。可在全自动搜索时，测量中频通道 AFT 电压输出端，看 AFT 电压是否能在较大的范围内摆动。若摆幅小，甚至不摆动，说明 AFT 电路不正常。应检查 AFT 移相网络（AFT 中周）和图像中频选频网络（图像中周）。一般应先调节这两个中周，看能否排除故障，若不能排除故障，再更换它们。更换新中周后，一般需略加微调。若中频通道采用 PLL 检波方式，则应检查 38MHz 振荡网络及 PLL 环路滤波器。

无论是图像中周、AFT 中周还是 38MHz 振荡网络，一般采用一体化封装方式，将电感线圈和电容并联后封装在金属屏蔽罩内。由于电容位于屏蔽罩内部，故将电容称为内附电容。此电容一般为白色，若变黑，说明漏电，此时，应将整个中周更换。当然，若能知道内附电容的容量，也可单独更换电容。

**教你一招：**当中频通道既有图像中周又有 AFT 中周时，若出现自动搜索不记忆，往往需对图像中周和 AFT 中周进行调节。这里介绍一种既简单又实用的方法：先在静态状态下，边调节 AFT 中周，边测量中频集成块 AFT 端子电压，直到电压等于正常静态电压为止（图纸上一般标注）。若无论如何都调不到该值，则调到最大。再接收电视节目，在全自动搜索时，调节图像中周，直到节目号能准确跳变为止。

## 3.3 伴音通道

伴音通道的作用是：对第二伴音中频信号进行放大、解调，产生音频信号，再对音频信号进行功率放大，以推动扬声器工作。小屏幕彩色电视机伴音通道的结构与黑白电视机的伴音通道结构基本一样，故本节只分析其具体的电路。

### 3.3.1 伴音中频通道

如图 3-11 所示为 A6 机心伴音中频通道，主要电路均集成在 LA7688 内部，外部只需接少量元器件即可。

LA7688 的 8 引脚输出的彩色全电视信号及第二伴音中频信号经 C1、C2 和 L 组成的高通滤波器后，取出 4.5MHz 以上的高频成分，再由 LB 选出 6.5MHz 的第二伴音中频信号送至 1 引脚。先由限幅放大器对第二伴音中频信号进行限幅、放大，再由鉴频电路进行鉴频处理，产生音频信号。音频信号经 R2、C4 去加重后，送至伴音放大器，经放大后送至伴音开关。在伴音开关中，与 12 引脚输入的外部音频进行切换，切换后的信号从 51 引脚输出。送至伴音功放电路。由于鉴频器内含伴音中频选频电路，故外部无需再接伴音中周（鉴频中周）。

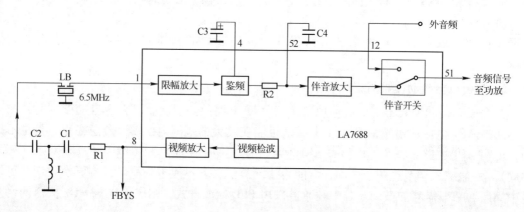

图 3-11    A6 机心伴音中频通道

### 3.3.2 伴音功放电路

彩色电视机的伴音功放电路几乎都由集成块担任，目前伴音功放集成块种类很多，它们内部大都包含前置放大级和功率放大级两级电路，有的还含有保护电路。功率放大级常设计成 OTL 式。为了获得足够的功率输出，伴音功放集成块的供电电压较高，一般在 +15V 以上，且输出电流也比较大。这样，在工作时，伴音功放集成块的发热比较严重。因此，为了使伴音功放集成块不至于过热而损坏，伴音功放集成块须带散热片。根据整机功能设计要求，伴音功放电路可设计成单声道或双声道。

**1. 单声道伴音功放电路**

如图 3-12 所示的电路为单声道伴音功放电路，它由 LA4275 构成。LA4275 只需在少量外围元器件的配合下，就可完成伴音功率放大任务。LA4275 内部包含前置放大、纹波抑制、功率放大及电源保护等电路，各引脚功能如下：

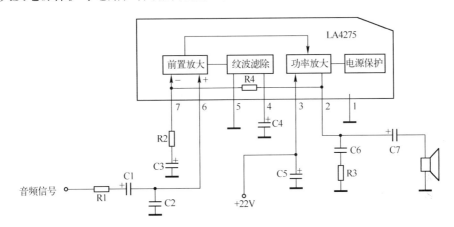

图 3-12　由 LA4275 构成的单声道伴音功放电路

1 引脚：接地端（内部功率放大级接地及电源接地）。

2 引脚：伴音功放输出端。

3 引脚：供电端。

4 引脚：纹波滤除端。

5 引脚：接地端（前置放大级及纹波滤除电路接地）。

6 引脚：音频信号同相输入。

7 引脚：音频信号反相输入。

由伴音中频通道送来的音频信号经 R1、C1 送至 6 引脚，进入内部前置放大器。前置放大器采用差功输入方式，音频信号从同相输入端 6 引脚输入，7 引脚用于负反馈控制。改变7 引脚外部 RC 网络的阻抗，就可改变负反馈的大小，因而常将 7 引脚外部的 RC 网络称为负反馈限制网络，意思是指通过设计 7 引脚外部 RC 网络的阻抗，便可达到限制负反馈深度的目的。

经前置放大后的音频信号送至功率放大器。由功率放大器进行功率放大，并从 2 引脚输出足够功率的音频信号送入扬声器。功率放大器属 OTL 电路，其输出端与扬声器之间必须接耦合电容 C7，耦合电容的容量一般在 470μF 以上。C6 和 R3 构成保护电路，能吸收开机冲击电流，防止开机冲击电流损坏扬声器；还能吸收关机时扬声器所产生的自感电压，防止这种电压损坏集成块。

4 引脚外接的电容 C4 起到纹波滤除的作用，以减小前置放大器供电电压的纹波系数。因为前置放大器的供电电压中纹波过大的话，则纹波被逐级放大后，会使扬声器发出嗡嗡的交流声。

**2. 双声道伴音功放电路**

如图 3-13 所示的电路为双声道伴音功放电路，它由 LA4270 构成，LA4270 内部包含两个结构完全相同的通道（或称声道），分别用 CH1 和 CH2 表示，"CH" 是 "通道" 的意思。每个通道都含有前置级和功率放大级。LA4270 各引脚功能见表 3-2。

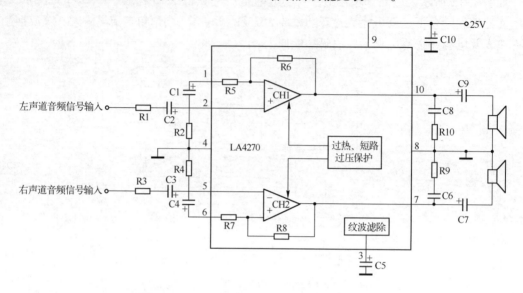

图 3-13　由 LA4270 构成的双声道伴音功放电路

左、右两声道音频信号分别从 2 引脚和 5 引脚输入，经内部电路进行功率放大后，分别从 10 引脚和 7 引脚输出，送至各自的扬声器中，推动扬声器工作。1 引脚和 6 引脚外部分别接两声道的负反馈限制网络，以限制负反馈的大小。由于内部已设有 R5 和 R7，故外部的 R2 和 R4 也可不用，将 C1 和 C4 直接接地。C8 和 R10，C6 和 R9 分别构成两声道输出端保护电路。C5 为滤波电容，用于减小纹波系数。

由于伴音中频通道传送来的音频信号是单声道信号，当采用双声道伴音功放集成块进行放大时，须将单声道信号平均分成两路送入双声道伴音功放集成块中。

表 3-2　LA4270 各引脚功能

| 引　　脚 | 功　　能 | 引　　脚 | 功　　能 |
|---|---|---|---|
| 1 | 声道 1 反相输入 | 6 | 声道 2 反相输入 |
| 2 | 声道 1 同相输入 | 7 | 声道 2 输出 |
| 3 | 纹波滤除 | 8 | 接地（功放级接地） |
| 4 | 接地（前置级接地） | 9 | 供电 |
| 5 | 声道 2 同相输入 | 10 | 声道 1 输出 |

### 3.3.3　伴音通道常见故障分析

伴音通道的常见故障有两种，一种是图像正常，但扬声器无声音发出。另一种是声音小且失真。

**1. 图像正常，但无声音**

出现这种故障时，可先用万用表欧姆挡（如 10Ω 挡）碰触伴音功放电路的输入端，或从小收音机（或随身听单放机）中引出一路音频信号，送至伴音功放电路输入端。听扬声器有无声音发出。若有声音发出，说明故障在伴音中频通道，否则，说明故障在伴音功放电路或扬声器上。

判断扬声器好坏的方法是，用万用表 1Ω 挡测出扬声器的电阻，在两个表笔接触到扬声器的接线端的瞬间，若能听到扬声器发出"喀喀"声，说明扬声器能发声；若无"喀喀"声，说明扬声器损坏。

判断伴音功放集成块好坏的方法是，在供电电压正常的情况下，测量音频输出引脚电压，看是否等于电源电压的一半，若远偏离此值，则应查其外部元器件。若外部元器件正常，说明功放集成块损坏。另外，也可采用静态电压测量法来判断伴音功放集成块的好坏。通过测量各脚静态电压后，若发现某些引脚电压不对，且外部元器件又正常，说明集成块已损坏。

若故障在伴音中频通道，则可用镊子或万用表的欧姆挡（100Ω 挡）碰触伴音中频通道的输入端，听扬声器有无强烈的"喀喀"声。若无，说明伴音中频通道不能传输信号，此时，应查伴音中频通道各端子电压。对电压不正常的端子，应重点查其外围元器件，在外围元器件正常的情况下，说明内部电路很可能损坏。若碰触伴音中频通道的输入端，能听到扬声器发出响亮的"喀喀"声，说明伴音中频通道能传输信号，此时，应重点检查第二伴音中频选频网络。

**2. 声音小，且失真**

出现这种故障时，应检查以下两个方面。

（1）第二伴音选频电路是否良好。如 6.5MHz 陶瓷滤波器性能是否变差，6.5MHz 鉴频中周是否失谐等。

（2）扬声器性能是否变差。如扬声器阻抗是否发生变化，纸盒是否破损，音圈与磁钢是否相碰等。

## 习题

**一、填空题**

1. 我国电视第二伴音中频信号频率为_____，第二伴音中频信号与彩色全电视信号的分离是依靠_____来完成的。

2. 在发射端通常对伴音信号进行了_____处理，在接收端，为了恢复伴音信号的本来面目，必须对伴音信号进行_____处理。

3. 电子调谐器分_____、_____和_____三种，目前使用得最多的是_____。它有三个工作波段即_____段、_____段和_____段。

4. 电子调谐器利用_____切换波段，利用_____选取频道。

5. 彩色电视机中频通道除了需要放大 38MHz 的图像中频信号和以较小增益放大 31.5MHz 的第一伴音中频信号外，还要放大_____MHz 的_____信号。

6. 彩色电视机中频通道常有两种检波方式，即_____和_____，新型彩色电视机采用_____方式。

7. 检波电路输出的信号是＿＿＿＿＿＿＿＿＿＿和＿＿＿＿＿＿＿＿＿＿。

**二、问答题**

1. AFT 电路的作用是什么？AFT 电路主要有哪几种形式？简要说明其工作原理。

2. 画出中频通道结构框图，并说明各电路的作用。

3. 画图说明 PLL 检波电路的工作原理，说明 PLL 检波电路具有哪些主要优点？

# 第**4**章

## 解 码 电 路

学习要点

（1）PAL 制解码电路的结构框图。

（2）新型 PAL 制解码电路的工作原理。

（3）末级视放电路的检修。

解码是编码的逆过程，解码电路能将中频通道送来的彩色全电视信号进行分解，还原成红（R）、绿（G）、蓝（B）三基色信号，激励显像管工作，重现彩色图像。

## 4.1 解码电路的结构

目前，我国电视机生产商以生产多制式彩色电视机为主，电视机中至少设有 PAL 制和 NTSC 制解码电路，有的还设有 SECAM 制解码电路。因此在学习 PAL 制解码电路的同时，也有必要了解一下 NTSC 制解码电路。

### 4.1.1 PAL 制解码电路框图

我国彩色电视采用 PAL 制式，从 20 世纪 80 年代到现在，我国彩色电视已经经历了几十年的发展历史，涌现出了两代解码电路，即传统解码电路和新型解码电路。这两代解码电路结构形式及对色度信号的解调过程有所区别，下面分别对它们进行介绍。

#### 1. 传统解码电路

传统解码电路结构框图如图 4-1 所示。20 世纪 90 年代中期以前生产的彩色电视机均使用这种解码电路。它由亮度通道、色度通道及基色矩阵（或称解码矩阵）三部分组成。

亮度通道主要由 4.43MHz 陷波、亮度延时及钳位放大等电路组成。它主要负责处理亮度信号，并将亮度信号送至基色矩阵电路。

色度通道由 4.43MHz 带通滤波、色带通放大、延时解调、同步检波、R-Y 放大、B-Y

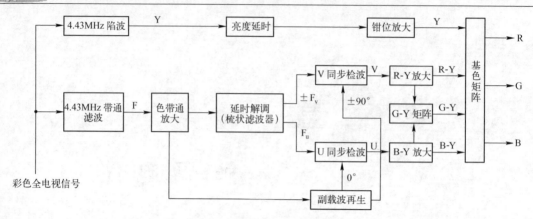

图4-1 传统解码电路结构框图

放大、G-Y矩阵、副载波再生（或称副载波恢复）等电路构成，它主要负责处理色度信号。

彩色全电视信号经4.43MHz带通滤波后，分离出色度信号（含色同步信号）。色度信号经带通放大器放大后，一方面送至副载波再生电路，另一方面送至延时解调电路。延时解调电路用来分离$F_u$信号和$F_v$信号，分离后的$F_u$信号和$F_v$信号分别送至U同步检波器和V同步检波器，并解调出U信号和V信号。再分别经B-Y放大和R-Y放大后，使压缩的色差信号幅度得到恢复，然后，送至基色矩阵电路。红色差信号和蓝色差信号还要各取出一部分，混合成一个绿色差信号，也送至基色矩阵电路。U同步检波器和V同步检波器所需的副载波信号，由副载波再生电路产生，副载波频率和相位受色同步信号锁定，从而确保再生出来的副载波能满足同步检波的要求。

基色矩阵电路能将亮度信号（Y）和三个色差信号（R-Y、G-Y及B-Y）进行相加，输出红、绿、蓝三基色信号（R、G及B）。

**2. 新型解码电路**

新型解码电路结构框图如图4-2所示。20世纪90年代末期以后生产的彩色电视机均使用这种电路。它直接对色度信号进行U、V同步检波，输出U信号和V信号。由于检波前未进行$F_u$和$F_v$分离，故产生的U信号中含有V失真分量，V信号中也含有U失真分量，

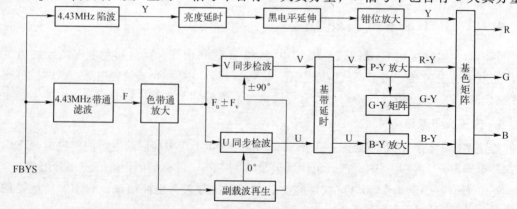

图4-2 新型解码电路结构框图

通过基带延时处理后，失真分量便抵消掉了。新型解码电路的亮度通道中，还设有黑电平延伸电路，能有效改善图像质量。

**背景知识**：为了实现兼容（即黑白电视机和彩色电视机都能接收），彩色电视必须同时传送亮度信号和色度信号，且色度信号最终要与亮度信号进行叠加。当它们叠加之后，视频信号的动态范围会超过黑白电视所允许的范围，从而对兼容带来不利影响。为了克服这种现象，必须对色度信号幅度进行压缩。经过计算，R-Y 的压缩系数为 0.877，B-Y 的压缩系数为 0.493，压缩后的 R-Y 和 B-Y 分别用 V 和 U 表示。同步检波输出的 V、U 信号必须经过放大后才能恢复成 R-Y 和 B-Y 信号。

## 4.1.2  NTSC 制解码电路框图

NTSC 制解码电路结构框图如图 4-3 所示，由图可以看出，它的亮度通道与 PAL 制解码电路基本相同。由于 NTSC 制副载波频率为 3.58MHz，故亮度通道中需设 3.58MHz 陷波器来吸收色度信号，分离出亮度信号。亮度通道中其余电路皆与 PAL 制解码电路相同，在同一电视机中，两者可以共用。

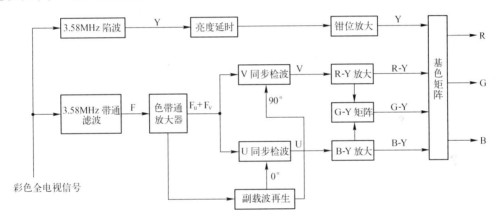

图 4-3  NTSC 制解码电路结构框图

NTSC 制解码电路的色度通道与 PAL 制解码电路存在一定的区别，它使用 3.58MHz 带通滤波器来分离色度信号。分离出的色度信号经色带通放大器放大后，直接供 U 同步检波器和 V 同步检波器进行检波，输出 U、V 信号。由于两个色差信号分别调制在频率相同而相位相差 90° 的副载波上，因而难以进行 $F_u$ 和 $F_v$ 的分离。故同步检波产生的 U 信号中含有 V 失真分量，V 信号中也含有 U 失真分量，且这种失真分量不能用基带延时电路来进行抵消，因而 NTSC 制的图像质量低于 PAL 制，易产生彩色畸变现象。

## 4.2  PAL 制解码电路分析

PAL 制、NTSC 制及 SECAM 制，它们的解码电路在结构上有许多相同之处，它们的亮度通道、色差信号处理部分及基色矩阵部分是相同的。若在同一电视机中设置三种制式的话，这些电路是可以共用的。它们的主要区别体现在色度信号解调方面。由于 PAL 制是我国彩色电视所使用的制式，故本节将以 PAL 制解码电路为例来分析解码电路的工作过程。掌握了 PAL 制解码电路的工作过程后，其他两种制式的解码过程也就很好理解了。随着大规模集成块的不断开发和应用，整个解码电路常设计在同一块集成块中。

### 4.2.1　亮度通道

亮度通道的作用是处理亮度信号，具体说来，它能从彩色全电视信号中分离出亮度信号，并对亮度信号进行延时、放大、钳位及黑电平延伸等处理。亮度通道结构框图如图 4-4 所示。其中，黑电平延伸电路只在新型彩电中才有，老式彩电无此电路。

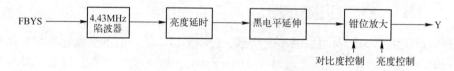

图 4-4　亮度通道结构框图

#### 1. 4.43MHz 陷波器

该电路能将彩色全电视信号中的色度信号吸收掉，分离出亮度信号。由于色度信号调制在 4.43MHz 的副载波上，故用一个 4.43MHz 的陷波器就能将 4.43MHz 的色度信号吸收掉，从而分离出亮度信号。

4.43MHz 陷波器一般由 LC 元器件构成，电路形式有 LC 串联陷波器、桥 T 型陷波器、LC 并联陷波器等，如图 4-5（a）所示，图 4-5（b）为陷波前和陷波后的频谱结构。

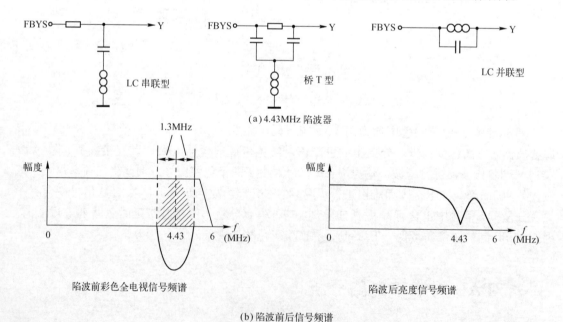

（b）陷波前后信号频谱

图 4-5　4.43MHz 陷波器及陷波前后的频谱结构

由于在播放黑白电视节目时，无色度信号存在，此时要求 4.43MHz 陷波器停止工作，否则，会将 4.43MHz 附近的亮度信号高频成分吸收掉，从而影响图像清晰度。故 4.43MHz 陷波器的工作与否一般要受控制电路的控制。通常将这一控制电路称为自动清晰度控制电路，简称 ARC 电路，如图 4-6 所示。

图 4-6（a）中的 R1 和 VD1 构成 ARC 电路，当接收彩色电视节目时，ARC 电压为高电平，VD1 导通，L1、C1 对 4.43MHz 的色度信号起吸收作用。当接收黑白电视节目时（或彩色电视节目过弱时），ARC 电压为低电平，VD1 截止，L1、C1 不工作，以免影响图像清晰度。

图 4-6（b）中的 VT 用于 ARC 控制，当接收彩色电视节目时，ARC 电压为高电平，VT 饱和，L1、C1 工作；当接收黑白电视节目时（或彩色电视节目过弱时），ARC 电压为低电平，VT 截止，L1、C1 停止工作。

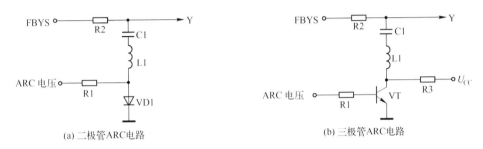

(a) 二极管ARC电路　　　　　　　　(b) 三极管ARC电路

图 4-6　ARC 电路

当然，由于接收黑白电视节目的概率毕竟很低，所以，也有相当一些彩色电视机中未设 ARC 电路。

**2. 亮度延时器**

由于色度通道的频带窄，色度信号通过色度通道后，会比亮度信号通过宽带的亮度通道产生更大的延时。从而造成亮度信号先到达基色矩阵电路，色度信号后到达基色矩阵电路。所显示的图像彩色部分与黑白部分不能完全重合，出现彩色拖尾现象。例如，如果屏幕上显示的是一面红旗，此时，红色部分未能与黑白部分完全重合，形成红色拖尾，如图 4-7 所示。

为了避免彩色拖尾现象，必须对亮度信号进行延时，延迟时间为 $0.3 \sim 0.6 \mu s$。由于亮度信号所需的延迟时间不长，可采用半集中参数的 LC 网络来担任延时任务。

图 4-8（a）为亮度延时器结构图，由图可知，亮度延时器由塑料骨架、绕在塑料骨架上的线圈及塑料骨架中的金属极板构成。应用时，金属极板接地，每匝线圈

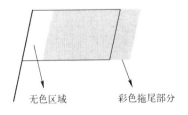

无色区域　　　彩色拖尾部分

图 4-7　彩色拖尾

与金属极板之间具有一定的分布电容，从而构成了图 4-8（b）所示的多节 LC 网络，利用多节 LC 网络可实现对亮度信号的延时。由于亮度延时器实际上就是一个特殊的线圈，故又有亮度延时线之称。其电路符号如图 4-8（c）所示。

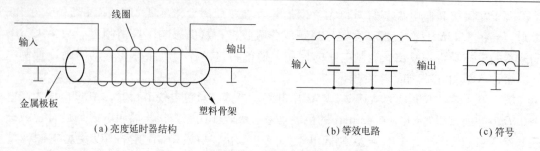

(a) 亮度延时器结构 　　　　　　　　(b) 等效电路 　　　(c) 符号

图4-8　亮度延时器

### 3. 黑电平延伸电路

黑电平延伸电路又称黑电平扩展电路，其作用是：将亮度信号的浅黑电平进行扩展，使其向黑电平（即消隐电平）方向延伸，但不会超过消隐电平。经黑电平扩展后，图像的对比度会得到提高，暗区的图像层次变得丰富。黑电平延伸原理可由图4-9来进行说明。

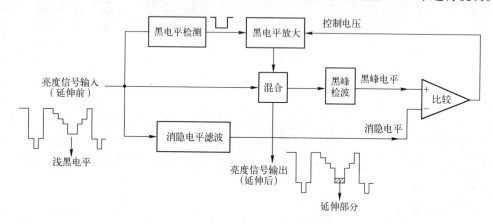

图4-9　黑电平延伸原理图

黑电平检测电路能检出亮度信号的浅黑电平，也就是说，将电平低于黑电平扩展起点的部分切割下来，这部分便是待扩展的黑电平。待扩展的黑电平经黑电平放大后，送至混合电路，并与原亮度信号相加，输出黑电平得到扩展的亮度信号。消隐电平滤波电路的作用是，分离出消隐电平，并送至比较器。同时，黑峰检波电路对黑电平扩展后的亮度信号进行检测，将信号的黑峰电平检测出来，也送到比较器。在比较器中，黑峰电平与消隐电平进行比较，输出控制电压，并控制黑电平放大器的增益，使延伸后的黑电平不会超过消隐电平。

图4-10为黑电平延伸电路传输特性示意图。由图可知，黑电平延伸电路的增益是可变的，对于消隐电平附近的亮度信号来说，传输特性曲线具有非线性特点，曲线的斜率大，电路增益高；而对于远离消隐电平的亮度信号来说，传输特性曲线具有线性特点，电路增益为常数，信号被线性放大。

### 4. 钳位放大电路

在彩色电视机中，若亮度信号中的直流成分丢失，不但会引起图像的背景亮度发生变化，还会使色调也发生变化。因此要求亮度通道必须正确传送直流成分。

由于在设计亮度通道时，不可避免地会用到交流耦合方式，从而造成直流成分丢失，所

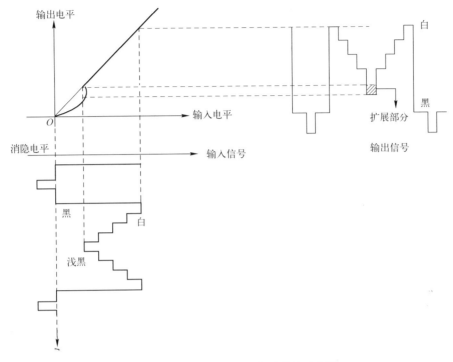

图 4-10　黑电平延伸电路传输特性示意图

以必须使用钳位电路来恢复直流成分。钳位电路一般设置在亮度放大器的输入端，以便先对亮度信号中的直流成分进行恢复，再对亮度信号进行放大。图 4-11（a）为钳位放大电路示意图，VT1、C2 及 RP1 等元器件构成钳位电路。VT2 及周边元器件构成亮度放大器。电源经 R4 和 RP1 分压后，在 C2 上建立起一定的直流电压 $U_2$。钳位脉冲一般由行同步脉冲担任。每来一个钳位脉冲，VT1 就饱和，C2 上的直流电压便加到 A 点，此时，恰好是亮度信号中行同步头到来，也就是说，经钳位电路作用后，亮度信号中的行同步头全部被钳定在同一电平 $U_2$ 上，从而使亮度信号中的直流成分得以恢复。调节 RP1，便可改变 $U_2$ 的大小，进而改变亮度信号中的直流成分的大小，达到亮度调节的目的，因此，称 RP1 为亮度调节电位器。C2 用来保存一个直流电压，这个电压便是钳位电压，因此，将 C2 称为钳位电容。由于钳位电路和亮度放大器常做在集成块内，从而形成了图 4-11（b）所示的电路形式。

　　另外，由于亮度通道中设置了 4.43MHz 陷波器，它在吸收色度信号的同时，也会将亮度信号的高频分量吸收掉，导致图像轮廓清晰度下降。为了克服这一现象，亮度放大器中还常设有轮廓补偿电路（或称轮廓勾边电路），以补偿图像的高频分量。

**5. 对比度调整与自动亮度限制电路**

　　对比度调整是通过改变亮度放大器的增益来实现的，当亮度放大器的增益发生变化时，其输出的信号幅度就会发生变化，黑电平和白电平之间的电平差也就跟着变化，黑、白电平的对比程度也就发生变化，即对比度发生变化。

　　自动亮度限制电路简称 ABL 电路。其作用是：当显像管的束电流超过额定值时，产生一个控制电压，使图像亮度自动下降，这样即可保护荧光屏，又可避免高压电路过载。ABL电路如图 4-12 所示，其工作原理如下。

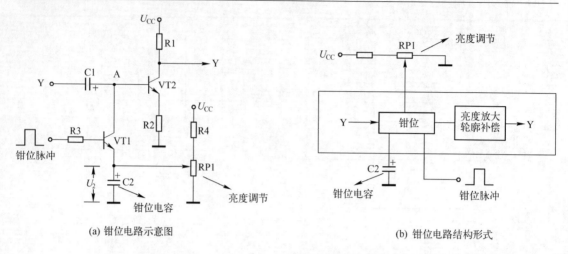

(a) 钳位电路示意图　　　　　　　　　　　(b) 钳位电路结构形式

图 4-11　钳位放大电路

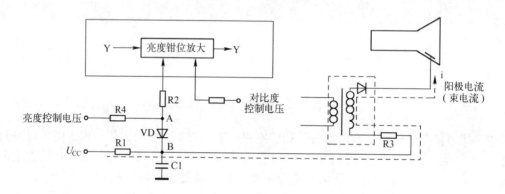

图 4-12　ABL 电路

当屏幕亮度在正常范围内时，显像管束电流也在正常范围内，此时 B 点电压较高，二极管 VD 截止，ABL 电路不起作用。当屏幕亮度过大时，即显像管束电流过大，此时，B 点电压较低，二极管 VD 导通，从而使 A 点电压也跟着下降，此电压控制亮度钳位放大器，使屏幕亮度跟着下降。

另外，由于新型彩电具有亮度、对比度同调特性，即调节对比度时，亮度也会跟着变化，所以也可用 B 点电压来控制对比度，形成自动对比度限制电路（ACL 电路）。

## 4.2.2　色度通道

色度通道的作用是：从彩色全电视信号中分离出色度信号来，并将色度信号解调成 R-Y、G-Y 和 B-Y 信号。

### 1. 4.43MHz 带通滤波器

该电路负责从彩色全电视信号中分离出色度信号来。4.43MHz 带通滤波器常由 LC 网络担任，其中心频率为 4.43MHz，带宽为 2.6MHz，它只让 4.43MHz 两边各 1.3MHz 的频带通过，因而具有选频特性。它对色度信号的分离过程如图 4-13 所示。

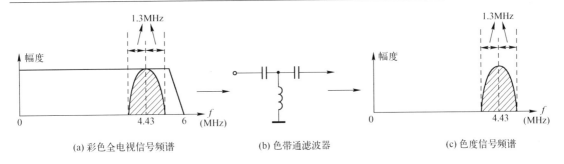

(a) 彩色全电视信号频谱　　　(b) 色带通滤波器　　　(c) 色度信号频谱

图 4-13　色带通滤波器及色度信号的分离

### 2. 色带通放大器及 ACC、ACK 电路

色带通放大器担负着色度信号放大任务，一般由一至两级选频放大器构成，能对 4.43MHz 的色度信号进行选频放大。

色带通放大器常做在集成块内，如图 4-14 所示。彩色全电视信号经外部 4.43MHz 带通滤波后，分离出色度信号，送入色带通放大器，由色带通放大器进行放大。为了展宽色带通放大器的动态范围，色带通放大器的增益常受 ACC 电路的控制。ACC 电路又叫自动色饱和度控制电路。它通过对色带通放大器输出的色度信号的幅度进行检波后，再由外部电容 C3 进行滤波。在 C3 上建立起一个直流电压，用此电压来控制色带通放大器的增益。当色度信号强时，C3 上的电压高，色带通放大器的增益就低。当色度信号弱时，C3 上的电压低，色带通放大器的增益就高。这样，由于 ACC 电路的作用，使色带通放大器的增益能随输入信号的强弱而变化。

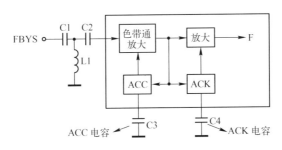

图 4-14　色带通放大器及 ACC、ACK 电路

在接收黑白图像时，由于不存在色度信号。此时应关闭色度通道，以避免彩色杂波干扰，这个过程称为消色控制。消色控制是由 ACK 电路来完成的。ACK 电路又称自动消色控制电路，它通过对色度信号的幅度进行检波后，在 C4 上形成一个控制电压，并控制放大器的通或断。当有色度信号，且色度信号幅度足够高时，C4 上的电压也较高，此时放大器工作，色度信号能通过放大器向后传输，相当于放大器处于接通状态。当无色度信号或色度信号过弱时，C4 上的电压为 0 或很小，放大器停止工作，相当于断开。此时，只有亮度通道工作，屏幕上便显示黑白图像。

由于 C3 和 C4 上的电压分别用于 ACC 控制和 ACK 控制，故常将 C3 称为 ACC 电容，将 C4 称为 ACK 电容。由于 ACC 电容上的电压已经反映了色度信号的有无及强弱，所以也可用 ACC 电容来兼做 ACK 电容。

### 3. 延时解调器与同步检波电路

对于跨世纪以前生产的彩色电视机来说，大都使用延时解调器与同步检波器进行搭配来完成色度信号解调任务。延时解调器的作用是将 $F_u$ 和 $F_v$ 信号进行分离。同步检波器的作用是对 $F_u$ 和 $F_v$ 信号进行检波，分别取出 U 信号和 V 信号。

延时解调电路与同步检波电路结构框图如图 4-15 所示，色度信号经延时解调后，分离成 $F_u$ 和 $F_v$ 信号，并分别送至 U 同步检波器和 V 同步检波器，以解出 U 信号和 V 信号。在编码时，由于采用平衡调幅方式，抑制了副载波成分，所以在解码时，必须恢复副载波。对于 $F_u$ 分量而言，被抑制的副载波频率为 4.43MHz，相位为 0°，故在对 $F_u$ 信号进行同步检波时，就得向 U 同步检波器提供一个频率为 4.43MHz，相位为 0°的副载波，方可检出 U 信号（即压缩的 B-Y）来；同理，对 $F_v$ 分量而言，必须向 V 同步检波器提供一个频率为 4.43MHz，相位为 ±90°的副载波，方可检出 V 信号（即压缩的 R-Y）来。

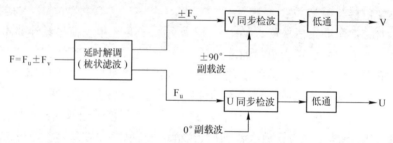

图 4-15　延时解调器与同步检波电路结构框图

采用这种方式来完成色度解调，虽然简单易行，成本也较低，但电路体积庞大、不易于集成化，故在新型彩电中不再使用。

### 4. 同步检波与基带延时电路

跨世纪以后所生产的彩色电视机中，均使用同步检波器与基带延时电路进行配合，来完成色度信号解调任务。这种方式结构框图如图 4-16 所示。

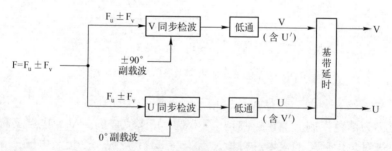

图 4-16　同步检波与基带延时电路

色度信号（$F = F_u \pm F_v$）直接送至 U 同步检波器和 V 同步检波器，在 U 同步检波器中，遇到 0°副载波，从而使 $F_u$ 分量能得到正确解调，输出 U 信号；但因 0°的副载波与 $F_v$ 分量中被抑制的副载波相位不同，故 $F_v$ 分量不能得到正确的解调，输出的只是一个失真的 V 信号（图中用 V′表示）。同理，V 同步检波器在输出 V 信号的同时，也会输出失真的 U 信号（图中用 U′表示）。上述信号送至基带延时器，经基带延时处理后，使得失真分量被抵消掉，输出 U 信号和 V 信号。

1）基带延时器

基带延时器是一种 CCD 器件（电荷耦合器件），内部含有两个通道，分别用来处理 U 信号和 V 信号。两个通道的结构完全相同，都由放大器、1H 延时线及加法器构成，如图 4-17 所示。

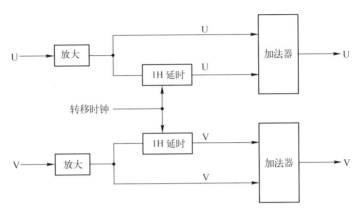

图 4-17　基带延时器

1H 延时线采用开关电容延时技术，图 4-18 所示的电路为开关电容的单元电路。开关 S1、S2、…、Sm 分别由转移时钟 P1、P2、…、Pm 驱动，P1、P2、…、Pm 依次相差一个延迟时间 Ts。在 P1 为高电平时，S1 导通，输入模拟信号 $U_i$ 被取样，并以电荷形式保存在 C1 上。延迟 Ts 后，P2 为高电平，S2 导通，C1 上存储的电荷传输给 C2。以此类推，经过 $(m-1)$ Ts 后，Pm 为高电平，Sm 导通，电荷形式的信号送至读出电路，并经低通滤波后还原成模拟信号 $U_o$。只要合理安排开关电容的个数，便可获得 64μs 的延迟。

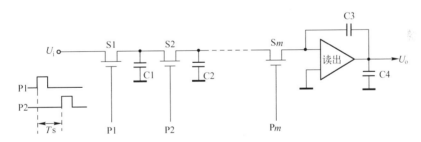

图 4-18　开关电容延时电路

由奈奎斯特取样定理可知，当取样频率（即转移时钟频率）大于或等于被取样信号最高频率的两倍时，方能确保信号的正确还原。因色差信号频率为 0～1.3MHz，故取样频率至少应为 2.6MHz，一般选择为 3MHz，即转移时钟的频率一般定为 3MHz。为了获得 64μs 的延时，共需要 192 个开关电容单元来组成一行延时器。

转移时钟的频率及相位要求十分稳定，否则会影响延时精度。

2）基带延时器克服彩色相位失真

基带延时器包含两个通道，两个通道的工作过程完全一样，下面以 U 通道为例来分析基带延时器是怎样克服 PAL 制彩色相位失真的，参考图 4-19。

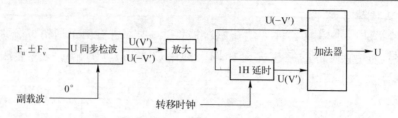

图 4-19　基带延时器克服彩色相位失真

设第 $n$ 行的色度信号为 $F = F_u + F_v$，则第 $n+1$ 行的色度信号为 $F = F_u - F_v$。在第 $n$ 行时，U 同步检波器对 $F = F_u + F_v$ 进行解调，由于送入 U 同步检波器的副载波为 0°，故能对 $F_u$ 分量进行正确解调，输出 U 信号，但对 $F_v$ 分量不能正确解调，解调产生的只是一个失真的 V 分量，用 V′表示。这样，在第 $n$ 行时，U 同步检波器输出 U + V′信号。同理，在第 $n+1$ 行时，U 同步检波对 $F = F_u - F_v$ 进行解调，输出 U − V′信号。第 $n$ 行输出的 U + V′信号经 1H 延时后，送到加法器，在加法器中会遇到 $n+1$ 行的直通信号 U − V′，两者相加后，V′被抵消，而输出 U 信号。V 通道的工作过程与此类似，它能抵消掉失真的 U 分量，输出 V 信号。

由以上分析可知，由于 PAL 制相邻两行的失真具有相反的特点，利用基带延时器便可有效克服彩色相位失真现象。但 NTSC 制不能用基带延时线来抵消彩色相位失真。

**5. 色差信号放大及 G-Y 矩阵**

参考图 4-20，同步检波后产生的 U、V 信号还不是原始的 B-Y 信号和 R-Y 信号，它们之间还相差一个压缩系数。因此必须对 U、V 信号进行适当放大，才能获得真正的 B-Y 信号和 R-Y 信号。具体来说，对 U 信号的放大倍数应为 $\dfrac{1}{0.493} = 2.03$；对于 V 信号的放大倍数应为 $\dfrac{1}{0.877} = 1.14$。也就是说 U、V 信号分别经 2.03 倍和 1.14 倍放大后，就成了 B-Y 和 R-Y 信号了。

B-Y 和 R-Y 信号形成后，一方面送至基色矩阵电路，另一方面还要各取出一部分送至 G-Y 矩阵电路，以合成一个 G-Y 信号。G-Y 信号也送至基色矩阵电路。由基色矩阵电路将三个色差信号和亮度信号进行矩阵处理，还原出三基色信号。

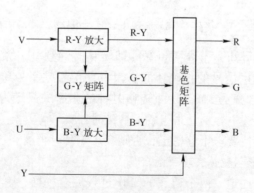

图 4-20　色差信号放大

### 4.2.3　副载波再生电路

副载波再生电路的作用是，输出频率为 4.43MHz，相位为 0° 及 ±90° 的副载波，分别提供给 U 同步检波器和 V 同步检波器。副载波再生电路结构框图如图 4-21 所示，这些电路做在同一集成块中。

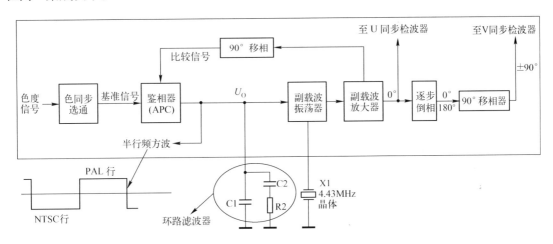

图 4-21　副载波再生电路结构框图

#### 1. 色同步选通电路

色同步选通电路的作用是，从色带通放大器输出的信号中分离出色同步信号，并送至鉴相器，作为基准信号。

#### 2. 副载波锁相环路

副载波锁相环路由鉴相器、环路滤波器、副载波振荡器、副载波放大器及 90° 移相器组成。

鉴相器又称 APC 电路（即自动相位控制电路），它是一种相位比较器。鉴相器有两个输入信号，一个是由色同步选通电路送来的色同步信号，该信号实质上是由发射端送来的基准信号；另一个是经 90° 移相后的再生副载波信号，该信号为比较信号。鉴相器通过对上述两个信号进行比较后，输出半行频方波。半行频方波的正半周对应 PAL 行（即倒相行），负半周对应 NTSC 行（即不倒相行）。半行频方波经环路滤波器后，得到直流电压（误差电压）$U_o$ 用以控制副载波振荡器。当再生副载波频率和相位准确时，半行频方波的正、负半周幅度相等，经环路滤波后，直流电压 $U_o$ 为 0V，对副载波振荡器没有校正作用，副载波振荡器维持现行工作状态。当再生副载波频率或相位偏离正常值时，半行频方波的正半周和负半周幅度便不相等，经环路滤波后，得到的直流电压 $U_o$ 会大于或小于 0V，从而调整副载波振荡器的振荡频率及相位，直到准确为止，此时，就称环路处于锁相状态。当环路处于锁相状态后，副载波振荡器的振荡频率和相位十分稳定。环路滤波器是由 RC 元器件构成的低通滤波器，常接在集成块外部。

副载波振荡器能振荡产生 4.43MHz 的副载波，因频率精度极高，故需采用压控晶体振荡器，晶体一般接在集成块外部。晶体振荡器输出的副载波相位为 180°，经倒相放大后，

变为0°的副载波。一方面提供给 U 同步检波器，另一方面经90°移相后作为比较信号送回至
鉴相器，再一方面送至逐行倒相电路。

**3. 逐行倒相电路**

逐行倒相电路负责对副载波进行逐行倒相处理，以满足 V 同步检波器的需要。在第 $n$
行（即 NTSC 行）时，逐行倒相电路输出0°的副载波，在第 $n+1$ 行（即 PAL 行）时，逐行
倒相电路输出180°的副载波。0°或180°的副载波经90°移相后，变为 ±90°的副载波，送至
V 同步检波器，以满足 V 同步检波器的需要。

### 4.2.4　基色矩阵电路

基色矩阵电路的作用是：将 R-Y、G-Y、B-Y 分别与 Y 信号进行矩阵处理，恢复出 R、
G、B 三基色信号。

图4-22画出了四种矩阵原理电路，其中，图（a）采用电阻矩阵方式，R-Y 信号和 Y
信号分别经电阻后，进行混合，产生 R 信号。

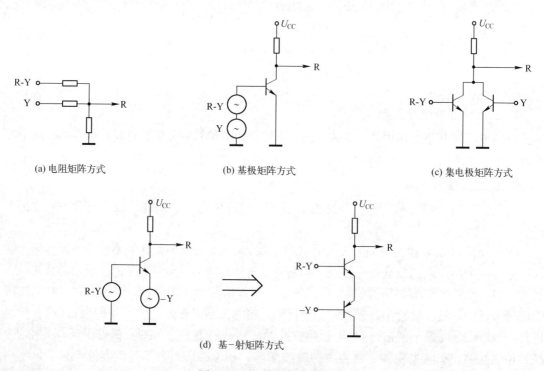

(a) 电阻矩阵方式　　　(b) 基极矩阵方式　　　(c) 集电极矩阵方式

(d) 基-射矩阵方式

图4-22　四种矩阵原理电路

图（b）、图（c）及图（d）均为三极管矩阵方式。对于图（b）来说，R-Y 信号
和 Y 信号均加在基极回路，由基极回路完成矩阵，产生 R 信号，这种方式称为基极矩
阵方式。对于图（c）来说，R-Y 和 Y 分别加在两个三极管的基极，经放大后，在集电
极上完成矩阵，输出 R 信号，这种方式称为集电极矩阵方式。对于图（d）来说，R-Y
信号加在基极，－Y 信号加在发射极，再从集电极输出 R 信号，这种方式称为基－射
矩阵方式。

### 4.2.5 解码电路分析举例

这里以三洋 A6 机心为例，分析解码电路的工作过程。三洋 A6 机心的解码电路做在集成块 LA7688 内部，外部元器件极少。它能完成 PAL 制和 NTSC 制色度信号的解码，且外部可以加接 SECAM 制解码电路。

**1. 亮度通道**

参考图 4-23，LA7688 中频通道解调产生的彩色全电视信号从 8 脚输出，经 L1 和 LB1进行伴音中频陷波后，送至 10 脚，进入内部视频开关。在视频开关中，与 14 脚输入的外部视频（或亮度）信号进行切换，切换输出的视频信号一方面送至同步分离电路及色度通道，另一方面送至亮度通道。亮度通道由色度陷波（C 陷波）、亮度（Y）延时、白峰限制、锐度控制、对比度控制、亮度控制及行、场消隐电路构成。

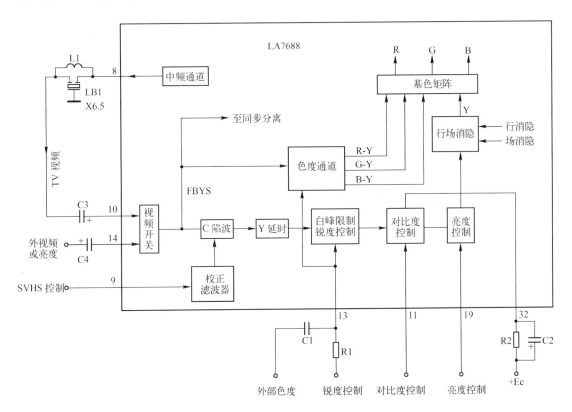

图 4-23 LA7688 亮度通道

色度陷波器的作用是吸收视频信号中的色度信号，分离出亮度信号。色度陷波器的工作情况受校正滤波器的控制。当视频信号的制式为 PAL 制时，色度陷波器的中心频率为4.43MHz；当视频信号的制式为 NTSC 制时，色度陷波器的中心频率为 3.58MHz。当 LA7688工作在 S-VHS 状态（简称 S 状态）时，机外 S 端子送来的亮度信号从 14 脚输入，色度信号从 13 脚输入。13 脚输入的色度信号直接进入色度通道，14 脚输入的亮度信号经视频开关后，送到色度陷波器。由于此时 9 脚有 S-VHS 控制电压输入（低电平），校正滤波器在

S-VHS控制电压的控制下，将色度陷波器置于直通状态，从而使亮度信号不再受到陷波作用。

亮度延时电路的作用是对亮度信号进入 $0.5\mu s$ 的延时，以确保亮度信号能与色度信号同时到达基色矩阵电路，消除彩色拖尾现象。

白峰限制电路的作用是消除亮度信号中的噪声，防止白噪声干扰。锐度控制电路又称清晰度控制电路，能控制内部电路对图像轮廓的勾边程度。锐度控制电压从 13 脚输入，通过调节 13 脚的直流电压，便可控制图像轮廓的清晰度。由此可知，13 脚是一个多功能端子。

对比度控制电路由一个可变增益放大器和一个黑电平扩展电路构成，可变增益放大器的放大倍数受 11 脚电压的控制，通过调节放大倍数，便可调节图像的对比度。黑电平扩展电路能将亮度信号的浅黑电平进行扩展，使其向消隐电平方向进行延伸，但不会超过消隐电平。黑电平扩展滤波网络接在 32 脚。

亮度控制电路的作用是调节图像的亮度，亮度控制电路事实上是一个钳位放大器，改变 19 脚的直流电压，便可改变钳位电平，从而使亮度信号中的平均直流电平发生改变，进而使图像亮度发生变化。钳位脉冲由内部电路提供，在亮度通道中无需再设置钳位脉冲输入脚。

行、场消隐电路的作用是将行、场消隐脉冲混入到亮度信号中去，以消除回扫线。

经亮度通道处理后的亮度信号送至基色矩阵电路，并与色度通道送来的色差信号进入矩阵，输出三基色信号。

**2. 色度通道**

如图 4-24 所示，视频开关输出的视频信号送至色带通滤波器，由色带通滤波器分离出色度信号来，再与13 脚送来的 S 端子色度信号进行切换，切换输出的色度信号送至第一带通放大器。色带通滤波器的滤波特性受校正滤波器的控制，当电路工作于 PAL 制时，色带通滤波器的中心频率为 4.43MHz；当电路工作于 NTSC 制时，色带通滤波器的中心频率为 3.58MHz。色度开关受 9 脚电压的控制，当 9 脚电压为低电平（2V 以下）时，LA7688 便工作于 S 状态，选择 13 脚输入的色度信号。

色度信号经第一、第二带通放大后，送至 R-Y 、B-Y 解调电路（即同步检波器），经解调后，输出 R-Y 和 B-Y 信号。由于解调前，未进行 Fu 和 Fv 分离，故解调产生的R-Y 和 B-Y 中含有失真分量。R-Y 和 B-Y 一方面作为直通信号直接送至加法器；另一方面从 38 脚和 39 脚输出，送至 1H 基带延时线，经 1H（一行）延时后，又送回至 36 脚和 37 脚，此路信号便是延时信号。延时信号经钳位和低通滤波后，送至加法器，在加法器中，与直通信号进行相加，经相加后，R-Y、B-Y 中的失真分量被抵消了，从而有效地克服了彩色失真现象。

色度通道中设有 ACC 电路和 ACK 电路，ACC 电路通过对色度信号的幅度进行检测后，产生 ACC 电压，控制第一带通放大器的增益。当色度信号强时，第一带通放大器的增益低，当色度信号弱时，第一带通放大器的增益高。ACK 电路通过对色度信号进行检测后，产生 ACK 电压。当无色度信号或色度信号很弱时，ACK 电压为 0 或很低，带通放大器停止工作，电路处于消色状态。

R-Y 和 B-Y 经各自的放大器放大后，一方面直接输出，另一方面合成一个 G-Y。R-Y、

G-Y 和 B-Y 均送至基色矩阵电路，以做进一步处理。17 脚为色饱和度控制端，此脚电压能调节色差信号的幅度，即调节颜色的深浅。

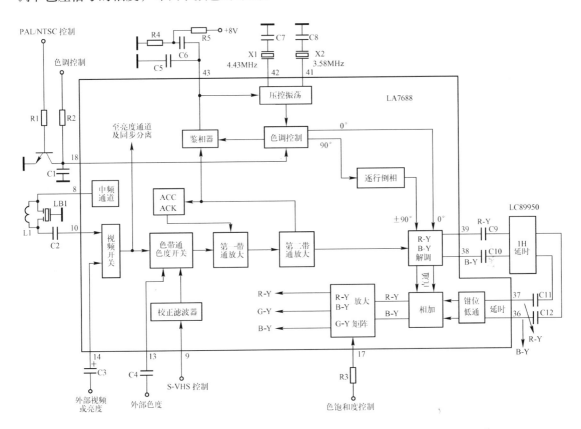

图 4-24　LA7688 色度通道

　　41 脚和 42 脚外部接有 3.58MHz 和 4.43MHz 晶体振荡器，它们配合内部电路完成副载波再生。副载波振荡电路是一个压控振荡器，当电路工作于 PAL 制时，42 脚外接的 4.43MHz 晶体参与振荡；当电路工作于 NTSC 制时，41 脚外围所接的 3.58MHz 晶体参与振荡。压控振荡器产生的振荡信号送至色调控制电路，经色调控制电路处理后，输出 0° 和 90° 的副载波。0° 的副载波直接送至 B-Y 解调器（即 U 同步检波器），以满足 B-Y 解调器的要求。在 PAL 制状态下，90° 的副载波经逐行倒相处理，变成 ±90° 的副载波，送至 R-Y 解调器（即 V 同步检波器），以满足 PAL 制 R-Y 解调器的要求；在 NTSC 制时，逐行倒相电路处于直通状态，90° 的副载波直接送至 R-Y 解调器，以满足 NTSC 制 R-Y 解调的要求。

　　为了稳定压控振荡器的振荡频率和相位，副载波再生电路中设有锁相环路。由鉴相器中的色同步选通电路分离出色同步信号，再将色同步信号与色调控制电路送来的再生副载波信号进行比较，并输出误差电压。误差电压经 43 脚外部的环路滤波器滤波后，转化为直流电压，以控制压控振荡器的振荡频率和相位，环路锁相后，压控振荡器的振荡频率和相位十分稳定。

**3. 基色矩阵**

参考图4-25，色度通道送来的 R-Y、G-Y、B-Y 信号与亮度通道送来的 Y 信号在基色矩阵电路中进行矩阵处理，输出 R、G 及 B 三基色信号，并送至内/外 RGB 切换电路。

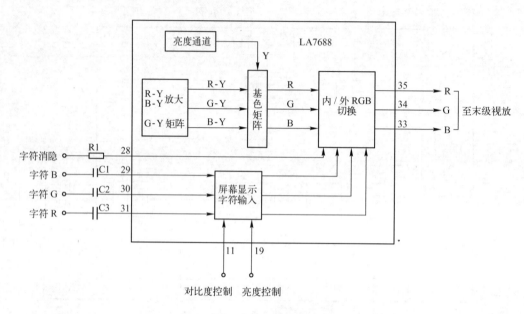

图4-25　LA7688基色矩阵电路

由 CPU 送来的三基色字符信号分别从 29 脚、30 脚及 31 脚输入，经对比度、亮度调节后，也送至内/外 RGB 切换电路。内/外 RGB 切换电路的工作情况受 28 脚电压的控制，在字符显示期间，28 脚为高电平，字符三基色信号能通过内/外 RGB 切换电路，并从 33 脚、34 脚及 35 脚输出。在图像显示期间，28 脚为低电平，此时，基色矩阵电路输出的图像三基色信号能通过内/外 RGB 切换电路，并从 33 脚、34 脚和 35 脚输出。这样，由于 28 脚电压的控制作用，字符三基色信号就插入到图像三基色信号中，形成字符镶嵌在图像上的效果。

### 4.2.6　解码电路常见故障分析

解码电路的故障概率比电源电路及扫描电路小得多，但解码电路的检修难度却列整机之最。解码电路出现故障时，一般只体现在图像上，不会引起伴音方面的问题。由于解码电路由亮度通道、色度通道及基色矩阵电路构成，各电路担负的任务不一样，因此它们出现故障时，所体现的现象也有所区别。

**1. 亮度通道故障特征**

当亮度通道出现故障时，会导致亮度信号丢失，从而出现彩色暗影现象。此时，画面上只有一团一团的彩色暗影在晃来晃去，而失去了亮度轮廓。若将色饱和度调至最小，屏幕上的图像也随即消失。

因亮度通道做在集成块内部，外围元器件极少，因而一般通过对亮度通道各引脚电压及外围元器件的检查，便可找到故障处。

**2. 色度通道故障特征**

色度通道所引起的故障相对复杂一些，一般有两种常见现象：一是黑白图像正常，但无彩色；二是彩色产生失真现象。

1）无彩色

如果故障现象为黑白图像正常，但无彩色。说明故障出在色差信号解调（即同步检波）以前的电路或副载波再生电路上。此时，应检查机器的工作制式是否正确，副载波振荡网络及环路滤波器是否正常。新型彩电都具有多制式特点，当接收 PAL 制节目时，若将机器设置在 NTSC 制上，就会出现无彩色现象。副载波振荡网络常由晶振或晶振与一个小电容串（并）联构成，用万用表测量晶振或电容时，应呈现开路特性。如果有电阻存在，说明晶振或电容损坏。当然，如果测得的阻值为无穷大，也并不说明晶振或电容就一定正常，还需用元器件替换法来做进一步判断。

另外，如果色度通道中设有 ACC 滤波端子、ACK 滤波端子、色饱和度控制端子，则需要对这些端子外围元器件进行检查。值得注意的是，许多解码集成块外部设有 1H 基带延时电路，如果 1H 基带延时电路损坏或不工作，就会导致色度信号丢失，发生无色现象。

**提醒你**：当出现无彩色故障时，色度通道往往处于消色状态。此时，色饱和度控制端子的电压很低，调节色饱和度时，该脚的电压也基本不变。因此，千万不要误认为色饱和度控制端电压不可调，其外部电路就一定有问题。

2）彩色失真

如果故障现象体现为彩色明显失真，说明故障出在色差解调之后的电路上。一般是因丢失某一色差信号或某一基色信号引起的。此时应着重检查解码电路与 1H 基带延时电路之间的耦合元器件、1H 基带延时电路本身、基色矩阵电路及末级视放电路。特别是黑白平衡不良时，最容易产生彩色失真现象。

3）黑屏

基色矩阵电路出现故障时，常会引起黑屏现象。所谓黑屏现象是指：荧光屏上无光栅出现，但行、场扫描电路工作正常，显像管灯丝也亮，若将加速极电压调高一点，屏幕上会出现带回扫线的光栅。

黑屏现象是因显像管处于截止状态，导致三条阴极皆无电子发出而引起的，换句话说，是因为三条阴极电压过高而造成的。

出现黑屏现象时，基色矩阵电路输出的电压一般很低，导致三个末级视放管截止，使显像管阴极电压升高。此时，应着重检查基色矩阵电路供电是否正常，解码电路所需的钳位脉冲是否正常等。

4）缺某一基色

出现缺乏某一基色故障时，应先检查基色矩阵电路的三个输出端子电压是否正常。如某一基色输出端子的电压明显与另两个输出端子的电压不同，说明其内部电路损坏，应更换解码集成块。

## 4.3 末级视放电路

末级视放电路的作用是对三基色信号进行电压放大，激励显像管的三个阴极。

### 4.3.1 末级视放电路的结构

图4-26是老式彩电末级视放电路，VT2、VT3及VT4专门用于三基色电压放大，解码输出的R、G及B三基色信号分别经VT2、VT3及VT4进行电压放大后，送至显像管的对应阴极。

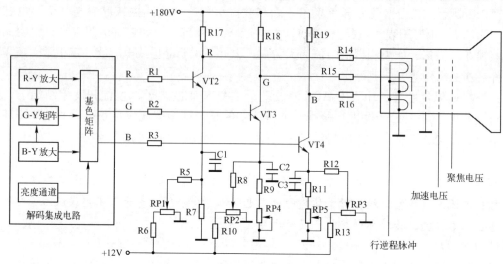

图4-26 老式彩电末级视放电路

RP1、RP2及RP3为黑平衡调节电阻，RP4和RP5为白平衡调节电阻，调节它们可使图像暗区和亮区的彩色不失真。C1、C2和C3用于高频补偿，使图像细节更加清晰。

### 4.3.2 黑白平衡调整

所谓黑白平衡是指彩色电视机在接收黑白电视节目时，在任何对比度和亮度下，屏幕图像均不显颜色。如果在接收黑白电视节目时，屏幕图像带了颜色，就说电视机存在黑白不平衡现象，此时，接收彩色图像时，必然会出现彩色失真现象。

由于显像管三条阴极发射电子能力的差异及三种荧光粉发光效率的不同，常常会出现黑白不平衡的现象。为此，必须在末级视放电路中或基色矩阵电路中设置相应的调节电路，以校正黑白不平衡的现象。

黑白平衡包含黑平衡和白平衡，黑平衡是指接收黑白电视节目时，图像暗区不显颜色，黑平衡又称暗平衡。白平衡是指接收黑白电视节目时，图像亮区不显颜色，白平衡又称亮平衡。

**1. 三阴极截止电压不同而引起黑不平衡**

自会聚显像管的三个阴极彼此独立，其他各极均为公用。三基色视频信号分别加在三个阴极上，通过阴—栅之间的电压来控制阴极所发射的电子束流。假如三阴极发射出电子束流 $I$ 与阴—栅之间的电压 $U_{KG}$ 存在图4-27（a）所示的关系，当它们加上图中所示的视频信号后，在 $t1 \sim t2$ 时间内，红阴极仍能发射出很小的电子束流，而绿阴极和蓝阴极均处于截止状态，此时图像显暗红色。在 $t2 \sim t3$ 这段时间内，红、蓝阴极都能发射电子束流，只有绿阴极处于截止状态，此时，图像显暗紫色。$t3$ 以后，三阴极都发射电子束流，且越向 $t4$ 靠近，电子束流就越大，图像亮度也越大，三阴极发射的电子束流相差也越小，从而使图像高亮度区基本不带颜色（呈白色）。

　　由以上分析可知，由于三阴极截止电压的不同，会使图像低亮度区呈现颜色，引起黑不平衡。解决黑不平衡的办法很简单，只要适当调整三个末级视放管的工作点，使它们输出信号的黑电平不一致，便可实现黑平衡。参考图 4-27（b），设红阴极的截止电压为 150V，蓝阴极截止电压为 140V，绿阴极截止电压为 130V，通过调节 RP1、RP2 和 RP3，便可调节三个末级视放管的工作点，使它们的导通程度不一样，确保当输入信号黑电平到来时，三个视放管输出的电压各不相同，R 管输出为 150V，B 管输出为 140V，G 管输出为 130V。这样，当黑电平到来时，三个阴极均处于截止状态，而低于黑电平的信号到来时，三个阴极均发射电子，从而可有效避免黑不平衡的现象。

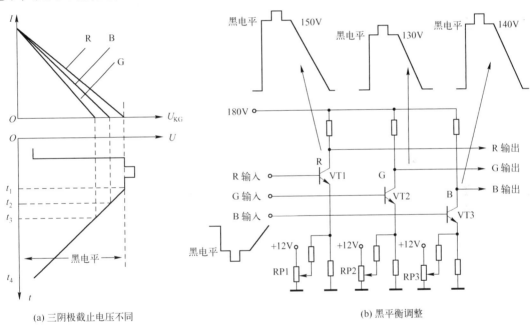

(a) 三阴极截止电压不同　　　　　　　　(b) 黑平衡调整

图 4-27　三阴极截止电压不同引起黑不平衡及调节方法

### 2. 三枪调制特性斜率的不同引起白不平衡

　　显像管阴极所发射出的电子束流与阴—栅电压之间的关系称为显像管的调制特性。自会聚管虽然只有一个电子枪，但它具有三条独立的阴极，能发出三条电子束，所以可以按三条电子枪来对待。假如三阴极的截止电压相同，但三枪调制特性斜率不同，如图 4-28（a）所示。由图可以看出，在高亮度区，三阴极所发射出的电子束流相差较大，从而使高亮度区图像带上明显的彩色，引起白不平衡。解决白不平衡的办法也很简单，只要让三只末级视放管输出的信号幅度不一样，使它们具有不同的白电平，当白电平到来时，三枪所发射的电子束流相等即可。通常采用调节末级视放管射极负反馈电阻的方法来改变输出信号的幅度，实现白平衡。图 4-28（b）中的 RP1 和 RP2 就是白平衡调节电阻。白平衡调整一般是以 R 基色为基准进行的，故红视放管（R 管）的射极上无需接可调电阻。

当彩色电视机的黑白平衡良好时，接收彩色图像时，彩色也十分逼真。若黑白平衡不好，则接收彩色图像时，必然存在彩色失真的现象。

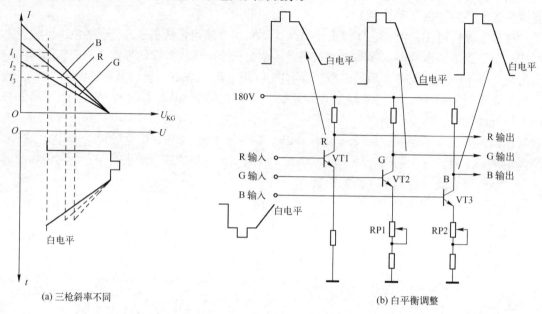

(a) 三枪斜率不同　　　　　　　　　　(b) 白平衡调整

图 4-28　三枪调制特性斜率不同引起白不平衡及调整方法

### 3. 黑白平衡调整方法

黑白平衡的调整步骤如下：

（1）让电视机接收一套广播电视信号，将亮度、对比度及色饱和度调到最小。

（2）将三个黑平衡调节电位器逆时针旋到底，将两个白平衡调节电位器旋至中间位置。

（3）切断场扫描（有维修开关的，拨动维修开关；无维修开关的，可断开场偏转线圈），缓慢调节加速极电位器，直到屏幕上刚好能见到一条带颜色的水平亮线。

（4）根据亮线的颜色，调整另外两种基色的黑平衡电位器，使水平亮线变为白色（例如，水平亮线为红色，就调整绿、蓝黑平衡电位器）。

（5）恢复场扫描，使屏幕出现黑白图像，将亮度电位器调至最大。调节两只白平衡电位器，使高亮度区呈白色。

（6）在各种亮度和对比度下检查黑白平衡情况。若不满意，可适当微调黑白平衡电位器。

注意，黑平衡调整和白平衡调整相互影响，需反复调整，方可获得较好的效果。

**特别指出**：在新型数码彩电中，黑白平衡调整是在基色矩阵电路中完成的，故末级视放电路中不再接有 5 只可调电阻。

### 4.3.3　末级视放电路故障检修

末级视放电路常见的故障现象有：缺某种基色、彩色失真、满屏单色光等。由于三个视放管电压比较接近，故通过测量和比较三个视放管的电压，就能找到故障所在。图 4-29 是基色矩阵电路与末级视放电路故障寻迹图，可供检修时参考。

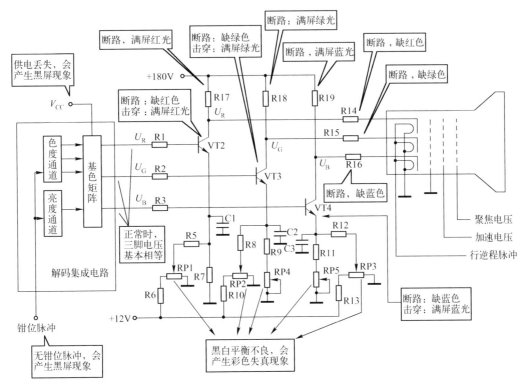

图 4-29　基色矩阵电路与末级视放电路故障寻迹图

## 习题

### 一、填空

1. 解码电路由_____、_____和_____三大部分组成，解码电路常做在一块大规模集成块内。

2. 在亮度通道中，常对亮度信号延时_____μs，以实现_____和_____相重合，避免_____现象产生。

3. 亮度钳位电路的作用是_____。改变钳位电平就可以调节图像的_____。

4. 亮度通道中，设有色度陷波电路，该电路的作用是_____。

5. ABL 电路的全称是_____，其作用是_____。ABL 控制电压是通过对_____进行取样后形成的。

6. 色度通道中，设有色带通滤波器，其作用是_____。

7. ACC 电路的全称是_____，其作用是_____。ACK 电路的全称是_____，其作用是_____。ACC 和 ACK 控制电压是通过对色度信号的幅度进行检测后形成的，也可以通过对副载波再生电路送来的半行频正弦波进行检测后来产生。

　　8. 色同步信号的分离是由＿＿＿＿＿＿电路来完成的。

　　9. 鉴相器输出的是＿＿＿＿＿＿信号，它一方面经环路滤波后转化为直流电压，用来控制＿＿＿＿＿＿＿＿＿＿；另一方面可作为识别信号，用来识别倒相行和不倒相行。

　　10. 基色矩阵电路的作用是＿＿＿＿＿＿＿＿＿＿＿＿＿＿＿＿＿＿＿＿＿＿＿＿＿＿。

## 二、判断改错

　　1. 画出新型彩电 PAL 制解码框图，说说其工作原理。

　　2. 画出副载波再生电路框图，说说其工作原理。

　　3. 画图说明 ABL 电路的工作过程。

　　4. 什么是黑白平衡？彩色电视机为什么要设置黑白平衡调整电路？黑白平衡调整步骤是怎样的？

　　5. 1H 基带延时电路的作用是什么？

　　6. 黑电平延伸电路的作用是什么？

# 第5章

# 扫 描 电 路

学习要点

（1）彩色电视机扫描电路的结构及特点。

（2）彩色电视机行、场扫描电路分析及常见故障的处理。

与黑白电视机一样，彩色电视机的扫描电路也担负着向行、场偏转线圈提供偏转电流的任务，同时产生显像管所需的高压、聚焦电压及加速极电压，还要产生一些二次电源。

## 5.1 行扫描电路

### 5.1.1 概述

行扫描电路担负着向行偏转线圈提供行扫描电流的任务。传统的行扫描电路包含 AFC 电路（鉴相器）、行振荡器、行激励电路、行输出电路及高、中压形成电路，如图 5-1（a）所示。为了提高行同步性能，行扫描电路采用锁相环控制方式。

新型彩电的行扫描电路在结构上与传统行扫描电路具有一定的区别，其结构如图 5-1（b）所示。由图可知，它具有如下一些特点。

**1. 采用分频式行脉冲发生器来产生行频脉冲 $f_H$，从而提高了行频精度**

由于行振荡器采用压控振荡方式（VCO），其振荡频率为行频的 $2n$ 倍（行频的偶数倍），经 $2n$ 分频后得到行频脉冲 $f_H$。假如行振荡器的振荡频率具有 $\Delta f$ 的漂移量，经 $2n$ 分频后，行频脉冲的频率漂移量仅为 $\Delta f/2n$，再加上行振荡电路一般采用晶体振荡器，$\Delta f$ 本身就很小，故行频稳定度极高。

**2. 采用双 AFC 电路来完成锁相控制，提高了行频和行相位的稳定度**

传统行扫描电路中只设一级 AFC 电路，用来对行同步信号和行逆程脉冲进行比较，以产生误差电压，锁定行振荡频率。

新型彩电行扫描电路中设有两级 AFC 电路（AFC1 和 AFC2），AFC1 用来将行频脉冲和行同步脉冲进行比较，以产生误差电压，控制行振荡器的工作频率。环路锁相后，行振荡器的工作频率与行同步信号之间保持严格的同步关系。AFC2 用来将行频脉冲与行逆程脉冲进行相位比较，并完成锁相控制。环路锁相后，行频脉冲与行逆程脉冲之间保持严格的同步关系。从锁相关系上来说，AFC1 主要用来调节行振荡器的振荡频率和相位，常称"粗调"；AFC2 主要用来调节行脉冲的相位，常称"细调"。由于使用双 AFC 电路的控制方式，新型彩电几乎杜绝了不同步的故障。20 世纪 90 年代末期以后所产生的彩电，均使用双 AFC 控制方式，图像的同步性能比以往的彩电明显提高。

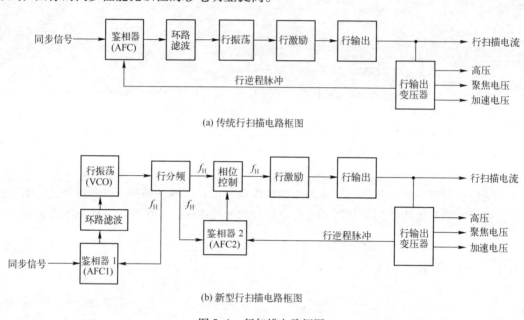

(a) 传统行扫描电路框图

(b) 新型行扫描电路框图

图 5-1　行扫描电路框图

## 5.1.2　行频脉冲产生电路

行频脉冲是由行振荡电路、行分频电路产生的，这部分电路做在集成块内部。老式彩电的行振荡电路常使用 RC 振荡器，新型彩电使用晶体振荡器，以提高振荡频率的稳定度。行振荡频率一般是行频的 $2n$ 倍，经分频后，产生行频脉冲 $f_H$。为了实现收、发同步，行振荡电路必须受 AFC 电路的控制。老式彩电只设一级 AFC 电路，而新型彩电常设两级 AFC 电路，因而同步性能得到很大的提高。

### 1. 老式彩电的行频脉冲产生电路

如图 5-2 所示的电路为老式彩电使用得较多的行频脉冲产生电路，行振荡电路的振荡频率为 $2f_H$（2 倍行频），属 RC 振荡器，R1、R2、C1、RP1 等元器件为振荡器的定时元器件，调节 RP1，便可改变行振荡频率，故 RP1 称为行频调节电阻。行振荡器的振荡频率受 AFC 电路的控制，AFC 电路通过将同步分离电路送来的复合同步信号与行逆程脉冲进行比较后，产生误差电压，误差电压经 C3、C4、R3 低通滤波后，转化为直流电压送至行振荡器，控制振荡频率和相位，实现行同步。行振荡器输出的 $2f_H$ 振荡信号送至 2 分频器，经 2 分频后，变为行频脉冲 $f_H$，再经放大后输出，送至行激励电路。

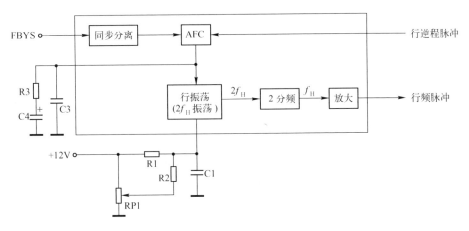

图 5-2　老式彩电常使用的行频脉冲产生电路

### 2. 新型彩电的行频脉冲产生电路

如图 5-3 所示的电路为新型彩电常使用的行频脉冲产生电路，行振荡器的振荡频率为 500kHz（即 $32f_H$），属于晶体振荡器。行振荡器输出的 $32f_H$ 振荡信号经 32 分频后，变成行频脉冲 $f_H$，并送至 AFC1 电路。在 AFC1 电路中，行频脉冲 $f_H$ 与同步分离电路送来的复合同步信号进行比较，产生误差电压。误差电压经 C1、C2 及 R1 所组成的环路滤波器滤波后，转化为直流电压，用以控制行振荡器的振荡频率及相位。环路锁相后，行频脉冲 $f_H$ 与行同步脉冲之间保持严格的同步关系。经 AFC1 锁相后的行频脉冲 $f_H$ 送至相位控制器和 AFC2 电路。AFC2 通过对 $f_H$ 和行逆程脉冲进行相位比较后，产生误差电压，并送至相位控制器，调节 $f_H$ 的相位。这种控制方式可以调节行逆程的开始时间，确保光栅总是位于屏幕的正中，而不会向一边偏移。

由于双 AFC 的控制，使行频和行相位均得到校正，从而大大改善了同步性能。在老式彩电中很容易产生行不同步的故障，在新型彩电中很难产生。

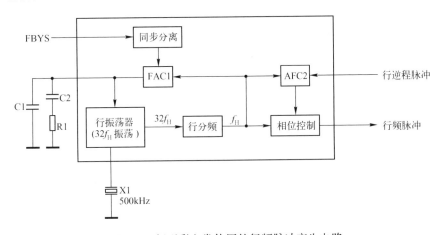

图 5-3　新型彩电常使用的行频脉冲产生电路

### 3. 行一致性检测电路

一些新型彩电中，设有行一致性检测电路，它的作用是检测行扫描是否处于同步状态。行一致性检测电路如图 5-4 所示，它实际上是一个比较器。

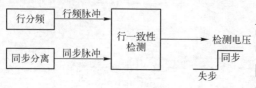

图 5-4　行一致性检测电路

由行分频电路送来的行频脉冲 $f_H$ 与同步分离电路送来的行同步脉冲在行一致性检测电路中进行比较，如果二者同时存在，且频率相同，说明行扫描处于同步状态，此时行一致性检测电路输出一个高电平。如果二者不同时存在或频率不同，说明行扫描处于失步（不同步）状态，此时，行一致性检测电路输出一个低电平。可见，行一致性检测电路输出的检测电压反映了行扫描的同步与否。当机器接收到了电视节目，且又同步时，行一致性检测电压才为高电平，否则，便为低电平。所以，有些电视机将行一致性检测电压作为电台识别信号送至 CPU，以告诉 CPU，机器是否收到了节目。

## 5.1.3　行激励电路

行激励电路一般由分立元器件构成，是一级脉冲功率放大器，担负着对行频脉冲进行功率放大的任务。行激励级工作在开关状态，它的性能好坏将影响整个行扫描电路的工作情况。对行激励级常有如下一些要求。

### 1. 要为行输出管提供足够的激励电流

行激励级输出的行频脉冲要能够使行输出管可靠地工作在开关状态，也就是说，行激励管要能输出足够的激励电流，使行输出管工作在饱和、截止相互交替的状态。当行输出管饱和导通时，要求行激励级向行输出级提供的基极电流为：$I_{b1} \geq 2I_{y/\beta}$。$I_{b1}$ 为行输出管饱和导通时的基极电流，$\beta$ 为行输出管的电流放大倍数，$I_y$ 为行偏转峰值电流。

当行输出管截止时，要求行激励电路能向行输出管提供足够大的反向基极电流，使行输出管迅速截止，电流的大小为：$I_{b2} \geq 3I_{y/\beta}$。$I_{b2}$ 越大，行输出管截止就越迅速，但 $I_{b2}$ 太大时，会增加行激励电路的功率和供电电压，故一般要求 $I_y/I_{b2} \geq 5$ 即可，即 $\beta \geq 15$。

### 2. 要能方便地进行脉冲电压、电流变化，隔离、匹配性能良好

行激励电路位于行频脉冲产生电路与行输出电路之间，为了让行激励电路能方便地进行脉冲电压、电流变化，又具有良好的隔离、匹配特性，行激励电路与行输出电路之间采用变压器耦合方式，如图 5-5 所示。

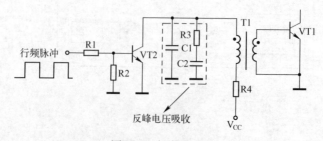

图 5-5　行激励电路

与黑白电视机一样,行激励电路对行输出电路的激励方式有两种,同极性激励和反极性激励。因反极性激励具有良好的隔离特性,因而被绝大多数彩电所采用。

### 5.1.4 行输出电路

与黑白电视机一样,彩色电视机的行输出电路也担负着向行偏转线圈提供行频锯齿波电流的任务,同时还产生高压、聚集电压、加速电压及一些二次电源。

彩色电视机的行输出电路的工作原理与黑白电视机行输出电路的工作原理是一样的,故这里不再重述。

#### 1. 行输出电路的结构形式

行输出电路的结构形式如图5-6(a)所示,T1为行激励变压器,负责将行激励管输出的行频脉冲进行变压,以低电压、大电流的方式提供给行输出管的基极回路。

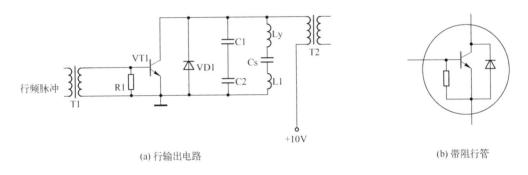

(a) 行输出电路　　　　　　　　　　　　　(b) 带阻行管

图5-6　行输出电路及带阻行管

VT1为行输出管(简称行管),当它的基极加正脉冲时,便导通,电源对偏转线圈充电,形成行扫描正程的后半程。

VD1为阻尼二极管,在VT1截止期间,行偏转线圈经VD1放电,形成行扫描正程的前半段。

C1和C2为逆程电容,行逆程是由C1、C2与偏转线圈谐振而形成的。

Cs为S校正电容,用来补偿延伸失真,由于Cs的容量较大,在一行时间内,Cs两端的电压几乎不变,等于电源电压。因而可将Cs两端的电压看做是行输出电路的供电电源。

L1为行线性补偿电感,其作用类似黑白电视机中的磁饱和电抗器。用来补偿行输出管和行偏转线圈内阻所引起的图像右边压缩失真的现象。Ly为行偏转线圈。T2为行输出变压器,起脉冲变压作用。

为了限制行输出管的饱和深度,并使行输出管截止时,行激励变压器的次级具有泄放路径,常在输出管的be之间接有数十欧的电阻,此电阻常与阻尼二极管一起封装在行输出管内部,构成图5-6(b)所示的连接方式。由于行输出管内部带有电阻和阻尼二极管,故将这种行输出管称为带阻行管。

由于彩色电视机所需的偏转功率较大,因而采用较高的电压来给行输出电路进行供电。一般来说,小屏幕彩电行输出电路的供电电压在+110V左右,大屏幕彩电的行输出电路的供电电压在+140V左右。

### 2. 二次电源

二次电源是由行逆程脉冲经整流、滤波后产生的。由于彩色电视机各电路所需的供电电压不同，而开关电源又难以满足各部分电路的供电要求，因而可适当使用二次电源。

参考图5-7（a），当行输出电路工作后，行逆程电容上会产生很高的行逆程脉冲，这些脉冲经行输出变压器变压后，从各次级绕组输出，再由整流、滤波电路进行处理，输出相应的二次电源，如末级视放电路所需的+180V电压，中频通道所需的+12V电压，伴音功放电路所需的+25V电压等。

行输出变压器上还设有一个高压绕组，能对行逆程脉冲进行升压，再经整流、滤波后，获得18kV左右的阳极高压，提供给显像管的高压阳极。高压绕组上还设有中心抽头，中心抽头上所取出的脉冲经整流、滤波后，再由两只电位器取出聚焦电压和加速极电压，分别提供给显像管的聚焦极和加速极。

高压、聚焦电压及加速电压形成电路一般封装在行输出变压器内部，与行输出变压器形成一个整体（即一体化结构），外部只看到三根引线和两个电位器的调节柄。为了提高行输出变压器的可靠性，通常将高压绕组分成若干段，每一段上串联一个耐高温的高压整流二极管，此二极管与电路中的分布电容构成整流、滤波电路，如图5-7（b）所示。这种电路的工作原理为：L2上的脉冲电压经VD5整流后，在C7上建立一个直流电压$U1$，$U1$和L3上的脉冲叠加，再经VD6整流，在C8上建立更高的电压$U2$；$U2$又和L4上的脉冲叠加，再经VD7整流，在C9上建立起更高的电压$U3$。这样，由于电压的不断积累，可使输出电压达到很高。采用这种升压方式，可有效减小行频高次谐波的干扰，提高了电路的效率和可靠性。

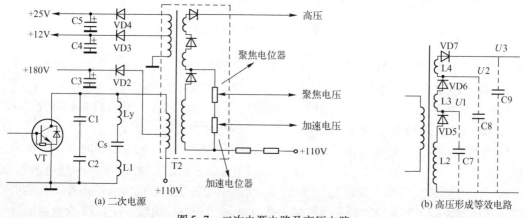

(a) 二次电源 （b) 高压形成等效电路

图5-7　二次电源电路及高压电路

高压引线的最头端连有高压帽和金属钩，应用时，金属钩应勾在显像管的高压嘴中，再由高压帽罩着高压嘴，以防尘埃及水分进入高压嘴。若彩色电视机使用日久，高压帽可能会出现老化而破损的现象，金属钩也会生锈而引起接触不良，从而导致高压嘴出现高压打火的现象，并产生臭氧，使电视机附近有一股腥味，同时也能听到"咝咝"叫声，严重时，屏幕还会出现亮线干扰。这时，应将金属钩和高压帽一并换掉。

## 5.1.5　行扫描电路分析举例

如图5-8所示的电路为康佳F2131D4彩电的行扫描电路，行频脉冲产生电路制作在集成块LA7688内部，行激励与行输出电路由分立元器件担任。图中各元器件序号均以康佳厂标为准。

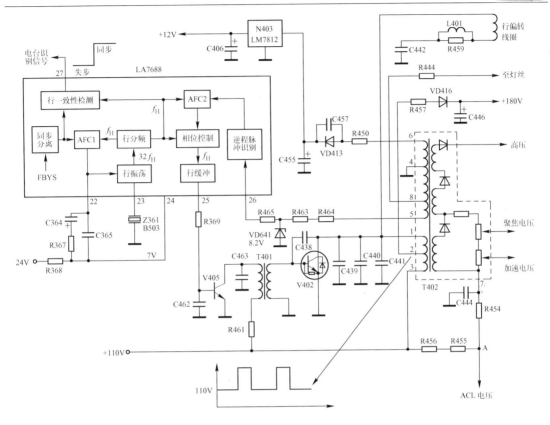

图 5-8　康佳 F2131D4 彩电行扫描电路

LA7688 内部设有行振荡器，能产生 $32f_H$ 的振荡信号，经分频后得到行频脉冲 $f_H$，送至 AFC1。在 AFC1 中，行频脉冲 $f_H$ 与同步分离电路送来的行同步信号进行比较，产生误差电压。误差电压经 22 引脚外接的环路滤波器滤波后，变为直流电压，送到行振荡器，控制行振荡器的振荡频率和相位。环路锁相后，行振荡频率及相位十分稳定，行频脉冲 $f_H$ 与行同步脉冲之间保持严格的同步关系。

　　被行同步脉冲锁相后的行频脉冲 $f_H$ 送至相位控制器（又称移相器）和 AFC2 电路。在 AFC2 电路中，行频脉冲与 26 引脚输入的行逆程脉冲进行比较，产生误差电压，送至相位控制器，控制行频脉冲 $f_H$ 的相位，以实现行中心位置的调整。当 AFC2 环路锁相后，行频脉冲 $f_H$ 与行逆程脉冲之间保持严格的同步关系。接着，行频脉冲经缓冲后从 25 引脚输出，送至 V405。

　　V405 为行激励电路，它工作在开关状态，对行频脉冲进行功率放大，放大后的行频脉冲经行激励变压器 T401 耦合，送至行输出电路。

　　V402 及周边元器件构成行输出电路。V402 为带阻行管，由于其内部含有阻尼二极管，外部无需再接。C439、C440 及 C441 为行逆程电容。C442（0.36μF/200V）为 S 校正电容。L401 为行线性补偿电感。流过行偏转线圈中的锯齿波电流是依靠带阻行管、行偏转线圈、S 校正电容、行逆程电容的共同作用而形成的。

　　行输出电路工作后，行逆程电容上会产生幅度很高的行逆程脉冲。行逆程脉冲经行输出变压器 T402 变压后，在各次级绕组上得到不同幅度的脉冲电压，这些脉冲电压具有如下一些用途：

　　6 引脚输出的行逆程脉冲经 VD413 整流、C455 滤波后转化为直流电压，再由三端稳压器 N403 稳压后，得到 12V 的二次电源，给调谐器及波段控制电路供电。

8 引脚输出的行逆程脉冲送至显像管的灯丝，给灯丝供电。

5 引脚输出的行逆程脉冲经 R464、R463 和 R465，送至 LA7688 的 26 引脚，一方面作为 AFC2 的比较信号；另一方面还要作为解码电路所需的钳位脉冲。为了使进入 26 引脚的行逆程脉冲幅度不至于过高，26 引脚外围还接有限幅稳压管 VD641，使 26 引脚上的行逆程脉冲幅度不会超过 8.2V，以保护 26 引脚的内部电路。

高压绕组上的逆程脉冲经整流、滤波后，产生高压、聚焦电压和加速电压。由于彩色显像管的加速极又称为帘栅极，故加速电压又称为帘栅电压。

2 引脚输出的行逆程脉冲与 110V 直流电压叠加，再经 VD416 整流、C446 滤波后，获得 +180V 的二次电源，给末级视放电路供电。

当屏幕亮度或对比度变化时，A 点电压也会发生变化。因而可将 A 点电压作为自动亮度或自动对比度限制电压送入亮度通道。在康佳 F2131D4 彩电中，将 A 点电压送入 LA7688 的 11 引脚，以完成自动对比度控制，即 ACL 控制。

### 5.1.6　行扫描电路故障分析

行扫描电路出现故障时一般会引起三无现象。所谓三无是指无图、无声和无光。

#### 1. 行扫描电路有无故障的判断方法

判断行扫描电路是否有故障的方法很多，最常用的有如下几种：

第一种方法是通过测量开关电源输出的电压来判断。如果彩色电视机的开关电源输出的各路直流电压正常，而机器却呈现三无状态，则说明行扫描电路有故障。

第二种方法是通过观察显像管的灯丝亮否来判断。在开关电源输出的各路电压正常的情况下，若显像管灯丝不亮，说明行扫描电路出现故障。

第三种方法是通过测量二次电源来判断。在开关电源电路输出的各路电压正常的情况下，若二次电源电压为 0V（+180V 除外），说明行扫描电路不工作；若二次电源电压下降，说明行扫描电路工作不正常，可能存在行负载过重或行频偏离正常值的现象；若二次电源电压正常，说明行扫描电路工作基本正常。

#### 2. 故障部位的判断

当行扫描电路出现故障时，用万用表的 dB 挡来判断故障部位是十分有效的。例如，若测得行激励管集电极有 dB 脉冲，说明故障在行输出电路；若测得行激励管集电极无 dB 脉冲，说明故障在行激励电路或行频脉冲产生电路。这样，就可大致划分故障范围。值得注意的是，行激励管基极以前的行频脉冲，因其幅度太低，用万用表的 dB 挡是测不出来的。

对于没有 dB 挡的万用表来说，可将红表笔上串联一只 0.1μF（耐压在 250V 以上）的无极性电容，再将万用表拨至交流电压挡，通过测量交流电压来判断有无行频脉冲。

#### 3. 行不工作的检修思路

参考图 5-9，行不工作时，可先检查行输出管集电极电压是否正常（+110V 左右）。若行输出管集电极电压为 0V，应检查行输出管是否击穿，行逆程电容或行输出变压器对地是否击穿。当上述元器件击穿时，常会引起保险电阻 FB 烧断，导致行输出管集电极电压为 0V。

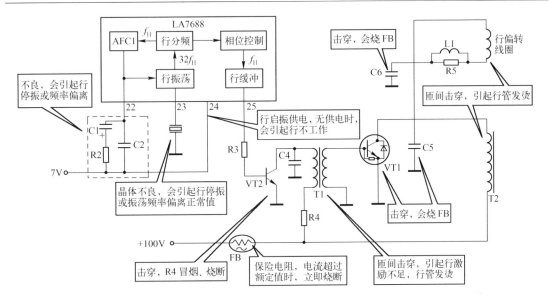

图 5-9　行故障检测图

若行输出管集电极电压正常，则检查行激励管集电极有无脉冲，若有脉冲，应检查行输出管 be 结是否击穿或断路，行激励变压器是否良好。若行激励管集电极无脉冲，应检查行激励管是否正常，集电极电阻 R4 是否断路等。若通过对行激励级本身进行检查后未发现异常，说明故障是因行频脉冲产生电路引起的。因行频脉冲产生电路做在集成块内部，一般先对行启振供电端子（如 LA7688 的 24 引脚）的电压进行检查，若不正常，应检查供电电路。若正常，则检查振荡元器件及 AFC1 环路滤波器。因新型彩电的行振荡电路采用晶体振荡器，用万用表难以判断晶振的好坏，故检修时，应使用优质晶振进行代换。

**4. 行输出管发烫的检修思路**

彩色电视机的行管正常工作时，有一定的温升，用手触摸时感觉有点热，但不烫手。若行管烫手，说明行扫描电路工作不正常。此时，会出现三无现象，各路二次电源明显下降。严重时，+110V 的供电电压也会下降。行管发烫一般由如下一些原因引起：

（1）行管性能变差，行逆程电容漏电或容量变大。

（2）行输出变压器内部绕组击穿。当行输出变压器内部绕组击穿严重时，常会引起行输出变压器发热、鼓包、+110V 供电电压严重下降等现象。

（3）行激励不足，如行激励变压器内部绕组短路或行激励管性能变差等。

（4）行频严重偏离正常值。若行频严重偏离正常值，就会引起行激励不足或行负载过重的现象，导致行管发烫。行频严重偏离正常值一般是由行振荡频率偏离或行分频电路故障引起的。

（5）行偏转线圈存在匝间击穿现象。当行偏转线圈出现匝间击穿时，会导致行负载过重，引起行输出管发烫。

**教你一招**：行逆程电容的大小会影响行逆程脉冲的幅度，进而影响高压的高低。当行逆程电容略有增大时，高压便有所下降，电子向荧光屏方向运行的速度也会下降，穿过偏转磁场所需的时间增长，偏转角度会增大，从而引起行幅增大的现象。反之，若行逆程电容的容量略有减小，行幅就会减小。因此，当碰到行幅略有增大或减小的现象时，可将行逆程电容适当减小或增大，便可使行幅适中。行逆程电容容量的变化量应在数百皮法以内，不应变化太大。

## 5.2　场扫描电路

场扫描电路担负着向场偏转线圈提供偏转电流的任务，对场扫描电路的要求是，输出的功率要足够大，场锯齿波线性要良好，电路的效率要高。设计场扫描电路时，必须围绕这三个要求进行。

### 5.2.1　概述

传统的场扫描电路结构如图 5-10（a）所示，它由场振荡器、锯齿波形成电路、场激励电路及场输出电路构成。以往的黑白电视机及老式彩色电视机均使用这种电路。新型彩电的场扫描电路在结构上已发生了一定的变化，它不再单独设置场振荡器。场频脉冲是通过对行振荡脉冲分频产生的，如图 5-10（b）所示。由于行振荡器受 AFC1 控制，它所产生的脉冲具有极高的稳定度，因而由它分频产生的场频脉冲也具有极高的稳定性。

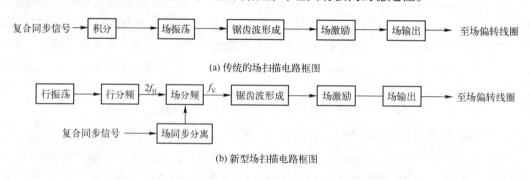

(a) 传统的场扫描电路框图

(b) 新型场扫描电路框图

图 5-10　场扫描电路框图

### 5.2.2　场扫描脉冲的产生

对于老式彩电而言，场扫描脉冲是由场振荡器、锯齿波形成电路及场激励电路产生的。这部分电路常做在集成块内部，外部只接有振荡定时元器件及锯齿波形成电路等元器件。如图 5-11 所示的电路便是集成块 TA7698AP 内部的场扫描脉冲产生电路。场振荡定时元器件接在 29 引脚外围，调节 RP1 便可调节 C1 的充电速度，进而调节场振荡频率。28 引脚为场同步脉冲输入端，它外接 RC 积分电路，负责从复合同步信号中分离出场同步信号来。场振荡电路产生的场频脉冲送至锯齿波形成电路，并转化为锯齿波电压，锯齿波形成电容接在 27 引脚外部（C2）。锯齿波电压经场激励放大后，从 24 引脚输出，送至场输出电路。26 引脚为场负反馈端子，反馈电压取自场输出电路。只有在负反馈正常的情况下，场激励级才能工作。RP2 为场幅调节电位器，调节它时，可以改变 C2 上的锯齿波幅度。

对于新型彩电而言，场扫描脉冲是由场分频电路、锯齿波形成电路及场激励电路产生的，如图 5-12 所示。行振荡器产生的 $32f_H$ 振荡信号经行分频后，输出一路 $2f_H$ 脉冲，送至场分频器，由场分频器继续分频产生场频脉冲 $f_V$。场分频过程受场同步信号控制，以确保分频后的场频脉冲与场同步信号之间保持同步关系。场分频器输出的场频脉冲经锯齿波形成电路处理后，输出锯齿波电压，再经场激励放大后，送至场输出电路。

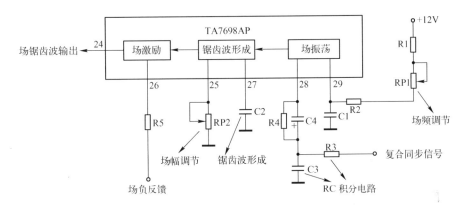

图 5-11 TA7698AP 内部的场扫描脉冲产生电路

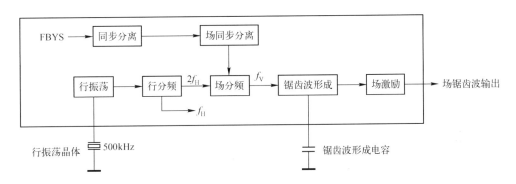

图 5-12 新型彩电场扫描脉冲产生电路

在 PAL 制状态下，由于场同步信号的频率为 50Hz，故场分频产生的场频脉冲也为 50Hz，此时，场分频器的分频系数为 $\dfrac{2f_H}{f_V} = \dfrac{2 \times 15625}{50} = 625$。在 NTSC 制状态下，由于场同步信号频率为 60Hz，故场分频产生的场频脉冲也为 60Hz，此时，场分频系数为 $\dfrac{2f_H}{f_V} = \dfrac{2 \times 15750}{60} = 525$（NTSC 制时，$f_H = 15750$Hz）。显然，通过控制场分频系数便可方便地实现场频制式切换。

### 5.2.3 分立元器件场输出电路

彩色电视机的场输出电路可以由分立元器件构成，也可以由集成电路构成，如图 5-13 所示的电路是由分立元器件构成的场输出电路，属典型的 OTL 电路。

VT1 为前置级，VT2 和 VT3 构成互补对称功率放大级。场锯齿波电压经 VT1 倒相放大后，再由 VT2 和 VT3 进行功率放大，最后送入场偏转线圈。在场正程的前半段，VT1 输出的锯齿波电压使 VT3 导通，VT2 截止。此时，+50V 的电源电压经 VD2 和 VT3 向偏转线圈提供锯齿波电流。锯齿波电流流过场偏转线圈后，经 C5 和 R11 到地，并对 C5 充电，在 C5

上建立起上正下负的电压。在场正程的后半段，VT3 截止，VT2 导通。此时，C5 经场偏转线圈、VT2、R11 进行放电，确保偏转线圈中有场正程后半段的扫描电流流过。可见，在场正程后半段时，C5 上的电压起到了电源的作用。

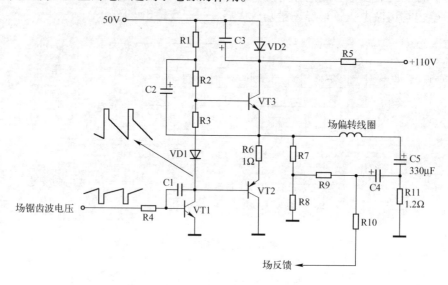

图 5-13　由分立元器件构成的场输出电路

在场逆程时，由于流过场偏转线圈的电流急剧变化，使场偏转线圈上产生较高的逆程脉冲电压，从而很可能使 VT3 截止。为了使 VT3 能继续导通，此时应采用更高的供电电压为 VT3 供电。

在场正程后半段，因 VT3 截止，故 VD2 也截止，此时 +110V 电源电压经 R5 对 C3 充电，使 C3 上建立起下正上负的电压。在逆程时，C3 上的电压与 +50V 电源电压叠加后给 VT3 供电，从而提高了逆程的供电电压。

R11 的阻值很小，它主要用来检测锯齿波电流。当锯齿波电流流过 R11 时，在 R11 上会形成锯齿波电压，该电压经 C4 和 R10 送回至场激励电路，以形成交流负反馈，改善场线性。另外 VT2 和 VT3 中点上的电压经 R7、R8 分压后，再经 R9 和 R10 送回至场激励电路，以形成直流负反馈，稳定电路的工作点。

C2 为自举电容，可以防止 VT3 基极锯齿波电压向正峰值变化时所产生的失真现象。R3 和 VD1 用来给 VT3 和 VT2 提供微导通静态电压，以防止交越失真。R6 为 VT2 的射极负反馈电阻，C1 为防振电容。

### 5.2.4　集成式场输出电路

近年来，新型彩色电视机中广泛应用集成场输出电路，电路类型有两种，一种为 OTL 电路；另一种为 BTL 电路，其中以前者应用更为广泛。目前，世界各大电气公司所推出的场输出集成块很多，这里仅以日本东芝公司研制的 TA8403 为例进行分析。

TA8403 是小屏幕彩电常使用的场输出集成块，采用单列 7 引脚直插封装形式。它内含场前置放大电路、推挽输出电路及升压电路。TA8403 各引脚功能及工作时的直流电压如下：

1 引脚：接地端，电压为 0V。

2 引脚：场锯齿波输出，该脚电压约为电源电压的一半（12V）。

3 引脚：场输出级供电端，电压为 24.5V。

4 引脚：场锯齿波输入端，电压为 1.1V。

5 引脚：相位补偿端，电压为 0.6V。

6 引脚：供电端，电压为 24V。

7 引脚：自举升压输出端，兼场逆程脉冲输出，电压为 1.5V。

　　由 TA8403 所构成的场输出电路如图 5-14 所示，属 OTL 电路，场锯齿波电压从 4 引脚输入，经前置放大后送至场输出级，经输出级进行功率放大后，再从 2 引脚输出场锯齿波电流送入场偏转线圈。在场正程前半段时，场锯齿波电流方向为：2 引脚→场偏转线圈→C7→R10→地。同时，锯齿波电流对 C7 充电，C7 上充得上正下负的电压。在场正程后半段时，由 C7 上的电压充当电源，向场偏转线圈提供锯齿波电流，此时的电流方向为：C7 正端→场偏转线圈→2 引脚内部电路→地→R10→C7 负端。

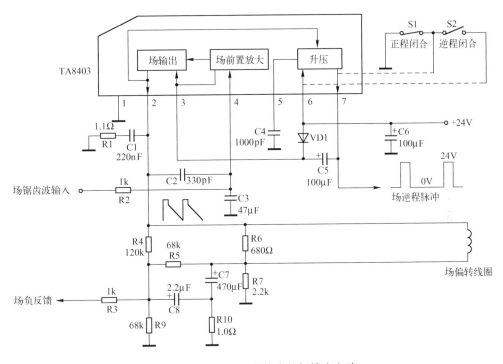

图 5-14　由 TA8403 所构成的场输出电路

　　R10 为锯齿波检测电阻，其阻值很小，当锯齿波电流流过 R10 时，会在 R10 上产生锯齿波电压，此电压经 C8、R3 反馈至场激励电路，以改善场线性。另一方面，C7 上端的直流电压经 R5、R3 也反馈至场激励电路，为场激励电路提供偏置电压。采用这种负反馈方式来为场激励电路提供偏置电压，有利于稳定电路的工作点。R6 和 R7 等元器件构成场偏转线圈的阻尼电路，防止场偏转线圈与电路中的分布电容产生寄生振荡。R1 和 C1 构成保护电路，它有两方面作用，一是关机时，偏转线圈上的反峰脉冲可以经 R1 和 C1 进行泄放，防止反峰脉冲损坏 2 引脚内部电路；二是防止场逆程脉冲损坏 2 引脚内部电路。C2 为防振电容，用来防止高频寄生振荡。

VD1、C5 及 7 引脚内部电路构成升压电路，在场扫描正程期间，+24V 电源经 VD1 和 7 引脚内部电路对 C5 充电，使 C5 上充得 +24V 左右的电压（左正右负）。在场逆程期间，+24V 电源电压从 6 引脚输入，从 7 引脚输出，再与 C5 上的电压叠加后送至 3 引脚，使 3 引脚电压达到 48V 左右，从而提高了场逆程期间的供电电压。事实上，7 引脚内部的升压电路相当于两个开关（图中 S1 和 S2），在正程时，S1 闭合，S2 断开，7 引脚电压为 0V，+24V 电源经 VD1 和 S1 对 C5 充电；在逆程时，S2 闭合，S1 断开，7 引脚电压达到 24V 左右，该电压与 C5 上的电压叠加后，施加于 3 引脚，使 3 引脚电压达到 48V。因 S1 和 S2 交替闭合，从而使 7 引脚产生图中所示的脉冲电压，该脉冲便是场逆程脉冲。

### 5.2.5　场扫描电路故障分析

场扫描电路有四种故障类型：一是场不同步；二是水平亮线；三是水平亮带；四是场线性不良。

**1. 场不同步故障**

场不同步故障一般出在场振荡电路或场同步分离电路（即 RC 积分电路），这种故障现象只会出现在老式彩电上。检修时，可先调节场频电位器，看能否找到暂时的同步点。若不能找到暂时的同步点，说明场振荡频率偏离了正常值，应重点检查场振荡定时元器件；若能找到暂时的同步点，说明故障是因场同步分离电路引起的，应重点检查 RC 积分滤波电路。

对于新型彩电而言，由于采用场分频电路来产生场频脉冲，因而几乎杜绝了场不同步现象的产生。

**2. 水平亮线故障**

水平亮线故障是彩色电视机的常见故障之一，目前，彩色电视机的场扫描电路一般分布在两块集成块中。其中场分频电路（或场振荡电路）、锯齿波形成电路及场激励电路常位于同一集成块中，而场输出电路由另一集成块担任（即场输出集成块）。当出现水平亮线时，应先对故障部位进行大致的判断。方法是：将万用表置 100Ω 挡或 10Ω 挡，将红表笔接地，用黑表笔碰触场输出集成块的输入端子，若水平亮线闪开，说明场输出集成块工作基本正常，故障在场输出集成块以前的电路中。此时应查锯齿波形成端电压是否正常，场激励级与场输出级之间的直流负反馈电路是否正常，场振荡定时元器件是否正常。

若碰触场输出集成块的输入端时，水平亮线未能闪开，说明故障在场输出集成块中，此时，应先对场输出集成块的供电电压进行检查。在供电正常的情况下，一般是因场输出集成块损坏引起的。

**3. 水平亮带故障**

屏幕上能出现水平亮带，说明有锯齿波电流流过场偏转线圈，只是流过场偏转线圈的锯齿波电流太小而已。检查的重点应放在场输出电路中，常见的原因有如下几种：

（1）场输出级的推挽对管不良。若输出级由分立元器件构成，此时，应将推挽对管一并更换；若输出级由集成块担任，应更换集成块。

（2）锯齿波检测电阻烧断。设置锯齿波检测电阻（图 5-15 中的 R10）的目的是为了获取锯齿波反馈电压，以改善场线性。若该电阻损坏，就会导致流过场偏转线圈中的锯齿波电流大大减小，从而在屏幕上出现一条很窄的水平亮带。

（3）场锯齿波耦合电容（图 5-15 中的 C7）容量减小。当场锯齿波耦合电容容量减小时，屏幕上会出现一条较宽的水平亮带（或称场幅不足），同时还伴随着场线性不良的现象。

#### 4. 场线性不良的故障

当出现场线性不良时，常会伴随场幅变大或变小的现象，常见的原因有如下几种：

（1）场线性补偿电路不良（图 5-15 中的 C8、R9 等元器件）。

（2）升压电路不良（图 5-15 中的 VD1 和 C5 等元器件）。

（3）场锯齿波耦合电容不良。

（4）锯齿波形成电容不良等。

**小经验**：当升压电路不良（如升压二极管性能变差或电容漏电）时，场输出集成块的输出端子的电压会偏离正常值，同时，屏幕上部还可能出现回扫线。此时，场输出集成块的功耗会增大，发热严重，甚至会引起炸块现象。因此，当碰到场输出集成块炸裂时，切勿一换了之，一定要仔细检查升压电路。

#### 5. 场扫描电路故障寻迹图

如图 5-15 所示为场扫描电路故障寻迹图，读者可按图索骥。图中，虽然只以 TA8403 为例，但对其他 OTL 场输出电路也有极强的参考价值。

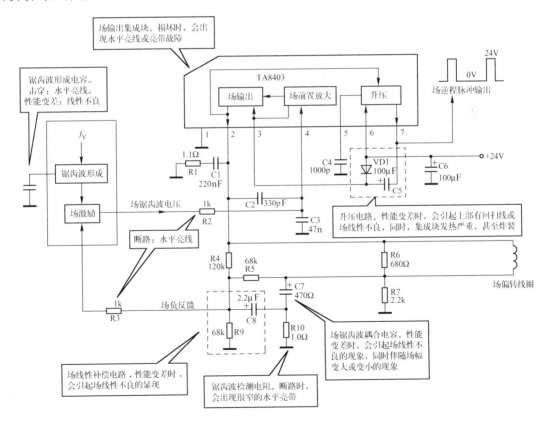

图 5-15　场扫描电路故障寻迹图

## 习题

**一、填空题**

1. 新型彩电的行频脉冲是通过对行振荡脉冲进行_____后产生的，行振荡电路一般采用_____振荡器，因而频率稳定度极高。

2. 新型彩电中不单独设置场振荡器，场频脉冲是_____产生的。

3. 新型彩电中常设_____级 AFC 电路，其中 AFC1 用来对_____和_____进行比较，并输出误差电压，控制_____，以锁定振荡频率和相位。AFC2 用来对_____和_____进行比较，并产生误差电压，以调节行频脉冲的_____。

4. 带阻行管常由三个元器件构成，分别是_____、_____及_____。

5. 二次电源是_____形成的。

**二、问答题**

1. 双 AFC 电路有何优点？画图说明双 AFC 电路的工作原理。

2. 画图说明新型彩电场扫描脉冲的形成过程。

3. 引起行管发烫的常见原因有哪些？

4. 如何检修水平亮线故障？

# 第 **6** 章

## 多制式处理及TV/AV切换电路

▶▶ 学习要点 ◀◀

(1) 多制式的含义，目前全世界常用的一些制式。

(2) 多制式处理电路的分布情况。

(3) 多制式伴音处理电路及多制式视频处理电路的工作原理。

(4) TV/AV 切换电路的工作原理。

自 20 世纪 90 年代中期以来，我国电视机便向多制式方向发展。目前，我国已经停止生产单一制式的彩色电视机，而以生产多制式彩色电视机为主。随着我国加入 WTO 及国际地位的不断提高，多制式功能已成为彩色电视机的一项必不可少的功能。

## 6.1 概述

由于各国生产力发展水平的差异，导致不同国家和地区对电视广播信号的处理方式有所不同，从而出现了多种电视制式。目前，全世界已登记在案的标准制式就有数十种之多，还有些领域仍在使用一些非标准制式。

### 6.1.1 多制式的含义

目前，世界上的电视制式虽然很多，但它们都是由彩色制式、黑白制式及场频制式组合而成的。

就彩色制式而言，全球最常用的有三种，即 NTSC 制、PAL 制和 SECAM 制。

就黑白制式而言，全球最常用的有四种，即 D/K 制、I 制、B/G 制及 M 制。黑白制式主要反映在第二伴音中频的频率上，D/K 制为 6.5MHz，I 制为 6.0MHz，B/G 制为 5.5MHz，M 制为 4.5MHz。因此我们可以将 D/K 制、I 制、B/G 制及 M 制直接理解为伴音制式。

就场频制式而言，全球最常用的有两种，即 50Hz 和 60Hz。50Hz 时，行频为 15625Hz，60Hz 时，行频为 15750Hz。

把以上的彩色制式、伴音制式及场频制式有机组合起来就可得到多种电视制式。如果一台电视机的制式越多，它所适用的范围也就越广。我们在电视机的说明书或包装箱上所看到的"全制式"或"国际流行线路"等字样，指的就是这台电视机的制式很多，能处理世界各国不同制式的电视节目。

对于我国电视而言，大陆使用 PAL-D 制，中国香港地区使用 PAL-I 制，即大陆和中国香港地区的彩色制式均为 PAL 制。但大陆的伴音制式为 D 制，第二伴音中频为 6.5MHz，中国香港地区的伴音制式为 I 制，第二伴音中频为 6.0MHz。表 6-1 中列出了常见的几种制式规格，供读者参考。

表 6-1　几种常见的制式规格

| 制　　式 | 图像带宽（MHz） | 副载波（MHz） | 第一伴音中频（MHz） | 第二伴音中频（MHz） | 场频（Hz） | 行频（Hz） | 扫描行数 |
|---|---|---|---|---|---|---|---|
| PAL-D/K | 6 | 4.43 | 31.5 | 6.5 | 50 | 15625 | 625 |
| PAL-I | 5.5 | 4.43 | 32.0 | 6.0 | 50 | 15625 | 625 |
| PAL-B/G | 5 | 4.43 | 32.5 | 5.5 | 50 | 15625 | 625 |
| NTSC-M | 4.2 | 3.58 | 33.5 | 4.5 | 60 | 15750 | 525 |
| SECAM-D/K | 6 | 4.406（R-Y）<br>4.25（B-Y） | 31.5 | 6.5 | 50 | 15625 | 625 |
| SECAM-B/G | 5 | 4.406（R-Y）<br>4.25（B-Y） | 32.5 | 5.5 | 50 | 15625 | 625 |

## 6.1.2　多制式彩色电视机的结构

多制式彩色电视机结构方框图如图 6-1 所示。由图可知在调谐器和中频通道之间设有 33.5MHz 衰减电路，以衰减 33.5MHz 的 M 制第一伴音中频信号，防止伴音对图像的干扰。33.5MHz 衰减电路仅在 M 制状态下工作，在其他制式下均不工作。

在中频通道与解码电路之间设置多制式第二伴音中频吸收电路。不管机器工作在何种制式下，该电路都能将相应的第二伴音中频信号吸收掉，以避免伴音干扰图像的现象。例如，当机器工作于 D/K 制时，该电路能吸收 6.5MHz 的第二伴音中频信号；若机器工作于 I 制时，就吸收 6.0MHz 第二伴音中频信号；同理，若机器工作于 B/G 制（或 M 制）时，则吸收 5.5MHz（或 4.5MHz）的第二伴音中频信号。

在伴音电路中，设置多制式第二伴音中频选频电路。不管机器工作在何种制式下，该电路都能选出相应的第二伴音中频信号。例如，当机器工作于 D/K 制时，该电路能选出 6.5MHz 的第二伴音中频信号；若机器工作于 I 制，则选出 6.0MHz 的第二伴音中频信号；同理，若机器工作于 B/G 制或 M 制，则选出 5.5MHz 或 4.5MHz 的第二伴音中频信号。

在解码电路中增添了 NTSC 制色度通道和 SECAM 制色度通道，以满足三大彩色制式的解调需要。由于三大制式的亮度通道结构一样，可以共用。PAL 制是在 NTSC 制基础上发展起来的，它们的色度解调原理基本相同，仅色度信号的中心频率、副载波频率及相位不同而已。因此，PAL 制色度通道和 NTSC 制色度通道可以做在一起，通过控制色带通滤波器的中心频率及副载波频率和相位来完成制式切换。

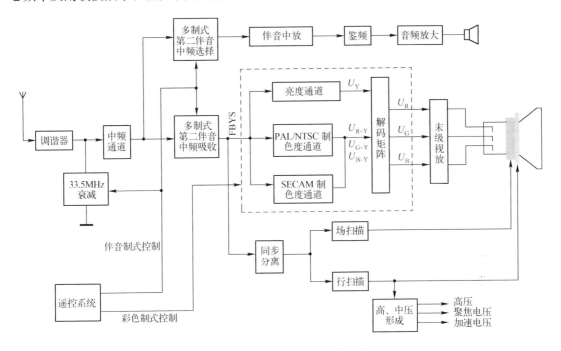

图 6-1 多制式彩色电视机结构方框图

## 6.2 多制式伴音处理电路

多制式伴音处理电路主要分布在中频通道和伴音通道中，其主要作用是，不管机器工作于何种伴音制式，都能确保中频通道中能衰减相应制式的第一伴音中频信号，防止伴音干扰图像；同时确保伴音通道中能分离出相应制式的第二伴音中频信号。

### 6.2.1 33.5MHz 衰减电路

该电路设置在中频通道中，准确地说，设置在前置中放的输入端。近年来，随着多制式声表面滤波器的出现，也可用声表面滤波器来完成 33.5MHz 的衰减。

**1. 由 LC 网络完成 33.5MHz 衰减**

由 LC 网络构成的 33.5MHz 衰减电路如图 6-2（a）所示，声表面滤波器的幅频特性如图 6-2（b）所示。由图可知，声表面滤波器对 31.5～32.5MHz 的信号有较强的衰减作用，因而能对 31.5MHz 的 D/K 制第一伴音中频信号、32MHz 的 I 制第一伴音中频信号及 32.5MHz 的 B/G 制第一伴音中频信号进行衰减，有效地避免了伴音干扰图像的现象。但当电路工作于 M 制时，因 33.5MHz 几乎位于声表面滤波器幅频特性的平坦区，声表面滤波器无法将 33.5MHz 的 M 制第一伴音中频信号吸收掉，故会出现伴音干扰图像的现象。为了避免这种现象，需在前置中放的输入端专门设置 33.5MHz 的衰减电路，该电路仅在 M 制状态时工作。

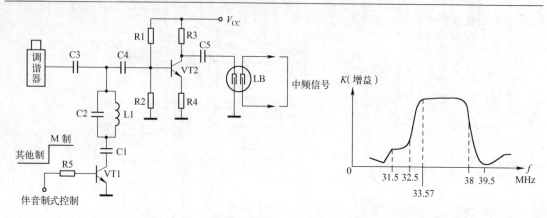

(a) 由 LC 网络完成 33.5MHz 衰减

(b) 声表面滤波器幅频特性

图 6-2　由 LC 网络构成的 33.5MHz 衰减电路

33.5MHz 衰减电路由 C1、C2 和 L1 构成，VT1 为控制管，相当于一个开关。当电路工作于 D/K、I 或 B/G 制时，由遥控系统送来的伴音制式控制电压为低电平，VT1 截止，相当于一个断开的开关，33.5MHz 衰减电路不工作。当电路工作于 M 制时，遥控系统送来的伴音制式控制电压为高电平，VT1 饱和，相当于一个闭合的开关，33.5MHz 衰减电路工作，对 33.5MHz 的 M 制第一伴音中频信号进行衰减，以防止伴音干扰图像的现象。

**2. 由声表面滤波器完成 33.5MHz 的衰减**

近年来，出现了一系列多制式声表面滤波器，如 K2979、K7264 等，这些声表面滤波器具有多制式功能，通过外部电路，可以控制其工作制式，参考图 6-3。

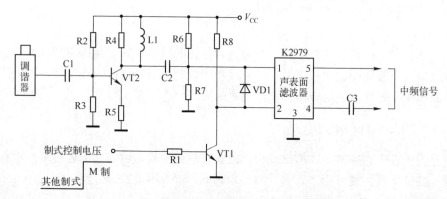

图 6-3　由声表面滤波器完成 33.5MHz 衰减

若声表面滤波器的 1 引脚和 2 引脚接通，则适应处理 D/K、I 及 B/G 制信号；若声表面滤波器的 2 引脚和 3 引脚接通（即 2 引脚接地），则适应处理 M 制信号。当电路工作于 D/K、I 或 B/G 制时，遥控系统送来低电平，VT1 截止，集电极输出高电平，使 VD1 导通，声表面滤波器的 1 引脚和 2 引脚接通。此时，声表面滤波器能对 31.5 ~ 32.5MHz 的信号进行衰减，适应处理 D/K、I 及 B/G 制信号。当电路工作于 M 制时，遥控系统送来高电平，VT1 饱和，声表面滤波器的 2 引脚接地，VD1 截止，此时，声表面滤波器能对 33.5MHz 的信号进行衰减，适应处理 M 制信号。

### 6.2.2　多制式第二伴音中频选择电路

第二伴音中频选择电路设在伴音通道中，其任务是选择相应制式的第二伴音中频信号。多制式第二伴音中频选择电路具有两种常见的电路形式，下面分别进行介绍。

**1. 直接对第二伴音中频信号进行选频和制式切换**

参考图 6-4，由中频通道送来的彩色全电视信号及第二伴音中频信号，先经 C1、C2 和 L1 所构成的高通滤波器进行滤波后，抑制彩色全电视信号，取出 4.5MHz 以上的高频成分。再由陶瓷滤波器 LB1、LB2、LB3 及 LB4 进行选频，分别选出 6.5MHz（D/K 制）、6.0MHz（I 制）、5.5MHz（B/G 制）及 4.5MHz（M 制）的第二伴音中频信号。S1 为伴音制式开关，当电路工作于 D/K 制时，S1 置"1"位置，6.5MHz 的 D/K 制第二伴音中频信号经 S1 后，送到伴音中频放大器。当电路工作于 I 制时，S1 置"2"位置，6.0MHz 的第二伴音中频信号经 S1 后送到伴音中频放大器。同理，当电路工作于 B/G 制或 M 制时，S1 置"3"或"4"位置，5.5MHz 或 4.5MHz 的第二伴音中频信号能通过 S1 而送到伴音中频放大器。这样，由于陶瓷滤波器的选频作用和 S1 的制式切换作用，而使相应制式的第二伴音中频信号被顺利地选择出来。

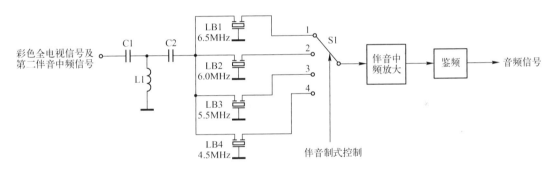

图 6-4　直接对第二伴音中频信号进行选频和制式切换

**2. 先变频后切换**

参考图 6-5，它利用陶瓷滤波器 LB1、LB2 和 LB3 来选出 6.5MHz、6.0MHz 及 5.5MHz 的第二伴音中频信号，并送入 6.0MHz 的变频电路。将 6.5MHz、6.0MHz、5.5MHz 的第二

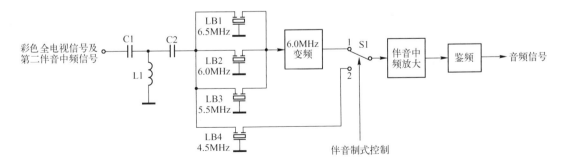

图 6-5　先变频后切换

伴音中频信号统一变换成6.0MHz的伴音中频信号。再与LB4送来的4.5MHz的M制第二伴音中频信号进行切换。当电路工作于D/K、I或B/G制时，S1均置"1"位置，6.0MHz的伴音中频信号能通过S1而送到伴音中频放大器；当电路工作于M制时，S1置"2"位置，4.5MHz的伴音中频信号能通过S1而送到伴音中频放大器。

### 6.2.3  第二伴音中频变频电路

前已述及，为了完成对各种制式的第二伴音中频信号的选择，可以采用先变频后切换的方式。由于6.5MHz和5.5MHz分别比6.0MHz高或低0.5MHz，故只需在电路中设置一个0.5MHz的振荡器，来产生一个0.5MHz的振荡信号，再与6.5MHz或5.5MHz的第二伴音中频信号进行混频，便可产生6.0MHz的伴音中频信号。当第二伴音中频信号为6.5MHz时，经混频后选出差频信号（6.5MHz－0.5MHz＝6.0MHz）；当第二伴音中频信号为5.5MHz时，经混频后选出和频信号（5.5MHz＋0.5MHz＝6.0MHz）。这样便可将6.5MHz或5.5MHz统一成6.0MHz。

6.0MHz变频电路可由分立元器件构成，也可由集成电路构成，如图6-6所示的电路是由集成块TA8710S构成的6.0MHz变频电路。

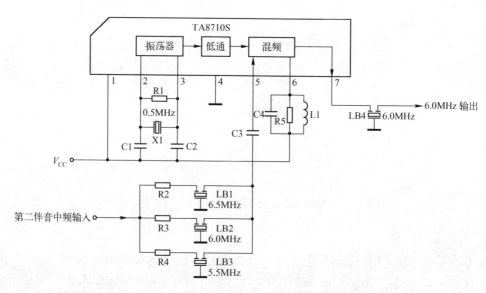

图6-6  由集成块TA8710S构成的6.0MHz变频电路

TA8710S各引脚功能如下。

1引脚：供电端子。

2引脚和3引脚：外接0.5MHz振荡网络。

4引脚：接地。

5引脚：6.5MHz、6.0MHz或5.5MHz第二伴音中频输入。

6引脚：外接6.0MHz选频网络。

7引脚：变频后，6.0MHz伴音中频信号输出。

当电路工作于D/K制时，由LB1选频产生的6.5MHz第二伴音中频信号送至5引脚；当电路工作于I制时，由LB2选频产生的6.0MHz第二伴音中频信号送至5引脚；同理，若电路工作于 B/G 制时，由 LB3 选频产生的 5.5MHz 第二伴音中频信号送至 5 引脚。集成块内部的振荡器在 2 引脚和 3 引脚外围元器件的配合下，产生 0.5MHz 的振荡信号。振荡信号经低通滤波后（滤除高次谐波）送至混频器。混频器将 5 引脚输入的第二伴音中频信号与振荡信号进行混频，产生许许多多的新频率，如二者的自身频率，二者之间的和频、差频等。再由 6 引脚外接的选频网络进行选频，选出 6.0MHz 的信号，从 7 引脚输出，经 LB4 再次进行 6.0MHz 选频后，送至后一级电路。

若电路工作在 D/K 制，5 引脚输入 6.5MHz 的第二伴音中频信号，该信号与 0.5MHz 的振荡信号混频后，由 6 引脚外围电路选出二者的差频信号 6.0MHz，从 7 引脚输出。若电路工作在 B/G 制，5 引脚输入 5.5MHz 的第二伴音中频信号，该信号与 0.5MH 的振荡信号混频后，由 6 引脚外围电路选出二者的和频信号 6.0MHz，从 7 引脚输出。若电路工作于 I 制时，5 引脚输入 6.0MHz 的第二伴音中频信号，经混频后，由 6 引脚外围电路选出 6.0MHz 的信号从 7 引脚输出，此时，选出来的即非和频，也非差频，而是 5 引脚输入信号的自身频率。

由此可知，由于使用了变频电路，不管 5 引脚输入的是 6.5MHz、6.0MHz 还是 5.5MHz，均被统一成了 6.0MHz 的伴音中频信号。

## 6.3 多制式视频处理电路

多制式视频处理电路的作用有两点：一是确保送入到解码电路的彩色全电视信号中不含第二伴音中频信号；二是确保解码电路能对不同制式的彩色全电视信号进行解码处理。

### 6.3.1 多制式第二伴音中频吸收电路

该电路的作用是将彩色全电视信号中的第二伴音中频信号吸收掉，避免伴音干扰图像的现象。多制式第二伴音中频吸收电路一般由陶瓷陷波器和电感并联组成，电路结构形式很多，下面介绍最常见的几种。

**1. 串联陷波电路**

串联陷波电路如图 6-7 所示，LB1、LB2 及 LB3 均为陶瓷陷波器，它们分别与 L1、L2 及 L3 构成 6.5MHz 陷波器、6.0MHz 陷波器及 5.5MHz 陷波器。这三个陷波器能分别吸收 D/K 制、I 制及 B/G 制第二伴音中频信号。串联陷波电路虽然具有结构简单，陷波效果好等优点，但也存在下述缺点。

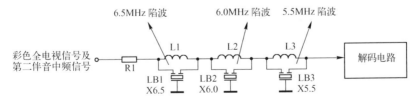

图 6-7　串联陷波电路

其一，由于各陷波器串联使用，陷波作用同时存在。这样当接收 PAL-D/K 制节目时，虽然无 6.0MHz 或 5.5MHz 的第二伴音中频信号，但因 6.0MHz 和 5.5MHz 陷波器仍在工作，从而会将彩色全电视信号中的5.5MHz和6.0MHz的高频成分吸收掉。这在一定程度上影响了图像的清晰度，因而，串联陷波电路一般只将6.5MHz陷波器和6.0MHz陷波器串联使用。在对图像质量要求不高的彩色电视机中，也可串入5.5MHz陷波器。

其二，串联陷波电路只适应D/K制、I制及B/G制第二伴音中频的陷波，绝不能串入M制4.5MHz陷波器。因为串入4.5MHz陷波器后，在接收PAL制和SECAM制节目时，会使图像清晰度大大降低，甚至还会出现无彩色现象。因为4.5MHz陷波器会使4.5MHz附近的频率成分被吸收掉，而4.5MHz附近的频率成分基本上是色度信号区域。

其三，串联陷波电路级数越多，对信号的损耗也就越大。为了弥补这种损耗，对后级电路的放大倍数要求就越高。

### 2. 并联陷波电路

并联陷波电路如图6-8所示，它将6.5MHz陷波器、6.0MHz陷波器、5.5MHz陷波器及4.5MHz陷波器并联使用，再利用一个开关（制式开关）进行切换。当电路工作于D/K制时，开关S1置"1"位置，6.5MHz的第二伴音中频信号被吸收，从而确保送入解码电路的彩色全电视信号中不含第二伴音中频信号。当电路工作于I制、B/G制或M制时，开关S1分别与"2"、"3"或"4"接通，以确保将相应制式的第二伴音中频信号吸收掉。

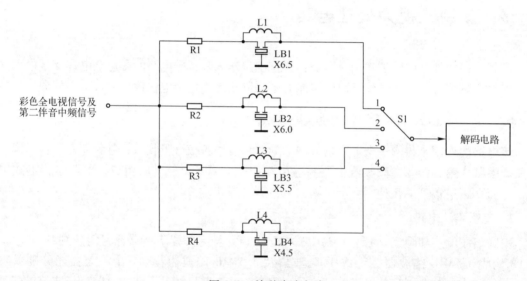

图6-8　并联陷波电路

并联陷波电路与串联陷波电路相比，具有如下一些优点。

第一，各陷波器并不同时工作，在某种制式下，只有相应的陷波器工作，它只吸收该制式的第二伴音中频信号，从而不会造成全电视信号高频成分的损失。

第二，由于各陷波器并联使用，在某一制式下，彩色全电视信号只经过一个陷波器，因而损耗明显减小。

第三，不但适应D/K制、I制及B/G制，也适应M制。

并联陷波器虽然具有以上一些优点，但电路比串联陷波器要复杂，它需要增添一个制式开关和一套制式控制电路。

### 3. 串 – 并联陷波电路

串 – 并联陷波电路如图 6-9 所示，它将 6.5MHz 陷波器、6.0MHz 陷波器及 5.5MHz 陷波器串联，再与 4.5MHz 陷波器并联，然后，由一个制式开关 S1 进行切换。当电路工作于 M 制时，S1 置"1"位置，当电路工作于其他制式时，S1 置"2"位置。使用这种陷波电路能同时满足 D/K、I、B/G 制及 M 制陷波要求，又能简化制式开关及制式切换电路。但在接收 D/K 制节目时，仍存在串联陷波器的缺点。

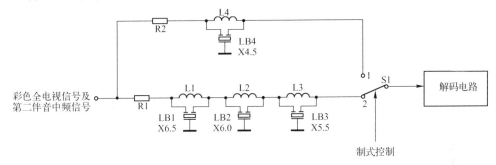

图 6-9　串 – 并联陷波电路

## 6.3.2　多制式色度陷波电路

多制式色度陷波电路设在亮度通道的输入端，其作用是对不同制式的色度信号进行吸收，以分离出亮度信号。

多制式色度陷波电路如图 6-10 所示。前已述及，PAL 制色度信号调制在 4.43MHz 的副载波上，即 PAL 制色度信号的中心频率为 4.43MHz；SECAM 制色度信号的中心频率为 4.25MHz 和 4.406MHz。由于这三个频率相当接近，故可采用同一陷波器来进行吸收。这个陷波器一般为 LC 并联网络，常与亮度延时线封装在一起。NTSC 制色度信号的中心频率为 3.58MHz，与 4.43MHz 相隔较远，需用另一陷波器来吸收。

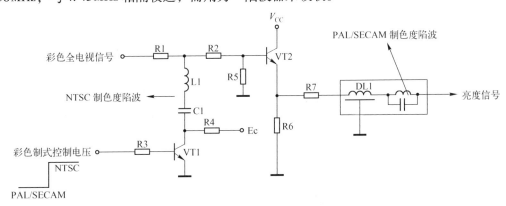

图 6-10　多制式色度陷波电路

图中，L1 和 C1 构成 3.58MHz 陷波器，用来吸收 NTSC 制色度信号；PAL 制和 SECAM 制陷波器封装在亮度延时线 DL1 中。当电路工作于 PAL 制或 SECAM 制时，彩色制式控制电压为低电平，VT1 截止，3.58MHz 陷波器不工作。此时，彩色全电视信号经 VT2 射随后，由 DL1 中的陷波器来吸收 PAL 制或 SECAM 制色度信号，分离出亮度信号。当电路工作于

NTSC 制时，彩色制式控制电压为高电平。VT1 饱和，L1 和 C1 所构成的陷波器工作，从而将 3.58MHz 的 NTSC 制色度信号吸收掉，分离出亮度信号。

在 NTSC 制时，虽然 DL1 中的陷波器也工作，但由于 NTSC 制图像信号的带宽只有 4.2MHz，DL1 中的陷波器基本不会对 NTSC 制图像信号产生影响。

### 6.3.3　多制式色带通滤波电路

色带通滤波器实质上是一色度选频电路，其作用是从彩色全电视信号中分离出色度信号来，由于 NTSC 制、PAL 制及 SECAM 制色度信号的中心频率不一样，要求色带通滤波电路的中心频率能随信号制式的变化而变化。

多制式色带通滤波电路如图 6-11 所示。C1、C2 和 T1 等元器件构成 SECAM 制色带通滤波器，能从 SECAM 制彩色全电视信号中分离出色度信号来。由于 SECAM 制色带通滤波器的幅频特性类似钟形，故又有钟形滤波器之称。

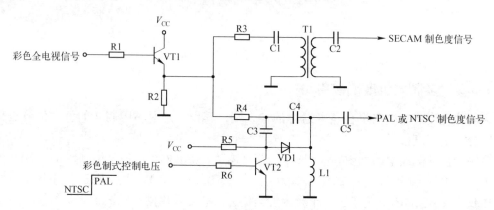

图 6-11　多制式色带通滤波电路

C3、C4、C5 和 L1 等元器件构成 PAL/NTSC 制色带通滤波器。当电路工作在 PAL 制时，彩色制式控制电压为高电平，VT2 饱和，VD1 截止，C3 下端等效接地。此时，C3、C4、C5 和 L1 所构成的色带通滤波器的中心频率为 4.43MHz，能从 PAL 制彩色全电视信号中分离出色度信号。当电路工作于 NTSC 制时，彩色制式控制电压为低电平，VT2 截止，VD1 导通，C3 并联在 C4 两端，等效电容增大。C3、C4、C5 和 L1 所构成的色带通滤波器的中心频率下降为 3.58MHz，能从 NTSC 制彩色全电视信号中分离出色度信号。

另外，也可使用陶瓷元器件来构成色带通滤波器，并将色带通滤波器设置到集成块内部，如图 6-12 所示，这样可简化外部电路。

### 6.3.4　多制式色度解调电路

为了适应多制式的要求，在色度通道中必须设置多制式色度解调电路。参考图 6-13，由于 PAL 制和 NTSC 制均采用平衡调幅方式传送色度信号，故它们可以共用一个色度通道。但因 PAL 制和 NTSC 制的副载波频率和相位互不相同，故必须对副载波再生电路进行控制，使其输出的副载波能满足不同制式的解调要求。SECAM 制色度信号采用调频传送方式，其解调过程与 PAL 制及 NTSC 制完全不同，因而单独使用一个通道。

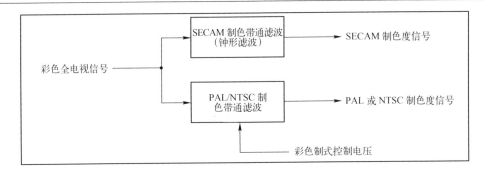

图 6-12 集成块内部的色带通滤波器

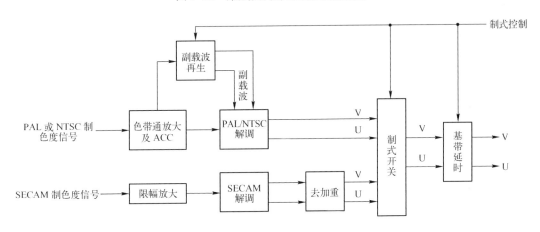

图 6-13 多制式色度解调电路

当输入的色度信号为 PAL 制时，经色带通放大及 ACC 控制后，送至 PAL/NTSC 制解调电路。此时，副载波再生电路在制式控制电压及 PAL 制色同步信号的共同控制下，输出频率为 4.43MHz、相位分别为 0°和 ±90°的两列副载波，送至 PAL/NTSC 制解调电路（即同步检波电路），以满足 PAL 制解调的要求。PAL/NTSC 制解调电路中包含两个同步检波器，一个为 U 同步检波器，另一个为 V 同步检波器。U 同步检波器在 0°副载波的配合下，解调出 U 信号（压缩的 $U_{B-Y}$ 信号）；V 同步检波器在 ±90°的副载波的配合下，解调出 V 信号（压缩的 $U_{R-Y}$ 信号）。U 信号和 V 信号送至制式开关。当输入的色度信号为 NTSC 制信号时，副载波再生电路输出频率为 3.58MHz，相位为 0°和 90°的两列副载波，送至 PAL/NTSC 制解调电路，以满足 NTSC 制解调的需要。

当输入的色度信号为 SECAM 制信号时，经限幅放大和 SECAM 解调后，获得 V 信号和 U 信号，并经去加重后送至制式开关。SECAM 解调电路中包含 U 鉴频器和 V 鉴频器，它们解调输出的 U 信号和 V 信号是逐行轮换格式的信号，如第 $n$ 行输出 V 信号，则第 $n+1$ 行就输出 U 信号。

制式开关能对 PAL/NTSC 制色差信号和 SECAM 制色差信号进行切换，切换过程由制式控制指令进行控制。当电路工作于 PAL 或 NTSC 制时，制式开关就输出 PAL/NTSC 制解调电路送来的 U 和 V 信号；当电路工作于 SECAM 制时，制式开关就输出去加重电路送来的 U 和 V 信号。

在 PAL 制状态下，U 和 V 信号经基带延时处理后，可以抵消掉失真分量，以克服彩色畸变现象。在 NTSC 制状态下，基带延时电路处于直通状态，对色差信号不作 1H 延时和相加运算。在 SECAM 制状态下，基带延时电路能将逐行轮换格式的信号转化为逐行格式的信号输出。下面具体分析一下基带延时电路对 SEACM 制信号的处理过程，参考图 6-14。

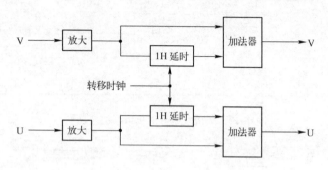

图 6-14　基带延时电路

由于 SECAM 制信号采用逐行轮换传送方式，设第 $n$ 行传送的是 V 信号，则第 $n+1$ 行传送的便是 U 信号。在第 $n$ 行时，V 信号经放大后，一方面直接送至加法器，并经加法器输出；另一方面送至 1H 延时线，进行 1 行延时。到了第 $n+1$ 行时，由于未传送 V 信号，加法器便输出第 $n$ 行的延迟信号，从而确保第 $n+1$ 行时，仍有 V 信号输出。基带延时电路对 U 信号的处理过程也与此相同，不再重述。可见，由于基带延时电路的作用，可以确保每一行都能同时输出 V 信号和 U 信号。从而使逐行轮换格式的信号变成了逐行格式的信号。在 SECAM 制时，因直通信号和延时信号不可能同时存在，所以加法器并未真正起到加法运算的作用。只有在 PAL 制时，才起到加法运算的作用。在 NTSC 制时，1H 延时电路被切断，基带延时电路处于直通状态。

### 6.3.5　制式识别电路

制式识别电路的作用是：对当前信号的制式进行识别，并产生制式控制电压。制式识别的方式有两种，即自动识别和强行识别。自动识别是指制式识别电路自动对当前信号的制式进行识别，并输出制式控制电压，使机器自动工作于当前制式下。强行识别是指用户通过遥控器或电视机键盘强行设定机器的工作制式，如果用户设定的制式与当前信号制式不相符时，电路也不能自动进行调整。一般来说，伴音制式采用强行识别方式；彩色制式即可采用强行识别方式，也可采用自动识别方式；场频制式采用自动识别方式。

#### 1. 伴音制式识别及控制

伴音制式一般采用强行识别方式，即由用户自行设定，若设定的制式与当前信号制式不相符，就会出现无伴音或伴音中有噪声等现象。伴音制式识别及控制过程如下：

用户通过遥控器（或电视机键盘）发送一个伴音制式控制指令给遥控系统，遥控系统中的中央微处理器（CPU）通过对控制指令进行处理后，输出一个伴音制式控制电压，控制 33.5MHz 吸收电路、多制式第二伴音中频选择电路及多制式第二伴音中频吸收电路等。

#### 2. 彩色制式识别及控制

在一些新型彩电的解码集成块中，常设有彩色制式识别及控制电路，这部分电路如图 6-15 所示。它由 PAL 制识别电路、NTSC 制识别电路、SECAM 制识别电路及制式管理器构成。具有自动识别和强行识别两种模式。

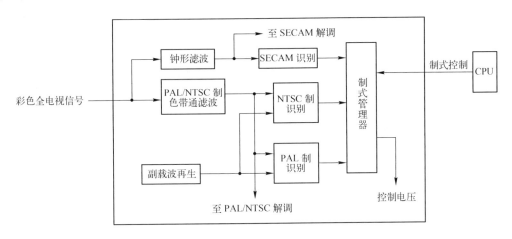

图 6-15　彩色制式识别及控制

在自动识别模式下，SECAM 制识别电路只对输入信号进行制式识别，而 PAL 制识别电路和 NTSC 制识别电路不但对输入信号进行制式识别，还要对副载波进行制式识别。制式识别的结果送到制式管理器，由制式管理器输出各种控制电压，以自动调整电路的工作状态。例如，当制式识别的结果中发现输入信号是 PAL 制信号，则制式管理器会输出控制电压，使整个解码电路工作于 PAL 制状态。

在强行识别模式下，用户可通过遥控器或电视机键盘来发送一个彩色制式控制指令给遥控系统，再由遥控系统中的 CPU 输出一个制式控制电压，来设定解码电路的工作制式。在强行识别模式下，电路会失去自我调整能力，当电路的工作制式与输入信号制式不相符时，会出现无彩色现象。

**3. 场频制式识别**

参考图 6-16，场频识别一般采用自动识别方式，通过对场同步信号进行计数来识别是 50Hz 场频还是 60Hz 场频。识别的结果用来控制场分频电路，以确定场分频系数。当场同步信号频率为 50Hz 时，场分频电路也输出 50Hz 的场频脉冲；当场同步信号频率为 60Hz 时，场分频电路就输出 60Hz 的场频脉冲。

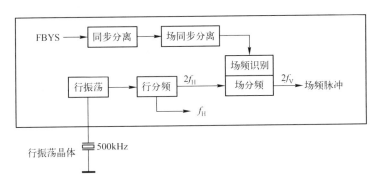

图 6-16　场频识别电路

## 6.4 TV/AV 切换电路

新型彩电具有 AV 信号输入功能，机内设有 TV/AV 切换电路，能对 TV 信号和 AV 信号进行选择。

### 6.4.1　TV/AV 切换原理

**1. TV 信号、AV 信号及 S-VHS 信号**

TV 信号是由电视机内部中频通道和伴音通道解调产生的视频信号（彩色全电视信号）和音频信号，又有内部信号之称。

AV 信号是由外部音视设备（如影碟机、录像机等）送来的视频信号（彩色全电视信号）和音频信号，又有外部信号之称。

S-VHS 信号又称 S 端子视频信号，也是由外部音视设备送来的，从电视机的 S 端子输入。S 视频信号的亮度信号和色度信号是分开传送的，因而图像质量优于 AV 信号。

**2. TV/AV 切换原理**

TV/AV 切换电路实际上是由一组或几组电子开关组成的，通过改变开关的接通方式来完成 TV/AV 切换。如图 6-17（a）所示的电路能完成一路 AV 信号与 TV 信号的切换，图中 V 表示视频信号，A 表示音频信号；TV-V 表示 TV 视频信号，TV-A 表示 TV 音频信号；AV-V 表示 AV 视频信号，AV-A 表示 AV 音频信号。开关 S1 和 S2 受 TV/AV 切换电压的控制，当 S1 和 S2 均置 "1" 位置时，选择 TV 信号，TV 视频信号和音频信号能分别通过 S1 和 S2 而输出，并分别送至解码电路和音频电路。当 S1 和 S2 均置 "2" 位置时，选择 AV 信号，AV 视频信号和音频信号能分别通过 S1 和 S2 而输出，并分别送至解码电路和音频电路。TV/AV 切换电压由遥控系统的 CPU 提供。

如图 6-17（b）所示的电路能完成两路 AV 信号和 TV 信号的切换，当 S1 和 S2 置 "1" 位置时，选择 TV 信号；当 S1 和 S2 置 "2" 位置时，选择 AV1 信号；当 S1 和 S2 置 "3" 位置时，选择 AV2 信号。

如图 6-17（c）所示的电路也能完成两路 AV 信号和 TV 信号的切换，它由两组电子开

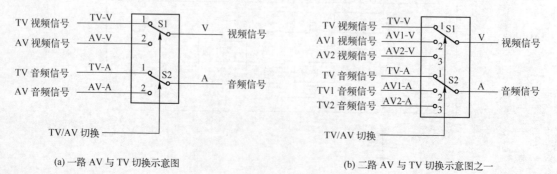

(a) 一路 AV 与 TV 切换示意图　　　　　　　(b) 二路 AV 与 TV 切换示意图之一

图 6-17　TV/AV 切换示意图

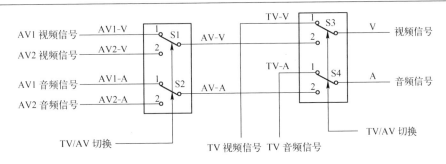

(c) 二路 AV 与 TV 切换示意图之二

图 6-17　TV/AV 切换示意图（续）

关组成。S1 和 S2 用于 AV1/AV2 切换，当 S1 和 S2 置"1"位置时，选择 AV1 信号；当 S1 和 S2 置"2"位置时，选择 AV2 信号。S3 和 S4 用于 TV/AV 切换，当 S3 和 S4 置"1"位置时，选择 TV 信号；当 S3 和 S4 置"2"位置时，选择 AV 信号。

### 6.4.2　TV/AV 切换电路分析举例

前已述及，TV/AV 切换电路是由一组或几组电子开关构成，这些电子开关常做在集成块内部，如图 6-18 所示的电路便是 LA7688 内部的 TV/AV 切换电路，它包含一组视频开关、一组色度开关和一组音频开关。

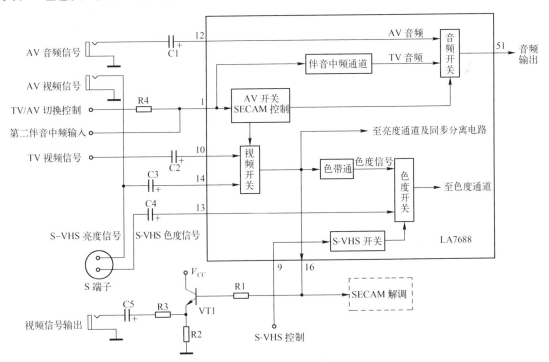

图 6-18　LA7688 内部的 TV/AV 切换电路

TV 视频信号从 10 引脚输入，送至视频开关。AV 视频信号及 S 端子亮度信号从 14 引脚输入，也送至视频开关。S 端子色度信号从 13 引脚输入送至色度开关。视频开关的工作状态受 1 引脚电压的控制，共有四种控制状态，见表 6-2。

表 6-2 由 1 引脚电压所决定的四种控制状态

| 1 引脚电压 | 0 ~ 1.4V | 1.7 ~ 2.6V | 2.9 ~ 3.8V | 4.1 ~ 5V |
|---|---|---|---|---|
| 工作状态 | TV | TV | AV | AV |
| 对应制式 | SECAM | PAL/NTSC | PAL/NTSC | SECAM |

当 1 引脚电压在 0 ~ 1.4V 范围内时，视频开关选择 10 引脚输入的 TV 视频信号，LA7688 内部电路工作于 SECAM 状态。因 LA7688 内部无 SECAM 解调电路，故此时内部的 PAL/NTSC 制解调电路停止工作，视频开关将视频信号从 16 引脚输出，由外部 SECAM 解调电路对视频信号进行解调。同时，视频信号还可通过插孔送出机外，供外部音视设备使用。

当 1 脚电压在 1.7 ~ 2.6V 范围内时，视频开关选择 10 引脚输入的 TV 视频信号，LA7688 内部电路工作于 PAL/NTSC 制状态。此时，视频开关将 10 引脚输入的 TV 视频信号送至色带通滤波器，由色带通滤波器分离出色度信号，经色度开关送至色度通道。

当 1 引脚电压在 2.9 ~ 3.8V 范围内时，视频开关选择 14 引脚输入的 AV 视频信号，LA7688 内部电路工作于 PAL/NTSC 制，由 LA7688 内部电路完成对视频信号的解码处理。当 1 引脚电压在 4.1 ~ 5V 范围内时，视频开关也选择 14 引脚输入的 AV 视频信号，LA7688 内部电路工作于 SECAM 制状态，由 16 引脚外部的 SECAM 解调电路完成对视频信号的解调处理。

色度开关受 9 引脚电压的控制，当 9 引脚为低电平（2V 以下）时，LA7688 内部电路工作于 S 端子模式。此时，S 端子亮度信号从 14 引脚输入，经视频开关后，送至亮度通道及同步分离电路；S 端子色度信号从 13 引脚输入，经色度开关后送至色度通道。也就是说，在 S 端子模式下，视频开关选择 14 引脚输入的 S 端子亮度信号，色度开关选择 13 引脚输入的 S 端子色度信号。

第二伴音中频信号从 1 引脚输入，经 LA7688 内部的伴音中频通道处理后，获得 TV 音频信号，送至音频开关；AV 音频信号从 12 引脚输入，也送至音频开关。音频开关的工作状态也受 1 引脚电压的控制，当 1 脚电压在 2.6V 以下时，音频开关选择 TV 音频信号。当 1 引脚电压在 2.9V 以上时，音频开关选择 AV 音频信号，选择后的音频信号从 51 引脚输出，送至伴音功放电路。

## 习题

**一、填空题**

1. 目前，全世界常用的彩色制式有三种，即_____、_____和 SECAM 制，对于 SECAM 制而言，两个色差信号 $U_{R-Y}$ 和 $U_{B-Y}$ 分别对频率为_____和_____的副载波进行调频，并采用逐行轮换传送方式。

2. 常用的伴音制式有_____、_____、_____和_____四种，它们的第二伴音中频信号频率分别为_____、_____、_____和_____。

3. 33.5MHz 吸收电路的作用是_____，它仅在_____

制状态下工作。

4. 多制式色度陷波电路的作用是＿＿＿＿＿＿＿＿＿＿＿＿＿＿＿＿＿＿＿＿。PAL 制和 SECAM 制副载波频率比较接近，可以共用一个陷波器，而 NTSC 制需另用一个陷波器。

5. TV/AV 切换电路是由一组或几组＿＿＿＿＿开关组成的，TV 信号是指＿＿＿＿＿＿＿ ＿＿＿＿＿＿＿＿＿＿＿＿＿＿＿＿＿＿，AV 信号是指＿＿＿＿＿＿＿＿＿＿＿＿＿＿＿ ＿＿＿＿＿＿＿＿＿＿＿＿＿＿＿＿＿＿，S 端子视频信号是指＿＿＿＿＿＿＿＿＿＿＿＿＿＿ ＿＿＿＿＿＿＿＿＿＿＿＿＿＿＿＿＿。

**二、问答题**

1. 新型彩电中，常设有基带延时电路，该电路在 NTSC 制、PAL 制及 SECAM 制状态下，分别起什么作用？

2. 多制式彩电可以采用串联陷波电路来吸收第二伴音中频信号，分离出彩色全电视信号，请问能不能将 4.5MHz 陷波器与 6.5MHz、6.0MHz、5.5MHz 陷波器串联使用来实现多制式功能？为什么？

3. 彩色制式识别电路由哪几部分构成？其工作原理是怎样的？

4. 画图说明并联陷波电路的工作原理及主要优点。

# 第 **7** 章

## 遥 控 系 统

（1）微机的基本组成及基本概念。

（2）遥控系统的基本结构及工作原理。

（3）遥控系统电路分析及故障检修。

彩色电视机的遥控系统是以单片微型计算机（简称微机）为核心而构成的，它担负着整机控制和指挥任务。为了让读者能深入掌握遥控系统的工作原理，这里先介绍一下微型计算机的基本组成及一些基本概念。

## 7.1 微机的基本组成及基本概念

### 7.1.1 微机系统的基本结构

微机系统共由五个部分组成，即输入设备、存储器、运算器、控制器和输出设备。各部分之间的连接情况如图 7-1 所示。

**1. 输入设备和输出设备**

输入设备又叫 I 设备，它能将外界信息变为微机所能接受的形式。我们平时看到的键盘就是典型的输入设备，遥控彩电面板上的控制按钮，或遥控器也是电视机内部微机的输入设备。输出设备又称 O 设备，它能将微机输出的信息变为人或其他机器所能接受的形式（如文字、图形、声音等）。输入设备和输出设备总称 I/O 设备。

**2. 存储器**

存储器主要用来存储外界输入的信息或运算结果，它有内存储器和外存储器之分。内存储器通常由集成电路担任，外存储器通常由磁盘担任，电视机中的存储器属于内存储器。

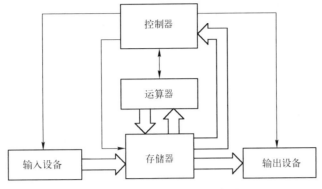

图 7-1　微机系统结构示意图

内存储器又可分为随机存储器（用 RAM 表示）和只读存储器（用 ROM 表示）。RAM 可用来存放用户自编程序，使用时，既可向其上存入数据，又可从其上读出数据；ROM 用来存放厂家的固化数据，使用时，只能从其中读出数据，而不能向其内存入数据。

RAM 可分为静态 RAM 和动态 RAM 两种类型。静态 RAM 是用双稳态电路来存储信息的；动态 RAM 是靠 MOS 管栅极电容上的电荷来存储信息。动态 RAM 具有存储密度大，功耗小，价格低等特点，但由于电容存在漏电现象，其上电荷只能保持若干 ms，要想长时间存储信息，每隔 $1\sim2$ms 就得对动态 RAM 刷新一次（即不断充电），这样，就需要一套刷新电路，因此，电路结构比较复杂。静态 RAM 的集成度比动态 RAM 小，功耗也大，但无需刷新电路，它只适用于小容量存储器。

ROM 有如下几种类型：

掩膜 ROM：它由生产厂家按照用户要求编程、制造而成。制造好后，其内程序不能改变，它适用于定型大量生产的产品。

可编程只读存储器（PROM）：使用时，由用户根据自己需要写入内容，但只能写入一次，一旦写入，内容就不可改变。

可擦可编程只读存储器（EPROM）：这种只读存储器允许多次写入，改变其中内容。改写时，先用紫外线通过电路外部上方的石英窗口进行照射，以将原内容擦去，再重新写入新内容，这个过程需使用擦去装置和写入线路来完成。

电可擦写编程只读存储器（$E^2$PROM）：从某种程度上来讲，这种存储器具有 RAM 的特点，使用时，可随时使用低电压及低电流去改写其中的数据，改写后，新数据自动替换旧数据，其上的数据可长期保存，不受掉电的影响。这类存储器的存储容量较小，因而特别适应于家电产品，目前，彩色电视机都使用这类存储器。

**3.　运算器和控制器**

运算器的作用是对数据进行算术和逻辑运算，并输出运算结果。

控制器是微机的指挥中心，它控制各部件按一定的节拍进行工作，只有在控制器的控制下，各部件才能协调一致，有条不紊地工作。

运算器和控制器又组成中央微处理器，俗称 CPU 或 MPU，通常设计成一大规模集成块，担任整个机器的运算和指挥中心。

事实上，CPU 内除了运算器和控制器以外，还有许多附属寄存器。寄存器的作用是：暂时存放数据，减少 CPU 与外部的联系，提高运算速度。

### 7.1.2　一些常用的术语

#### 1. 微机系统

微机系统是由硬件和软件所构成的有机系统。硬件是指微机系统中一切电子设备和机械设备，它是一些物理实体，看得见，也摸得着，相当于人的肉体。软件是指指挥计算机解决问题的一切指令，它通常是一些程序的集合，看不见，也摸不着，相当于人的知识。在整个微机系统中，硬件是基础，软件是关键。

#### 2. 指令

指令是指指挥微机工作的命令。指令由操作码和操作数组成。操作码是指操作的内容（即进行何种操作）；操作数是指参加操作的数或参加操作的数所存放的地址。

#### 3. 字、字节和字长

字就是用来表示字符、字母、数字、地址、指令的一组二进制代码。每 8 位二进制代码就称为一个字节。字长是指表示字的二进制代码数位的多少，字长是衡量微机性能的重要指标，字长决定后，微机的性能也就基本决定了，我们通常所说的 8 位机、16 位机，就是指它的字长分别是 8 位和 16 位。

#### 4. 地址

在微机中，有许多的存储单元和 I/O 设备，为了便于通信和管理，对每一存储单元及 I/O 设备都要赋予一个编号，这个编号就是它们的地址。

#### 5. 存储容量

存储容量是指存储器存储信息的多少。常用单位有 bit（比特）和 B（byte），更大的单位有 KB、MB 和 GB。

1bit = 一位二进制代码　　　　　　　1B = 8bit

1KB = 1024B，1MB = 1024KB，　　　1GB = 1024MB

#### 6. 读与写

CPU 从存储器中取数就叫读，读后，存储器中原数据仍然存在。

CPU 向存储器中存入数据就叫写，再次写入后，原信息丢失。

#### 7. 片选（CS）

用一句通俗的话来说，片选就是 CPU 挑选存储器的过程。在微机中，有许多存储集成块，当 CPU 需要与某存储集成块进行数据交换时，首先要向它发出片选信息，以选中该存储电路，然后，方能进行数据传递。

#### 8. 寻址

微机的基本功能是执行指令，而指令通常存放在存储器中，CPU 找到这个指令的过程就叫寻址。

#### 9. 中断

当 CPU 在运行程序时，遇到意外情况（如程序错误、硬件故障等）或特殊请求，CPU

就会停止现行程序的运行，挤出时间来处理上述随机事件，处理完毕，再返回原程序的运行，这个过程就称为中断。

**10. 堆栈**

堆栈是用来保存断点地址、中断现场及转子返回地址的一个专门存储区。

**11. 接口**

接口是用来实现 CPU 与外部设备之间相互连接的桥梁，它能根据 CPU 的命令控制外部设备进行操作，把 CPU 数据转化为外部设备所能识别的形式，或把外部设备输入的数据转化为 CPU 所需的形式。CPU 通过接口与外部设备相连，如图 7-2 所示。

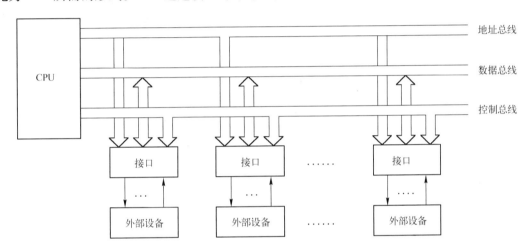

图 7-2 CPU 通过接口与外部设备相连

## 7.1.3 总线（BUS）系统

**1. 总线的概念**

在计算机中用来联系各部件、传输信息的公共通道称为总线。它事实上是一组导线（平行线、印刷线或集成电路内的光刻导线等）。

**2. 总线宽度**

总线宽度是指总线所能同时传送二进制数的位数多少。事实上就是构成总线的根数，它影响数据的传输速度。

**3. 总线分类**

按总线所处的位置来分，总线分为片内总线、内总线和外总线三类。

片内总线是用来联系 CPU 内部各部件的公共通道。

内总线是用来联系 CPU 与存储器及 I/O 之间的公共通道。

外总线是用来联系微机与外界之间的公共通道。

按总线的用途来分，总线又分为数据总线、地址总线及控制总线三类。

数据总线是用于 CPU 与其他部件传输数据的总线，有单向和双向之分。

地址总线是用于 CPU 输出地址信息的总线，属单向。

控制总线是用来传输控制命令的总线，也属单向。

微机的总线结构如图 7-3 所示。由图可知，总线是公用的，连接在总线上的所有部件都要经过总线来传递数据，但任何时刻，CPU 只能与一个受控部件利用总线来进行数据传送。因此各部件必须分时享用总线，否则会造成混乱。

总线传输数据时，有单向和双向之分。单向总线传送数据时，数据只能向一个方向传送。而双向总线可以发送和接收数据，数据可以朝两个方向传送。一般说来，数据总线大都是双向总线，地址总线和控制总线属单向总线。

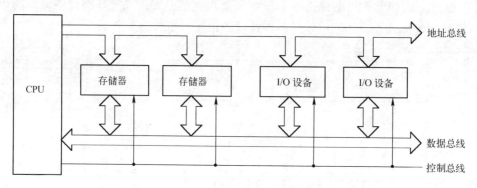

图 7-3　微机的总线结构

## 7.2　遥控系统的结构及工作原理

20 世纪 80 年代末期，单片微机开始应用于国产彩色电视机中，揭开了国产彩电遥控化的序幕。随着人们生活水平的不断提高及电子技术的不断发展，遥控彩电也成了我国彩电的主流，并以飞快的速度淘汰了非遥控彩电。

### 7.2.1　遥控系统的结构

遥控系统由红外发射器、红外接收器及控制电路所组成，如图 7-5 所示。

红外发射器的作用是，将控制指令进行编码，并调制到一个载波上，再通过红外电磁波发射出去。通常的调制方式为脉冲编码调制，即 PCM 方式。

红外接收器的作用是，接收红外电磁波，将红外电磁波转化为电信号，并对其进行放大、检波，产生脉冲编码信号（又称 PCM 信号），送至 CPU。

控制电路的作用是，对脉冲编码信号进行译码、识别，根据译码的结果，按固定程序输出相应的控制信号（如调谐、频道转换、音量、亮度、色饱和度、对比度等控制电压），控制电视机的相应电路，完成相应的操作。控制电路由 CPU 构成，它除了具有遥控方式外，还具有本机键盘控制方式。本机键盘安装在电视机的面板上，它由多个微动开关组成。通过操作本机键盘，便可实现对整机的控制，这种控制方式又称键控方式。遥控方式和键控方式的区别主要体现在指令的传送方式上，前者为"无线"传送，后者为"有线"传送。另外，遥控方式所能实现的控制功能往往比键控方式要多得多。所以遥控器上的按键比电视机键盘上的按键要多。

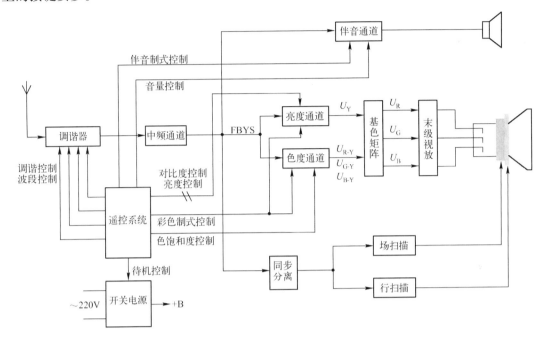

图7-4　遥控彩电的结构框图

图7-5　遥控系统的组成

## 7.2.2　红外发射器

**1. 红外线介绍**

红外发射器是利用红外线作为媒介来传递信息的。红外线的波长介于微波与红光之间，波长范围为 $0.77\sim1000\mu m$。$0.77\sim3\mu m$ 为近红外区，$3\sim30\mu m$ 为中红外区，$30\sim1000\mu m$ 为远红外区。红外线在传输过程中，不易发生散射，不易受干扰，有较强的穿透能力，且传输的距离较短，范围较小，易于制造，成本低廉，因而被广泛用于遥控领域。目前，彩色电视机的红外发射器所发出的红外线是由红外发射二极管产生的，其波长约为 $0.9\sim3\mu m$。

**2. 红外发射器的工作原理**

红外发射器又叫遥控发射器，简称遥控器，其外形酷似计算器。它的面板上安有代表不同控制功能的操作键。这些按键组成遥控器的键盘，顶端是红外信号发射窗口。红外发射器的结构方框图如图7-6所示，它由一块专用微处理器、矩阵键盘、激励放大器及红外发射二极管组成。专用微处理器内部含有振荡器、时钟脉冲发生器、扫描脉冲发生器、键控编码器、指令编码器、调制器、缓冲放大器等电路。

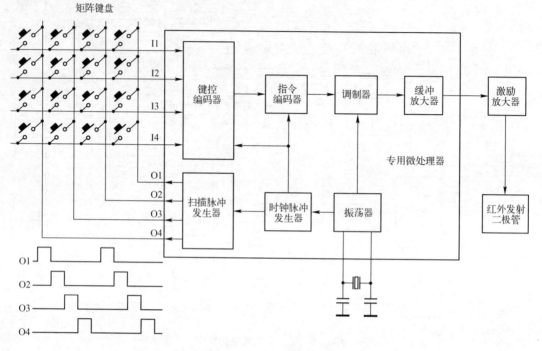

图 7-6　红外发射器的结构方框图

振荡器外部接有 455kHz（或 432kHz、480kHz）的晶振，能产生 455kHz（或 432kHz、480kHz）的振荡信号。经 12 分频后，得到约 38kHz（或 36kHz、40kHz）的信号，一方面作为调制脉冲送至调制器；另一方面送至时钟脉冲发生器，以产生时钟脉冲。在时钟脉冲的控制下，扫描脉冲发生器产生多种不同时间的扫描脉冲，不妨设为 4 种。这 4 种扫描脉冲分别从 O1～O4 端输出，送至矩阵键盘，并对键盘进行扫描。假设专用微处理器有 4 个脉冲输入端，即 I1～I4，这样，就形成了 4×4 的键矩阵，共有 16 个交叉点，在交叉点上安上按键，就可组成 16 个控制键位。由于输出端 O1～O4 上的脉冲信号并不同时出现，而是依次相差一个脉冲宽度。当按下某一个按键时，相应输出端的脉冲便从相应的输入端上输入，根据脉冲出现的时间及输入的端子，便可判断出按键的位置（即哪一个按键被按下）。

键控编码器用来对各输入端子送来的代表不同键位的脉冲进行编码，产生一组二进制键位码，并送到指令编码器。指令编码器中设有只读存储器（ROM），预先存储了各种规定的操作指令码。它根据送来的键位码来输出相应的指令码，并送至调制器。调制器将指令码调制在 38kHz（或 36kHz、40kHz）的载波上，经缓冲放大后，送到激励放大器，最后激励红外发射二极管发射红外线。这样，调制在 38kHz（或 36kHz、40kHz）载波上的指令码就以红外线的方式发射出去。

### 7.2.3　红外接收器

红外接收器通常做成组件形式，通过三根线与电视机的电路板相连。红外接收器由红外接收二极管、放大器、带通滤波器、检波器及整形电路构成，如图 7-7 所示。

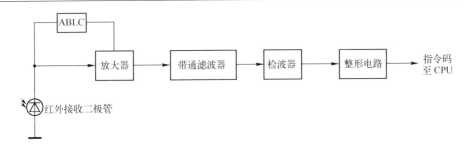

图 7-7　红外接收器方框图

红外接收二极管实际上是一种光电 PIN 二极管，它是一种工艺特殊的三层二极管，其 PN 结中的耗尽区 I 层厚度大于 P、N 层的厚度。光由 P 层入射后，在 I 层中激起电子，电子不断与空穴复合而产生电流。当遥控器发射的红外线照到红外接收二极管上时，红外接收二极管就会激起电流，该电流经放大器内的输入电阻转化为电压。这样，红外信号就被转化成了电信号。电信号经放大器放大后，送至带通滤波器。带通滤波器的中心频率为 38kHz（或 36kHz、40kHz），它只让 38kHz（或 36kHz、40kHz）附近的一段频率通过，而将其他的干扰信号滤除。经带通滤波后的信号送至检波器，由检波器进行检波处理，将调制在 38kHz（或 36kHz、40kHz）载波上的指令码取出来，经整形后，送入 CPU。

为了防止强光的冲击，并提高对微弱信号的放大能力，红外接收器中常设有自动偏置电平控制电路，即 ABLC 电路。

### 7.2.4　控制电路

#### 1. 基本工作原理

控制电路结构方框图如图 7-8 所示。它主要由中央微处理器（CPU）、存储器、本机键盘、时钟振荡器、波段控制器等电路组成。

中央微处理器是控制电路的关键部件，也是整个遥控系统的核心电路。彩色电视机必须通过中央微处理器才能实现遥控功能。彩色电视机所用的中央微处理器一般为 8 位微型计算机（早期遥控彩电使用 4 位微处理器），它内部包含译码器、运算器、累加器、寄存器、计数/定时器、存储器及总线等电路。CPU 内部的存储器有只读存储器（ROM）和随机存储器（RAM）两种。ROM 中存有本机的指令识别程序和指令控制程序。当 CPU 收到红外接收器或本机键盘送来的指令码后，便将指令识别程序从 ROM 中调入到 RAM 中。然后运行指令识别程序，以识别指令码的操作内容（即作何操作）。识别出操作内容后，CPU 便运行指令控制程序，并从相应的输出端子上输出控制信号，完成相应的控制。

在 CPU 外部还接有一个存储器，它一般为 $E^2PROM$（电可擦写编程只读存储器），它可弥补 CPU 内部存储器存储容量的不足问题。$E^2PROM$ 主要用来保存各频道节目的调谐数据、波段数据、模拟量控制数据及其他一些控制数据。由于 $E^2PROM$ 即能断电保存数据、又能重新改写数据，因而十分适用于电视机。

由于 CPU 是一数字电路，每一次工作之前，都必须对其进行一次复位操作（清零操作）。复位的目的是确保 CPU 在开机后的一瞬间不要工作，因为开机后的一瞬间，给 CPU 供电的 +5V 电压处于上升阶段（不稳定），若 CPU 在这个阶段中工作的话，很可能会产生误动，甚至破坏内部程序。

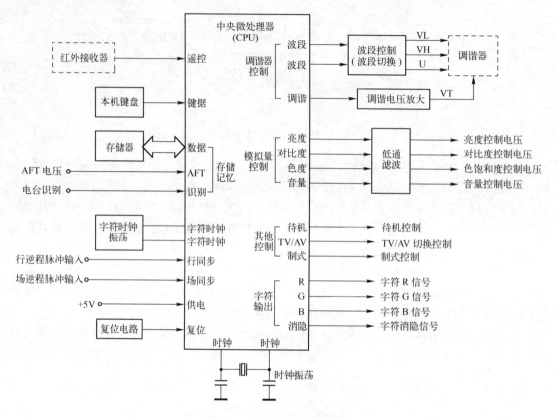

图7-8　控制电路结构方框图

　　CPU 的基本功能是执行指令，为了使其内部电路在执行指令时，按某一"节拍"进行，必须向其提供时钟信号。时钟信号由时钟振荡器产生，时钟振荡器常制作在 CPU 内部，而振荡网络却接在外部，一般由晶振和电容构成。CPU 的运行速度越快，时钟振荡频率也就越高。

**2. 波段控制**

　　在 CPU 上一般分配 2~3 个引脚（或称端子），用于波段控制。图 7-9（a）中，使用 3 个引脚来完成波段控制，CPU 直接输出 VL、VH 和 U 波段控制电压，经波段控制电路（由三个三极管构成）后，送至调谐器。当 CPU 的 VL 端子输出低电平时，VT1 饱和导通，调谐器的 VL 端子获得高电平，调谐器工作于 VL 波段；同理，当 CPU 的 VH 端子（或 U 端子）为低电平时，VT2（或 VT3）饱和导通，调谐器的 VH（或 U）端子获得高电平，调谐器工作于 VH（或 U）波段。

　　图 7-9（b）中，只用 2 个引脚来控制波段，依靠这 2 个引脚的电平组合来实现波段控制。由于 2 个引脚所输出的电平有四种组合，即：00，01，10，11（0 表示低电平，1 表示高电平），足以完成 VL、VH 及 U 波段控制。由于用于波段控制的只有两个引脚，它们输出的电平必须送至波段控制电路，转化成 VL、VH 及 U 波段控制电压，再送至调谐器。若 VL 为高电平，调谐器就工作于 VL 波段；若 VH 为高电平，调谐器就工作于 VH 波段；若 U 为高电平，调谐器就工作于 U 波段。

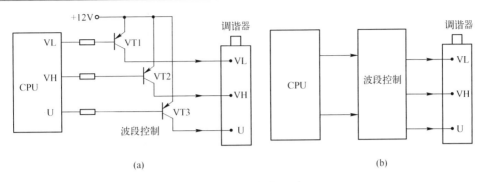

图 7-9　波段控制电路

### 3. 调谐控制

CPU 上，只分配一个调谐控制端子，参考图 7-10，调谐端子输出的是一列脉宽调制电压（即 PWM 脉冲）。波形 1 为正常收视状态下的调谐电压变换示意图。在正常收视状态下，CPU 调谐控制端子输出的脉冲宽度不变，经 VT 倒相放大后，脉冲幅度得到提高，但宽度仍不变，经三节 RC 滤波后，得到一个稳定的直流电压，送到调谐器的 VT 端子，使调谐器稳定地工作在某一频道上。波形 2 为调谐状态（即搜索节目状态）下的调谐电压变换示意图，在调谐状态下，CPU 调谐控制端子输出一列由宽变窄的脉冲电压（波形 $U_A$），经 VT 倒相放大后，得到一列由窄变宽的脉冲（波形 $U_B$），再经三节 RC 滤波后，得到一个线性上升的直流电压送至调谐器的 VT 端子，使调谐器由低频道向高频道进行搜索。当 VL 波段搜索完毕后，波段控制电路使调谐器工作于 VH 波段，调谐电压 VT 再次由低向高变化，从 VH 波段的低频道向高频道搜索。搜索完毕后，再跳到 U 段进行搜索。

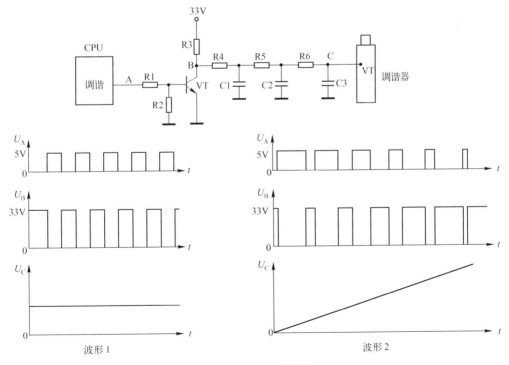

图 7-10　调谐控制

#### 4. 模拟量控制

模拟量控制是指音量、亮度、对比度、色饱和度等方面的控制，它们的控制电压为直流电压，调节时，直流电压呈线性变化。

参考图7-11，在CPU上，模拟量控制端子较多，这些端子均输出脉宽调制电压（PWM脉冲），经RC积分滤波后，变成直流电压，送至相应电路，以控制电路的增益。例如调节色饱和度时，CPU的色度控制端子输出一列宽度不断变化的脉冲电压，经RC积分滤波后，得到一个线性变化的直流电压，送至色度通道，使色度通道的增益发生变化，达到色饱和度调节的目的。其他模拟量的控制过程与此类似。

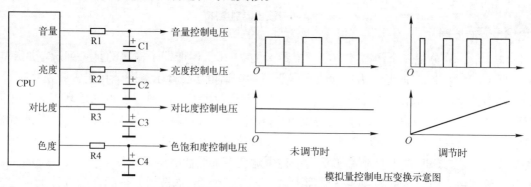

图7-11　模拟量控制

#### 5. 其他控制

其他控制包含待机控制、TV/AV控制、制式控制等，这类控制均由开关信号（即高/低电平）来完成。例如，当CPU的待机端子为高电平时，机器处于开启状态；按一下遥控器的"开/关"键，CPU的待机端子立即变为低电平，此时，机器处于关闭状态，即待机状态。若再按一下遥控器的"开/关"键，CPU的待机端子又变为高电平，机器又处于开启状态。同理，TV/AV控制或制式控制皆与此类似。

#### 6. 存储记忆

所谓存储记忆是指将搜索到的节目存储到存储器中，以便以后使用。节目搜索方式有三种，即全自动搜索、半自动搜索及手动微调。

参考图7-12，在全自动搜索时，CPU首先送出波段指令，使调谐器工作于VL波段。再送出调谐PWM脉冲，使调谐器的VT端子电压从0V开始上升，向33V方向变化。当搜到节目时，中频通道会输出视频信号，并由同步分离电路分离出同步信号，送入CPU，作为电台识别信号。CPU检测到电台识别信号后，便会做出有节目的判断，同时，放慢调谐速度，VT电压缓慢变化。接着，CPU开始检测AFT电压，当AFT电压反映调谐最准确时，CPU发出存储指令，将搜索到的节目存入到存储器中，此时，屏幕上显示的节目号自动加1。然后，继续搜索、存储下一套节目。当VL段的所有节目搜索、存储完毕后，再跳到VH段搜索、VT电压再一次从0V上升至33V。VH段搜索完毕后，就搜索U段节目。由此可见，在全自动搜索时，CPU依靠电台识别信号和AFT电压的辅助，能自动完成搜索、记忆任务。

另外，也有相当一部分彩电采用行一致性检测电路送来的电压作为电台识别信号，当收到节目且图像同步时，行一致性检测电路输出高电平，CPU 做出有节目的判断。当未收到节目，或图像不同步时，行一致性检测电路输出低电平，CPU 做出无节目的判断。

半自动搜索过程和全自动搜索过程相似，只是半自动搜索时，每一次只搜索、存储一套电视节目。当将某一套电视节目搜出、存储之后，便停止搜索。

手动微调是通过按压"频率微调"键来搜索节目的，它的特点是，按压"频率微调"键，调谐进行，松开"频率微调"键，调谐停止。

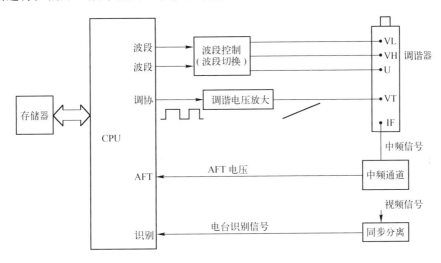

图 7-12　存储记忆

### 7. 字符显示

遥控彩电屏幕上所显示的反映操作内容的文字和符号统称为字符。例如，当调节音量时，屏幕上会显示音量调节符号或数字；换台时，屏幕上会显示相应的节目号等，这些都属字符。

参考图 7-13。在 CPU 内部，设有字符 ROM，字符 ROM 中，存有本机所有的字符信息。操作遥控器或本机键盘时，字符时钟振荡器工作，输出字符时钟脉冲。依靠字符时钟脉冲，可将字符信息从字符 ROM 中读出。若字符时钟脉冲的频率高，则读出字符信息的速度就快，显示的字符就小；若字符时钟脉冲的频率低，则读出字符信息的速度就慢，显示的字符就大。因此通过改变字符时钟脉冲的频率，便可获得多种显示效果。

读出的字符信息送至显示控制器，加工成 RGB 字符信号，同时合成一个字符消隐信号（或称字符挖框信号），并送至 CPU 外部。为了使字符能显示在扫描正程，字符信息的读出还必须受行、场同步信号的控制（一般使用行、场逆程脉冲）。

RGB 三基色字符信号及字符消隐信号（常用 BLANK 表示），送至解码集成块内的内/外 RGB 切换电路。当有字符时，字符消隐信号为高电平，此时，字符 RGB 信号能通过内/外 RGB 切换电路，并显示在屏幕上，而图像 RGB 信号被阻断。当无字符时，字符消隐信号为低电平，此时，图像 RGB 信号能通过内/外 RGB 切换电路，并显示在屏幕上。设图像 RGB 信号的波形如波形 A 所示，字符 RGB 信号的波形如波形 B 所示，字符消隐信号的波形如波形 C 所示。在字符消隐信号为高电平时，图像 RGB 信号被阻断，相当于在图像中开了一个窗口，字符 RGB 信号便填补在该窗口中，形成波形 D。

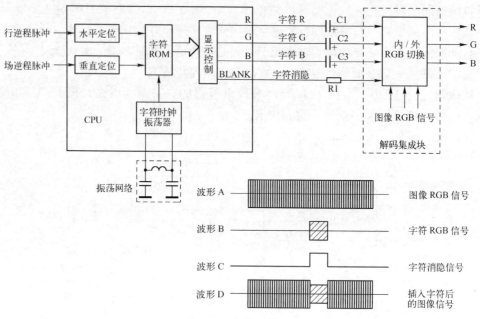

图 7-13 字符显示电路

当电视机未收到信号时，因无电台识别信号送入 CPU，此时，CPU 发出蓝屏控制指令，从 B 端子输出蓝屏信号，从 BLANK 端子输出高电平，使内/外 RGB 切换电路总接通字符信号，屏幕显示蓝色。此时，如果想取消蓝屏，方法也很简单，只需将字符消隐信号切断即可（断开 R1）。另外，有些电视机设有蓝屏开/关功能，此时只需将"蓝屏开/关功能"项设置为"关"，便可取消蓝屏。

# 7.3 遥控系统分析与检修

目前，国产彩电常用的遥控系统有七类，即三洋遥控系统、三菱遥控系统、飞利浦遥控系统、东芝遥控系统、松下遥控系统、ZILOG 遥控系统及 ST 遥控系统，其中以前四种遥控系统应用最广泛。三洋遥控系统是由日本三洋公司研制的，其 CPU 以"LC"为前缀；三菱遥控系统是由日本三菱公司研制的，其 CPU 以"M"为前缀；飞利浦遥控系统是由荷兰飞利浦公司研制的，其 CPU 以"CTV"、"PCA"或"P"为前缀；东芝遥控系统是由日本东芝公司研制的，其 CPU 以"TMP"为前缀；松下遥控系统是由日本松下公司研制的，其 CPU 以"MN"为前缀；ZILOG 遥控系统是由美国 ZILOG 公司研制的，其 CPU 以"Z"为前缀；ST 遥控系统是由意法半导体公司（法国汤姆逊公司）研制的，其 CPU 以"ST"为前缀。随着科技的不断发展，这七类遥控系统也在不断升级。由于这七类遥控系统的工作原理基本相同，这里仅以三洋遥控系统为例来进行分析。

## 7.3.1 LC864916A 遥控系统

LC864916A 遥控系统是由日本三洋公司研制开发的，它常用来管理单片电视信号处理器 LA7688，构成单片彩色电视机电路。它具有线路简单、控制能力强等特点。广泛用于康佳"D"系列彩电，如 F2137D3、F2139D3、F2519D3、F2587D3、F2589D 等，这里以康佳 F2137D3 彩电为例来分析其工作情况。电路中各元器件序号以厂标为准。

## 1. LC864916A 介绍

LC864916A 是一块采用 42 引脚封装的 CMOS 8 位微处理器，它与存储器 ST24C04 配套使用，能实现中/英文菜单显示、全自动搜索、半自动搜索、手动微调、100 套节目存储、彩色制式控制、伴音制式控制、TV/AV 控制、定时开/关机控制、图像效果选择、无信号蓝屏及 10 分钟自动关机等功能。LC864916A 的各脚功能见表 7-1。

表 7-1　LC864916A 引脚功能及电压值

| 引　脚 | 符　号 | 功　能 | 电压（V） | 备　注 |
|---|---|---|---|---|
| 1 | BASS | 低音开/关控制（未用） | 3.7 | L：低音开；H：低音关 |
| 2 | SDA | 数据输入/输出 | 5 | |
| 3 | SCL | 时钟输出 | 5 | |
| 4 | OPTION-IN1 | 模式选择 1 | 5 | 由模式二极管设定遥控系统的工作模式 |
| 5 | OPTION-IN2 | 模式选择 2 | 5 | |
| 6 | B. BACK | 蓝屏控制 | 5 | 未用 |
| 7 | POW | 待机控制 | 0 | L：开机；H：待机 |
| 8 | VT | 调谐电压输出（PWM 脉冲） | 2.4 | 电压变化范围：0~5V |
| 9 | GND | 接地 | 0 | |
| 10 | XT1 | 外接晶体（32.768kHz） | 1.4 | 产生基准时钟 |
| 11 | XT2 | 外接晶体（32.768kHz） | 2.5 | |
| 12 | $V_{DD}$ | CPU 供电端 | 5 | |
| 13 | KEY1 | 本机键控指令输入 | 0 | 接键盘 |
| 14 | KEY2 | 本机键控指令输入 | 0 | 未用 |
| 15 | OPTION | 彩色制式选择端 | 2.7 | |
| 16 | RESET | 复位端 | 4.9 | |
| 17 | FILT | 时钟环路滤波 | 2.3 | |
| 18 | AFC IN | AFT 电压输入 | 2.4 | |
| 19 | V SYNC | 场逆程脉冲输入 | 4.7 | |
| 20 | H SYNC | 行逆程脉冲输入 | 0.1 | |
| 21 | R | R 字符信号输出 | 0 | |
| 22 | G | G 字符信号输出 | 0 | |
| 23 | B | B 字符信号输出 | 0 | |
| 24 | BLANK | 字符消隐信号输出 | 0.2 | |
| 25 | TINT | 色调控制电压输出 | 2.3 | 仅对 NTSC 制有效 |
| 26 | VOL | 音量控制电压输出（PWM 脉冲） | 2.2 | 电压变化范围：0~5V |
| 27 | COL | 色饱和度控制电压输出（PWM 脉冲） | 2.1 | 电压变化范围：0~4V |

| 引　脚 | 符　号 | 功　能 | 电压（V） | 备　注 |
|---|---|---|---|---|
| 28 | BRI | 亮度控制电压输出（PWM 脉冲） | 3.1 | 电压变化范围：0～5V |
| 29 | CON | 对比度控制电压输出（PWM 脉冲） | 3.2 | 电压变化范围：0～5V |
| 30 | SHARP | 锐度控制电压输出（PWM 脉冲） | 2.6 | 电压变化范围：0～4V |
| 31 | SAFTY | 电源保护输入 | 5 | L：保护 |
| 32 | CHROMA | 消色控制输入 | 0 | |
| 33 | IDENT | 电台识别信号输入 | 0 | L：有节目；H：无节目 |
| 34 | REMOTE | 遥控信号输入 | 0.2 | |
| 35 | SIF1 | 伴音制式选择 | 5 | 未用 |
| 36 | SIF2 | 伴音制式选择 | 3.2 | L：I 制；H：D/K 制 |
| 37 | AV1 | TV/AV 控制 | 0 | L：TV；H：AV |
| 38 | AV2 | TV/AV 控制 | 0 | 未用 |
| 39 | 3.58/4.43 | 副载波晶体切换 | 4.7 | L：3.58，H：4.43 |
| 40 | P/N | 彩色制式控制 | 0 | L：PAL；H：NTSC |
| 41 | BAND2 | 波段控制 | 0 | |
| 42 | BAND1 | 波段控制 | 0 | |

注：L 表示低电平；H 表示高电平

### 2. LC864916A 遥控系统分析

参考图 7-14，CPU 的 1 引脚输出低音开/关控制电压，当此引脚为低电平时，低音开启；为高电平时，低音关闭。在康佳 F2137D3 彩电中，未设置低音功能，故 1 引脚输出的电压未被使用。

CPU 的 2 引脚和 3 引脚分别为数据端和时钟端，用来连接存储器，CPU 与存储器之间的信息交换由这两个引脚来完成。与 CPU 配套的存储器为 ST24C04，它的存储容量为 4Kbit，可预存 100 套节目。

CPU 的 4 引脚和 5 引脚用于模式设置，它们的外部与其他一些引脚之间接有模式二极管，以设定遥控系统的工作模式。

CPU 的 6 引脚为蓝屏控制端，F2137D3 彩电未使用这一控制功能。

CPU 的 7 引脚为待机控制端，输出一个高/低电平控制电压，经 V610 倒相后，送至开关电源电路，以控制电源的工作状态。正常工作时，7 引脚输出低电平，经 V610 倒相后，变成高电平，使开关电源处于正常工作状态。按一下遥控器上的"电源"键，7 引脚变为高电平，经 V610 倒相后，变成低电平，使开关电源处于待机状态，此时，行、场扫描电路停止工作，整机三无。再按一下遥控器上的"电源"键，7 引脚又变为低电平，整机开启。

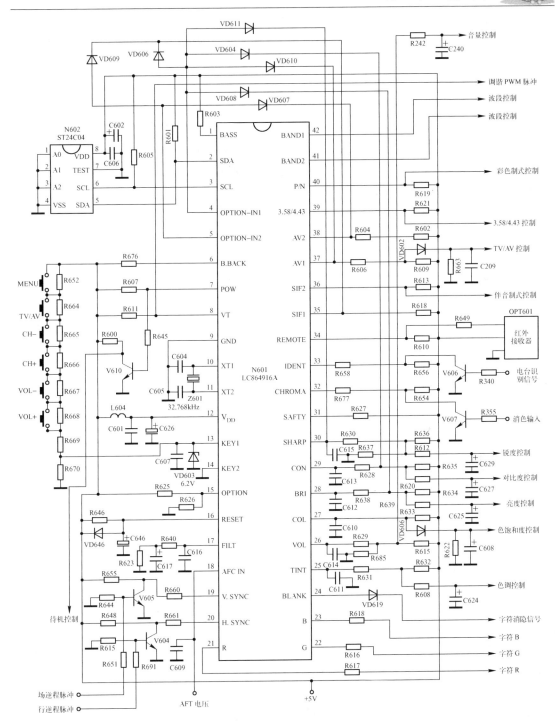

图 7-14 康佳 F2137D3 遥控系统

8 引脚输出调谐 PWM 脉冲，经倒相放大后，再经三节 RC 积分滤波，转化为直流电压，送至调谐器，控制调谐器的工作频道。在搜索节目时，8 引脚输出的脉冲电压，其宽度是不断变化的（平均直流电压不断变化），从而使调谐器的调谐电压也不断变化，确保调谐器从低频道向高频道搜索。

10 引脚和 11 引脚外接基准时钟振荡网络，产生 32.768kHz 的基准时钟，利用基准时钟去锁定 CPU 内部的时钟振荡器，以产生 CPU 工作时所需的时钟脉冲（又称系统时钟）。时钟振荡器采用锁相环控制方式，环路滤波器接在 17 引脚外部。12 引脚为 CPU 的供电端子，为了提高电源的抗干扰能力，12 引脚外部接有 LC 滤波电路。

13 引脚和 14 引脚为键控指令输入端，本机只使用 13 引脚，而将 14 引脚接地。LC864916A 采用电压矩阵式键盘，它与 CTV222S 遥控系统所用的脉冲扫描式矩阵键盘有所不同。它是由 13 引脚内部电路通过对 13 引脚电压进行识别后，来判断作何操作。13 引脚外部共接有 6 个按键。各按键的功能见表 7-2。

表 7-2　各按键的功能

| 按　　键 | MENU | TV/AV | CH - | CH + | VOL - | VOL + |
|---|---|---|---|---|---|---|
| 功　　能 | 菜单 | TV/AV 切换 | 节目号下降 | 节目号上升 | 音量减小 | 音量增大 |

13 引脚外部事实上是一个分压电路，下偏电阻为 R670，上偏电阻为 R652 及 R664 ~ R669。当按下某一个按键时，上偏电阻的阻值就会发生变化，从而使 13 引脚电压发生变化，相当于向 13 引脚输入了一个控制电压。此电压由 13 引脚内部电路进行 A/D 变换，转换为数字信号，并将数字信号编成键位码，再由指令编码器将键位码转化为指令码。CPU 内部译码器通过对指令码进行译码后，便可识别指令码的操作内容，并从相应的端子上输出相应的控制电压，完成相应的控制。电压矩阵式键盘的最大优点是，一个引脚外部可以连接多个按键，这样，CPU 上只需分配 1 ~ 2 个引脚用于输入键控指令就行了，而不像脉冲扫描矩阵键盘那样，需要大量的引脚来产生键控指令。

**值得一提**：电压矩阵式键盘虽然电路简单，CPU 用于键扫描的引脚少，还可省略许多模式二极管。但它易产生误动作，当机器使用日久，机内产生积尘时，键盘就会出现漏电现象，从而改变分压电阻的分压结果，引起误动。有时按这个键，却出现另一个键的操作结果，甚至出现从未见过的操作结果，此时一定要清洗电路板或更换按键。

15 引脚为彩色制式设置端，本机中，15 引脚电压设置在 2.7V 左右，CPU 具有 PAL/NTSC 制控制功能。

16 引脚为复位端子，外接 RC 复位电路。每次开机后，+5V 电源经 R646 对 C646 充电，C646 两端的电压开始上升，当 C646 上的电压上升到高电平时（+4.5V 以上），CPU 才工作。而此时，+5V 电压早已上升到了稳定值。由此可见，由于复位电路的作用，使得每一次开机后的一瞬间，CPU 不工作。而待 +5V 供电电压上升至稳定值后，CPU 才工作。在关机后的瞬间，C646 经 VD646 放电，使 16 引脚电压随 +5V 电压的下降而同步下降，当 16 引脚电压下降至 4.5V 以下时，CPU 停止工作，从而确保了在关机掉电过程中，CPU 处于复位状态。

18 引脚输入 AFT 电压，为 CPU 提供调谐准确度信息。AFT 电压由中频通道送来，它有两方面的作用。其一是在自动搜索时，AFT 电压在 2.5V 左右大幅度摆动，当 AFT 电压反映调谐最准确时，CPU 就将搜索到的节目存储下来。其二是在正常收视状态下，18 引脚电压维持在 2.5V（理论值），如果调谐器的本振频率发生漂移，则图像中频信号就会偏离38MHz，此时，AFT 电压会变化，经 18 引脚内部电路处理后，产生一个调谐校正电压，并叠加在调谐电压上，从 8 引脚输出，使调谐器的本振频率被牵引回来，最终锁定在正确的频率位置上。这种 AFT 控制方式常称为数字 AFT 控制方式，采用数字 AFT 控制方式后，调谐器 AFT 端子可以不用。

19 引脚和 20 引脚分别输入场逆程脉冲和行逆程脉冲，以对字符显示进行定位。21 引脚、22 引脚、23 引脚和 24 引脚分别输出 R、G、B 三基色字符信号及字符消隐信号，送入解码电路（LA7688）。CPU 上未设专门的字符时钟振荡端子，字符时钟电路完全做在 CPU内部，并由基准时钟进行锁相控制。

25 引脚输出色调控制电压，属 PWM 脉冲，经 R608、C624 积分滤波后，变成直流电压，送至解码电路，控制色调。色调控制仅对 NTSC 制有效，PAL 制无色调控制。26 脚输出音量控制电压，也属 PWM 脉冲，经 R242、C240 积分滤波后，变成直流电压，送至伴音功放电路，控制音量。27～30 引脚分别输出色饱和度、亮度、对比度及锐度控制电压，均属PWM 脉冲。这些 PWM 脉冲经各自的积分滤波器滤波后变成直流电压，送至解码电路，控制图像的色饱和度、亮度、对比度及锐度。锐度控制又称清晰度控制，它事实上是控制亮度信号的轮廓补偿程度。

31 引脚为电源保护输入端子，正常工作时为高电平，若 31 引脚为低电平，7 引脚就会输出高电平，从而使机器处于待机状态，此时，用遥控器也不能开机。本机未使用 31 引脚的功能，故将 31 引脚经电阻接在 +5V 电源上，使其处于高电平状态。

32 引脚为消色控制输入端子，由解码电路产生的消色电压经 V607 倒相后，送入 32 引脚。当接收黑白电视节目或色度通道有故障时，消色电压为低电平，V607 截止，32 引脚变为高电平，此时色饱和度控制端子（27 引脚）停止输出。在接收彩色电视节目，且色度通道正常时，消色电压高于 0.9V，V607 饱和导通，32 引脚为低电平。

33 引脚为电台识别信号输入端子，电台识别信号由行一致性检测电路送来。当收到节目，且同步时，行一致性检测电路送来一个高电平，使 V606 饱和导通，33 引脚为低电平，此时，CPU 判断为有节目。当未收到节目，或图像不同步时，行一致性检测电路送来一个低电平，V606 截止，33 引脚变为高电平，此时，CPU 判断为无节目，并使机器显示蓝屏，10 分钟后，自动关机。

34 引脚与红外接收器相连，接收红外遥控指令。

35 引脚和 36 引脚输出伴音制式控制电压，本机只使用了 36 引脚。若 36 引脚输出高电平时，机器工作于 D/K 制；若 36 引脚输出低电平，机器工作于 I 制。本机只设有 D/K 制和 I 制两种伴音制式。

37 和 38 引脚用于 TV/AV 控制，本机只使用了 37 引脚。若 37 引脚输出低电平，机器工作于 TV 状态；若 37 引脚输出高电平，机器工作于 AV 状态。

39 引脚用于副载波制式控制，控制电压送至解码电路。若 39 引脚输出高电平，则副载波频率为 4.43MHz；若 39 引脚为低电平，则副载波频率为 3.58MHz。

40 引脚用于彩色制式控制，控制电压送至解码电路。高电平时，对应 NTSC 制；低电平时，对应 PAL 制。

41 引脚和 42 引脚用于波段控制，控制电压送至波段切换电路，并转化为 BL、BH 和 BU 控制电压，送至调谐器，控制调谐器的工作波段。

## 7.3.2 遥控系统故障分析

### 1. 遥控系统不起作用，无论按本机键盘还是遥控器键盘，整机均无反应

这种现象说明遥控系统没有工作，遥控系统工作的必要条件有三个，即供电要正常、复位要正常、时钟要正常，三者缺一不可。发生这种故障时，就得先从这三个条件入手。

1）CPU 的供电电压

CPU 的标准供电电压为 5V，当电源电压在 4.5 ～ 5.5V 范围内时，CPU 都能正常工作，但若电源偏离过多（超过了标准值的 10%），CPU 的工作条件就会被破坏，出现工作异常的现象。CPU 的供电形式有两种，一种是采用专门的电源来对 CPU 供电；另一种是在开关电源中设置一个 +5V 稳压电路来给 CPU 供电。不管使用哪种供电形式，都要求能向 CPU 提供稳定的 +5V 电压。若 +5V 超出规定的范围，就会引起遥控系统不工作。

2）CPU 的复位电压

复位过程又称初始化（或叫清零），目前，彩电中的 CPU 绝大多数采用低电平复位方式。在复位端电压未上升到稳定值时，CPU 是不会工作的。复位过程仅在开机后的一瞬间进行，在开机后的一瞬间，复位电路向 CPU 提供一个低电平，复位完毕，复位电压保持高电平。复位时间约数毫秒，因此无法用万用表监测整个过程，但可通过测量复位电压来初步判断故障。例如，当测得的复位电压为低电平（低于 3.5V）时，说明复位过程一定有问题，可通过断开复位端与外部的联系来进一步查证。若断开复位端后，复位电路输出的电压正常了（4V 以上）说明故障出在 CPU 内部，应更换 CPU；若电压仍较低，则应检查复位电路本身。值得注意的是，若测得复位电压为高电平，并不说明复位电路就一定正常，例如，当图 7-17 中 C646 开路时，测得的复位电压虽然为高电平，但此时的复位电路却丧失了复位功能。因此在检查复位电压时，要养成即使测得的复位电压正常，也要检查复位电路的好习惯。

3）CPU 的时钟

时钟信号是由时钟振荡电路产生的。时钟信号是 CPU 处理数据的"节拍"，CPU 内部的 A/D 电路，D/A 电路、计数电路、存储电路都离不开时钟。如果时钟信号丢失，CPU 也就不能工作。检查时钟振荡电路时，最好使用示波器。若振荡端波形正常，说明时钟振荡电路无问题；若波形不正常或无波形，说明振荡电路有问题。振荡电路问题大多数是因晶振引起的，可用优质晶振替换进行测试，若仍未解决问题，就应更换 CPU。

另外，当模式二极管漏电或损坏，也有可能导致遥控系统不工作，但这种情况比较少见。

### 2. 搜索节目时不存储

若搜台时不存储，则说明存储节目的条件不具备，可分以下四种情况进行处理。

（1）搜索时，各套节目能逐个搜出，节目号也能逐一递增，但最后换台时，却发现节目并未存储。这种现象说明 CPU 工作是正常的，只是存储器未能将节目记忆下来，检查的重点应该是存储器，一般是因存储器损坏或存储器与 CPU 之间断路引起的。

（2）能搜索出节目，但节目出现时，调谐速度丝毫不减，节目一闪而过，节目号始终不变，全部搜索完后，出现蓝屏、静音及自动关机的现象。出现这种故障，说明CPU无电台识别信号输入，使得CPU产生误判，此时，应重点检查电台识别信号产生电路。

（3）搜索到节目时，调谐速度变慢，但当画面最佳时，仍不记忆，节目号始终不变。这种现象说明电台识别信号已经输入，只是缺少AFT电压或AFT电压摆幅太小而已。因为CPU的自动记忆功能是由电台识别信号和AFT电压的共同作用来实现的，若无AFT电压（或AFT电压摆幅过小），CPU就不会发出记忆指令。AFT电压摆幅过小，是因AFT中周或图像中周的谐振点偏离正常值而引起的。实际检修中，由这两只中周失谐而引起不记忆的现象十分常见。

（4）部分台（或所有台）的记忆点，不在最佳调谐点上。这种现象的故障点多在中频通道的AFT中周或图像中周上，是因AFT中周或图像中周的谐振频率稍微偏离正常值而引起的，与遥控系统关系不大。一般通过重新微调AFT中周或图像中周，即可排除故障。

另外，当存储节目的外部条件都具备，但就是不能存储时，就应考虑更换CPU。

**3. 调谐进度指针移动，但就是搜索不到节目**

这种故障多发生在调谐电路及高、中频通道，可通过测量调谐器的VT电压来区分故障部位。在调谐时，若调谐器的VT电压在 $0 \sim 33V$ 之间变化，说明故障在高、中频通道。若调谐器的VT电压不变化，说明故障在调谐电路。

调谐电压是从CPU的调谐控制端子输出的，若用示波器观测该端子电压，正常时，应为一列脉冲（PWM脉冲），宽度随调谐的进行而不断变化。若用示波器观测时，无PWM脉冲，就得检查CPU；若有PWM脉冲，就检查调谐电压放大电路（包含三节RC积分滤波器）。另外，也可通过测量CPU调谐端子电压来判断故障所在，在调谐时，若CPU调谐端子的直流电压在 $0 \sim 5V$ 之间变化，说明有调谐PWM脉冲输出；若CPU调谐端子的直流电压不变化，说明无调谐PWM脉冲输出。

**4. 调谐时，搜索不到某波段的节目，但有相应的字符显示**

这种现象说明波段控制电路或高频调谐器有故障。检修时，应先将电视机预置到故障波段，测量波段切换电路有无相应的波段切换电压输出。若有，说明故障在高频头；若无，应检查CPU有无相应的波段控制电压输出。若CPU有相应的波段控制电压输出，说明故障在波段切换电路；若CPU无相应的波段控制电压输出，说明故障在CPU。

**5. 无字符显示**

这种故障常由三方面原因引起，一是CPU的字符时钟振荡电路有故障；二是没有行场逆程脉冲输入到CPU；三是CPU内的字符发生电路损坏。

判断字符时钟振荡电路是否振荡的方法是：在按遥控器的同时，测字符时钟振荡端子电压，若电压抖动一下，说明能振荡，否则，说明不能振荡。

判断有无行、场逆程脉冲输入CPU的方法是：用示波器观测CPU的行、场逆程脉冲输入端子，看有无 $5V_{P-P}$ 的脉冲存在。也可通过测量电压来判断有无行、场逆程脉冲输入到CPU，若CPU的行、场逆程脉冲输入端子电压等于电源电压（ $+5V$ ），说明无脉冲输入。

### 6. 模拟量控制电路故障

当某模拟量控制失灵时，可在调节该模拟量的同时，监测 CPU 的相应端子的输出电压，若输出电压不变化，就检查 CPU；若输出电压能变化，则检查 RC 滤波器或受控对象。

### 7. 键控正常，不能遥控

这种故障一般发生在三个部位，一为遥控器损坏；二为红外接收器损坏；三为 CPU 中的遥控信号处理器损坏。检修时，应先检查遥控器是否正常，检查的方法有三种。一是用遥控器去遥控一台同类型的正常机，若能遥控，说明遥控器正常，否则说明遥控器有故障；二是用遥控器去遥控一台调幅收音机，将收音机调在中波最低频率上，按遥控器按键，若收音机扬声器能出现"喳喳"声，说明遥控器能发射信号，否则，说明遥控器损坏；三是打开遥控器后壳，在按动按键的同时，测激励三极管的集电极电压，若万用表指针能抖动一下，说明有遥控信号输出，否则说明遥控器损坏。

若遥控器正常，再开壳检查红外接收器，方法是：用万用表测 CPU 的遥控输入引脚的电压，若按遥控器按键时，万用表指针能轻微抖动一下，说明红外接收器正常，否则，说明红外接收器有问题。若红外接收器正常，则说明故障是因 CPU 引起的。

## 习题

### 一、填空题

1. 微型计算机由_____、_____、_____、_____和_____组成。其中_____和_____又组成中央微处理器，简称_____。

2. 内存储器分_____和_____两种，彩色电视机 CPU 外部所接的存储器属_____。

3. 存储器的存储容量有多个单位，它们之间的换算关系为：

1GB = _____MB；      1MB = _____KB；

1KB = _____B；      1B = _____bit

4. 遥控系统由_____、_____和_____三部分构成，遥控系统以_____作为整机的控制中心。

5. CPU 由_____和_____及一些附属寄存器组成。在彩电遥控系统中，CPU 输出的控制电压有两类。一类为高/低电平控制电压，可用于开/关控制，如待机控制、制式控制等；另一类为_____，它经滤波后，变为直流电压，可用于_____控制。

6. CPU 调谐控制端子输出的是 PWM 脉冲，一般具有_____bit 分辨率，经倒相放大及 RC 滤波后，能得到变化范围为_____的直流电压。

7. CPU 根据_____来识别有无收到节目，根据_____来识别调谐是否准确。

8. 遥控系统的本机键盘有两种类型，即_____和_____。使用前者时，CPU 必须分配较多的引脚来产生键控指令；使用后者时，CPU 只需分配一至两个引脚来产生键控指令就行了。

**二、问答题**

1. 什么是总线，它分哪几类？
2. CPU 的工作条件有哪些？
3. 遥控指令的发射过程是怎样的？
4. 彩色电视机无字符显示时，应检查哪些部位？
5. 如何检修全自动搜索不存台的故障？

# 第8章

开 关 电 源

→ ▶ 学习 要点 ◀ ←

（1）并联型开关电源基本组成及工作原理。
（2）三种典型开关电源的工作过程。
（3）开关电源的检修方法。

彩色电视机的电源电路普遍使用开关电源，这是因为开关电源比传统的串联型稳压电源具有更多的优势。目前，开关电源不但用于彩色电视机中，还在计算机、影碟机及其他电子设备中得到广泛的应用。

## 8.1 开关电源的基本概念

### 8.1.1 开关电源的特点及种类

不同品牌的彩色电视机所使用的开关电源存在较大的差别，但各种开关电源的基本工作原理大同小异。这里先抛开开关电源的具体电路形式，而对开关电源的特点、种类及工作原理先加以介绍。

**1. 开关电源的特点**

1）效率高

开关电源的调整管工作在开关状态，当它饱和时，$U_{CE} \approx 0$，当它截止时 $I_C = 0$，因而调整管自身的功耗很小，电源效率较高，可达 80% 以上。

2）稳压范围宽

开关电源交流输入电压在 130～260V 范围内变化时，输出直流电压变化在 2% 以下。且在输入交流电压变化时，始终能确保高效率输出。而串联型稳压电源在输入交流电压低于

170V 时，输出的直流电压就无法继续保持稳定，且当输入的交流电压偏高时，电路的效率会降低。

3）重量轻

由于开关电源直接将 220V 交流电压进行整流，从而省去了笨重的电源变压器，使电源电路的重量大大减轻。另外，由于开关电源的工作频率高，故滤波电容的容量大大减小，从而进一步使电源重量减轻，体积减小。

4）易于实现多路直流输出

开关电源的调整管工作在开关状态，可以借助储能变压器（俗称开关变压器）不同匝数的次级绕组，来获得所需要的不同数值的输出电压。

5）整机的稳定性与可靠性得到提高

由于调整管工作在开关状态，一般不会过分发热，而开关变压器发热也较轻。因此，整机的热稳定性与可靠性得到提高。

开关电源虽然具有以上一些特点，但由于其种类多，电路复杂，又工作在高电压、大电流状态，因而故障率很高，维修难度也较大。

**2. 开关电源种类**

开关电源主要由开关调整管、开关变压器、激励脉冲形成电路、稳压控制电路等组成。开关电源的分类方法较多，常见的分类方法有如下几种。

1）按开关变压器与负载的连接方式来分

按开关变压器与负载的连接方式来分可分为串联型和并联型两种。串联型开关电源基本框图如图 8-1（a）所示，其特点是：开关调整管、开关变压器、负载三者串联。并联型开关电源基本框图如图 8-1（b）所示，这种开关电源目前被广泛采用，其主要特点是：开关变压器、开关管与负载并联。

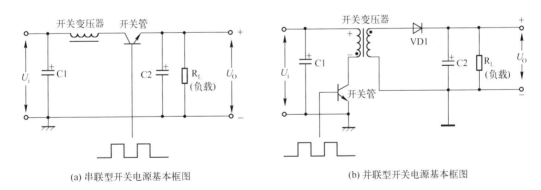

(a) 串联型开关电源基本框图　　　　　　　(b) 并联型开关电源基本框图

图 8-1　开关电源基本框图

2）按启动方式分

按启动方式分，可分为自激式和他激式两种。自激式开关电源的开关管参与脉冲振荡。他激式开关电源的开关管不参与脉冲振荡，开关激励脉冲是由专门的振荡电路来产生的。

3）按稳压方式来分

按稳压方式来分，可分为频率控制式和脉冲宽度控制式两种。频率控制式开关电源是指在控制激励脉冲宽度的同时，不固定激励脉冲的频率，从而使激励脉冲的频率也随之变化。这种控制方式不需要引入行逆程脉冲来触发同步，其工作频率较高。

脉冲宽度控制式开关电源是指只控制激励脉冲的宽度，而激励脉冲的频率保持不变。为了使激励脉冲的频率保持不变，通常从行输出电路中引出行逆程脉冲加到开关电源电路，从而对开关脉冲振荡器进行触发同步。

### 8.1.2　开关电源的基本工作原理

#### 1. 串联型开关电源的基本工作原理

参考图 8-2，整流、滤波产生的 300V 直流电压一路经开关变压器初级加到开关管的集电极，另一路经启动电路加到开关管的基极，使开关管导通，并在正反馈电路的作用下，开关管进入振荡状态，即开关管工作在截止→饱和→截止→饱和相互交替的状态。在开关管饱和期间，300V 直流电压经开关变压器的初级绕组、开关管给电容充电，使滤波电容 C1 上建立起直流电压 $U_0$，该电压便是开关电源的输出电压。在开关管截止期间，续流二极管 VD1 导通，开关变压器次级上的感应电压经续流二极管对电容 C1 充电，使电容上的直流电压更加平稳。$U_0$ 的高低完全由开关管的饱和时间长短来决定，即由激励正脉冲的宽度来决定。若开关管饱和时间越长，$U_0$ 就越高，若开关管饱和时间越短，$U_0$ 就越低。因此，通过控制开关管的饱和时间，就可控制输出电压的高低。

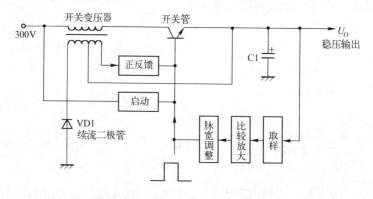

图 8-2　串联型开关电源基本原理图

当输出电压 $U_0$ 升高时，通过取样电路、比较放大电路及脉宽调整电路的作用，使开关管的饱和时间缩短，便可使 $U_0$ 下降；同理，当输出电压 $U_0$ 下降时，通过取样电路、比较放大电路及脉宽调整电路的作用，使开关管的饱和时间增长，便可使 $U_0$ 上升。可见，控制开关管的饱和时间，便可实现稳压控制。

串联型开关电源具有带负载能力较强、开关管和续流二极管所承受的峰值电压较低、电路结构简单、成本低、维修调整方便等优点。但由于电源地线与负载地线连在一起，故机心底板带电（即热底板），维修时安全性能差。另外，开关管击穿后，300V 电压直接加到负载，易出现大面积损坏元器件的现象。

#### 2. 并联型开关电源的基本工作原理分析

参考图 8-3，整流、滤波产生的 300V 直流电压，一路经开关变压器初级绕组加到开关管集电极，另一路经启动电路加到开关管的基极，使开关管导通。并在正反馈电路的作用下，开关管进入振荡状态。开关管进入振荡状态后，开关变压器初级上会不断产生脉冲电压，从而使次级绕组上也不断感应出脉冲电压。脉冲电压经二极管 VD1整流、电容 C1 滤波后，得到直流电压 $U_0$，并提供给负载。在开关管饱和期间，300 V电压经开关管对开关变压器初级充电，开关变压器初级储存磁场能，在开关管截止期间，开关变压器初级所储存的能量经次级绕组释放。若开关管饱和时间越长，开关变压器初级储存的能量也就越多，向次级释放的能量也就越多，输出电压 $U_0$ 就越高。反之，若开关管饱和时间越短，开关变压器初级储存的能量也就越少，向次级释放的能量也越少，输出电压 $U_0$ 就越低。因而，通过取样电路、比较放大电路及脉宽调整电路来控制开关管的饱和时间，便可稳定输出电压。由于开关变压器的隔离作用，使电源地线与负载地线彼此隔开，从而底板不带电（即冷底板）。

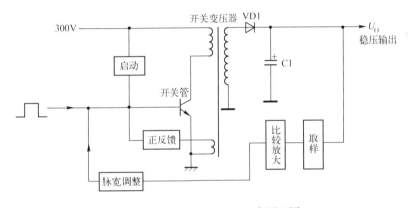

图 8-3　并联型开关电源基本原理图

并联型开关电源具有稳压范围宽、工作性能稳定、机心底板不带电、安全性能好等优点。但开关管和整流二极管所承受的反峰电压较高，电路结构比串联型开关电源要复杂。

## 8.2 开关电源电路分析

在早期的彩电中，串联型开关电源和并联型开关电源都曾得到广泛的应用。但由于并联型开关电源具有更好的安全性，后来，彩色电视机电源逐步偏向使用并联型开关电源。目前，各生产商所推出的彩电均使用并联型开关电源。为了让读者能理解并联型开关电源的具体工作过程及检修方法，这里选择三种富有代表性的电路进行分析。

### 8.2.1 长虹 CN-12 机心开关电源

**1. 结构框图**

长虹 CN-12 机心采用自激式并联型开关电源，该电源工作稳定，安全可靠，结构独特，其框图如图 8-4 所示，各元器件序号以厂标为准。

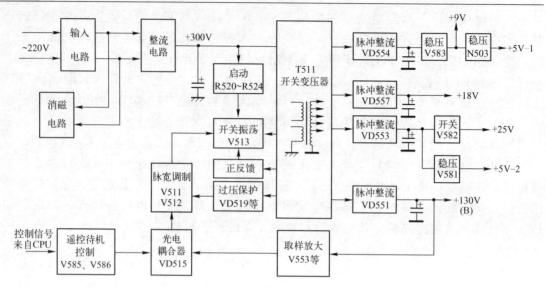

图 8-4　长虹 CN-12 机心电源框图

由图 8-4 可知，开关电源电路共有六路直流电压输出：第一路为 +9V，供前置中放、小信号处理器等电路使用；第二路为 +5V-1，供给小信号处理器及相关电路使用；第三路为 +18V，供伴音功放使用；第四路为 +25V，供行推动电路和场输出电路用；第五路为 +5V-2，供遥控系统使用；第六路为 +130V，供行输出电路使用。其中，+130V 电压是整个开关电源输出的主电压，常将这路电压称为 +B 电压。

**2. 电路分析**

长虹 CN-12 机心开关电源如图 8-5 所示，下面分析该电路的工作过程。

1）整流滤波电路

220V 交流市电经电源开关 S501、保险管 F501 及互感滤波器 L502 后，一路送至消磁线圈，以便每次开机时，能对显像管进行一次消磁操作；另一路送至桥式整流电路 VD501 ~ VD504，经整流后，变成脉动直流，再由 L503 和 C507 进行滤波，从而在 C507 上建立起约 +300V 的直流电压，该电压便是开关电源的直流供电电压。

2）开关振荡过程

开关电源的振荡过程是在开关管、启动电阻及正反馈电路的共同作用下完成的。开机后，C507 上的 +300V 电压一方面经开关变压器的初级绕组 L1 加到开关管 V513 的集电极，另一方面经启动电阻 R520、R521、R522 及 R524 加到 V513 的基极，从而使 V513 导通。V513 一旦导通，便会产生集电极电流，相当于流过 L1 的电流增大了，故 L1 会产生上正下负的自感电压，反馈绕组 L2 上会产生上正下负的感应电压，该电压的负端加在 V513 的发射极上，正端经正反馈电路 C514、R519 送至 V513 的基极，从而使 V513 导通增强，集电极电流增大，L1 继续产生上正下负的自感电压，L2 也继续产生上正下负的感应电压，从而使 V513 导通又继续增强，这种正反馈的结果很快使 V513 饱和。

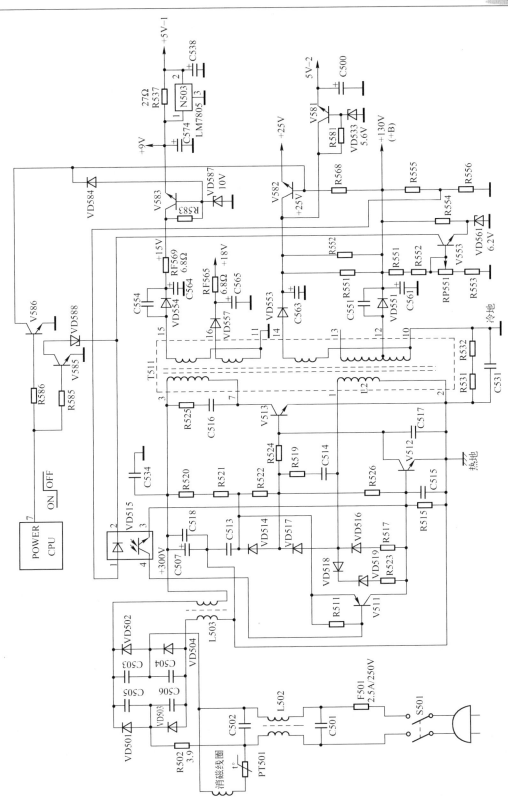

图8-5 长虹CN-12机心开关电源

V513 饱和后，C507 上 +300V 的电压开始对初级绕组 L1 充电，初级绕组 L1 中的电流线性上升，初级绕组 L1 和正反馈绕组 L2 上的电压维持原极性。正反馈绕组 L2 上的电压开始对 C514 充电，充电电流方向为：L2 上端→C514→R519→R524→V513 的 be 结→L2 下端。由于充电电流流过 V513，故充电电流会继续维持 V513 饱和，但随着充电的进行，C514 上的电压越来越高，充电电流也越来越小。当充电电流小到一定程度时，V513 便退出饱和区，进入放大区。此时，V513 的基极电流又恢复对集电极电流的控制作用，因而，随着充电电流的继续减小，V513 的集电极电流也会减小，L1 和 L2 上的电压极性反转，都变为上负下正。L2 上的电压反馈到 V513 的基极后，会使 V513 的导通程度继续下降，这种正反馈的结果，很快又使 V513 截止。

V513 截止后，+300V 电压经 R520、R521、R522、R519 对 C514 反充电，当 C514 上的电压达到 V513 导通电压时，V513 又导通，并在正反馈电路的作用下，进入下一个振荡周期。

在开关变压器 T511 的初级绕组两端接有 C516 和 R525，它们组成高压吸收网络，用来保护开关管 V513。因为在 V513 截止的瞬间，开关变压器 T511 初级绕组产生较高的尖峰电压，很容易击穿开关管 V513。因此，设置该网络非常必要。

3）各路电压输出过程

开关电源工作后，开关变压器初级绕组上会产生脉冲电压，各次级绕阻上也会感应出大小不等的脉冲电压，这些脉冲电压经整流滤波后，变成整机所需的各种直流电压，直流电压产生的过程如下：

开关变压器 15 引脚输出的脉冲经 VD554 整流，C564 滤波后，得到 +15V 左右的直流电压。该电压经 V583 和 VD587 构成的稳压电路稳压后，获得 +9V 电压。+9V 电压再经 N503 稳压，获得 +5V 电压。RF569 为限流保护电阻，当负载过流时，RF569 会熔断，从而保护负载免受进一步损坏。

开关变压器 16 引脚输出的脉冲经 VD557 整流，C565 滤波后，得到 +18V 电压。RF565 为限流保护电阻。

开关变压器 14 引脚输出的脉冲经 VD553 整流，C563 滤波后，得到 +25V 电压，该电压经 V582 输出。

开关变压器 12 引脚输出的脉冲经 VD551 整流、C561 滤波后，得到 +130V 电压，给行输出电路供电。

4）稳压过程

电网电压的波动及负载的影响，都会造成开关电源输出的各路电压不稳定，影响电视机的正常工作。因此，在开关电源中需设置稳压电路。该电源的稳压电路主要由取样放大管 V553、光电耦合器 VD515、脉宽调制管 V511 和 V512 组成。在光电耦合器内部装有一只发光二极管和一只光敏三极管，当发光二极管有电流通过时，便会发光，光照射到光敏三极管上，使光敏三极管导通。发光二极管的电流越大，光敏三极管产生的电流也越大。该电源就是依靠这只光电耦合器和开关变压器将输出端与电源振荡端有机联系起来的，两端互相隔离，机心底板不带电，维修方便，安全可靠。

电路中的 R551、R552、RP551、R553、V553、VD561、R554 等元器件组成取样放大电路，只要改变取样放大管 V553 的集电极电流，就可以改变发光二极管的电流和光敏三极管的电流，从而改变 V511、V512 的导通程度，最后控制开关管 V513 的饱和时间，使输出的各组直流电压稳定。具体稳压过程如下：

当 +130V 偏高时，V553 的基极电压便上升，而 V553 发射极接有稳压二极管 VD561，其电压保持不变，从而使取样放大管 V553 的导通程度加大，V553 集电极电流加大，使流过发光二极管的电流增大，进而使光敏三极管的电流也加大，V511、V512 导通加强，对 V513 的分流作用加大，使开关管 V513 的饱和时间缩短，开关变压器初级绕组储存的能量减少，向次级绕组释放的能量也自然减少，从而使输出的各路直流电压下降，最后达到稳压的目的。如果 +130V 偏低，则稳压过程与上述分析相反。

5）遥控开/关机控制过程

在正常工作状态下，CPU 的 7 引脚送来低电平，V585、V586 截止，对开关电源电路不产生影响。如果按下遥控器的"开/关"键，机器立即进入待机状态，此时 CPU 的 7 引脚便输出高电平，加至 V586 的基极，使 V586 饱和导通，V586 集电极变为低电平，进而使 V583 和 V582 截止，从而切断了 +9V 和 +25V 电压的输出，小信号处理器及行、场扫描电路均停止工作，整机"三无"。另一方面，CPU 输出的高电平还会使 V585 导通，进而使 VD588 导通，这时光电耦合器内部的发光二极管发光很强，光敏三极管的电流加大，使 V511 的导通也加强，导致 V512 的分流作用加大，使开关管 V513 的饱和基流减小，饱和时间缩短，输出电压下降，+130V 电压降低至正常值的一半左右，C563 上的电压也下降至正常值的一半左右，但经 V581 和 VD533 稳压后，仍能确保 +5V -2 正常输出，故 CPU 继续工作。

在待机状态下，若再按一次遥控器的"开/关"键，CPU 的 7 引脚又输出低电平，V586 和 V585 截止，开关电源又转入正常的工作状态，从而使整机也转入正常工作状态。

6）过压保护过程

开关电源中设有两条过压保护电路，一条由 R526、R515 及 C515 组成，当市电增高而引起正反馈增强时，R526 会将 V513 基极上的正反馈脉冲引到 V512 的基极，并使 V512 导通增强，从而对 V513 基极的分流作用也增强，因而可以限制 V513 的饱和基流，进而限制 V513 的饱和时间，使 +B 电压不至于过分升高。C515 的容量越小，保护电路就越灵敏，稳压范围就越窄，若 C515 失去容量时，电源可能会停振。

第二条保护电路由 VD518、VD519 及 R523 组成，当正反馈过强时，流过 VD518、VD519 及 R523 的电流也必增大，V512 导通程度也增强，对 V513 基极的分流作用也增强，从而可以限制 V513 的饱和时间，进而限制了输出电压的升高。

由于以上两条保护电路存在，当稳压环路出现异常时，+B 电压也不会升得很高，一般在 160V 左右。

**3. 电源故障分析**

开关电源出现故障时，常会引起"三无"现象，检修时，最好将所有负载都断开，并在 +B（+130V）输出端与地之间接一假负载（60W 或 100W 照明灯泡），这样可避免检修过程中损坏负载的现象，然后，根据下列情况分类处理。

（1）接上假负载后，灯泡亮，各路输出电压均正常。

这种情况说明行输出电路存在严重短路现象，一般是行管击穿所至，而开关电源本身是正常的。

（2）接上假负载后，灯泡不亮，各路输出电压均为0V，也无任何异常响声。

这种情况说明电源不起振，可按图8-6所示的流程进行检修。

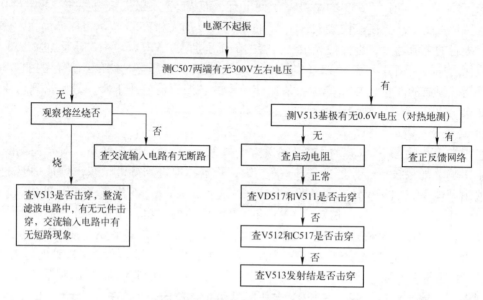

图8-6　电源不起振的检修流程

（3）接假负载后，电源能工作，但+B电压只有几十伏。

这种情况说明稳压电路有故障或电源电路处于待机状态。可先测CPU的7引脚电压，若为高电平（1V以上），说明电源电路处于待机状态，故障发生在遥控系统。若CPU的7引脚为低电平（0V），说明故障在稳压电路，应对V553、VD561、VD515、V511、V512及周边元器件进行检查。当然VD516漏电，也会出现这种情况。附带说一句，当R515或C515开路时，+B电压会降得很低（只有30V左右）。

（4）接上假负载后，电源能工作，但+B电压升高许多。

这种故障也是稳压电路不良引起的，检修时，可将VD515的3、4引脚短路，看+B电压能否降得很低，若+B电压确实降得非常低，说明脉宽调制电路正常，故障一般出在VD515、V553及其周边元器件上。若短路VD515的3、4引脚后，+B电压不变，说明故障出在脉宽调制电路上，应查V511、V512及周边元器件。附带说一句，当R526开路时，+B电压也会升高。事实上，当+B电压严重升高时，很可能损坏负载，一般会击穿行管或行输出变压器，因此，排除电源故障后，还必须查行负载。

（5）经常损坏开关调整管V513。

损坏开关调整管的原因有如下几个方面。

一是300V滤波电容C507容量减小，导致纹波过大，使电源工作环境变差，开关调整管截止期间，初级绕组所产生的反峰脉冲增高，击穿开关调整管。

二是并联在初级绕组上的反峰吸收网络失效（R525或C616开路），导致开关调整管截止后，初级绕组所产生的反峰脉冲得不到吸收，长时间加在V513的CE之间，击穿V513。

三是V512、C515、C517、V511等元器件性能变差，导致电源发生轻微的"吱吱"叫声，使开关管功耗加大，发热严重，乃至损坏。更换V512（2SC3807）时，应特别注意其$\beta$

值，一般应选用 $\beta \geqslant 400$ 的管子，如 2SC3807、2SC2060、2SD400 等。

### 8.2.2 由 TDA4605 构成的开关电源

由 TDA4605 构成的开关电源属于他激式、并联型开关电源。这种电源使用场效应管担任开关管，它所需的开关脉冲由 TDA4605 来提供，而场效应管本身不参与振荡。

#### 1. TDA4605 介绍

TDA4605 是西门子公司于 20 世纪 90 年代中期推出的产品，90 年代末开始用于我国彩电中。TDA4605 内部结构如图 8-7 所示，它内含基准电压发生器，启动脉冲发生器，控制与过载放大器（误差放大）、初级电压监测器、停止比较器、逻辑控制器等电路组成。TDA4605 集稳压电路和保护电路于一体，常与场效应开关管（如 BUZ91A、2SK2828、2SK1794 等）配套使用，输出功率可达 200W。TDA4605 采用 8 引脚封装形式，各引脚功能分别如下。

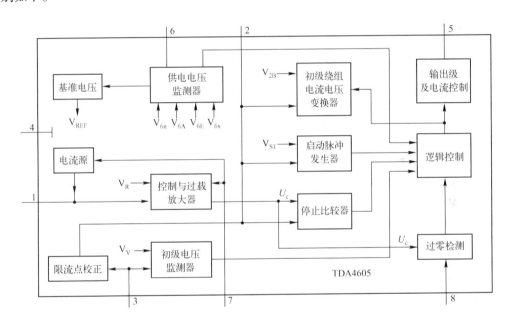

图 8-7 TDA4605 集成电路内部框图

1 引脚：稳压取样信号输入端。从开关电源输出电压中提出误差信号，引入到 TDA4605 的 1 引脚，在内部与基准电压相比较。如果 1 引脚的电压增高，TDA4605 的 5 引脚输出的驱动脉冲宽度就变窄，使输出电压下降；如果 1 引脚电压下降，TDA4605 的 5 引脚输出的脉冲宽度就变宽，使输出电压上升。

2 引脚：开关变压器初级电流信息输入端，其外部接有 RC 网络，在 5 引脚输出高电平期间，开关管饱和，300V 对 2 引脚上的电容充电，电容上的电压升高，当升到一定程度时，5 引脚输出低电平，使开关调整管截止，此时 2 引脚上的电容经内部电路很快放电。

3 引脚：开关变压器初级电压检测端，外接分压电路，可对 +300V 电压进行取样，若 3 引脚电压过低，说明有欠压现象存在（即 300V 太低），此时通过内部电路切断 5 引脚的输出，开关电源停止工作；若 3 引脚电压过高，说明有过压现象存在（即 300V 太高），此时，5 引脚也无脉冲输出，开关电源停止工作。

4 引脚：接地端（接热地）。

5 引脚：开关驱动脉冲输出端。该脚输出脉宽控制信号，用来控制开关调整管的导通与截止。

6 引脚：启动供电端，典型电压为 12V 左右，6 引脚电压在内部用来形成各种基准电压。6 引脚还具有电压检测功能，当 6 引脚电压低于 7.25V 或高于 16V 时，内部电路会进入保护状态，并停止 5 引脚脉冲的输出。

7 引脚：软启动输入端。该引脚与 TDA4605 内部控制与过载放大器的输出端相连。开机瞬间由于整机各点电压均未建立，因此，开关电源向各处供电的电流大，这样容易损坏开关调整管，所以要求开机瞬间 TDA4605 的 5 引脚输出的脉冲宽度要逐步变大，开关管导通时间要逐步变长，各点电压要逐步建立，这样才能保证开关电源正常工作，这种启动方式称为软启动。电源刚启动时，7 引脚上所接的电容可使 5 引脚输出短脉冲，实现电源的软启动。

8 引脚：振荡过零检测输入端，通过对 8 引脚输入脉冲的检测，来识别振荡脉冲从正到负的过零点，当检测到过零点后，内部过零检测电路就会输出控制电压，使逻辑电路能输出新的开关脉冲，进入下一个振荡周期。

**2. 电路工作原理分析**

由 TDA4605 构成的开关电源广泛用于国产数码彩电中，为了便于读者理解，现以康佳 F953A3 型彩电为例来进行分析，参考图 8-8。图中，各元器件序号均以厂标为准。

1）交流输入及整流滤波电路

L902、L901 与 C902、C903 等元器件组成互感滤波器，其作用是滤除电网中高频干扰脉冲对电源电路的干扰，同时又可防止电源高次谐波对电网的污染。VD901、C905、R901、C909 等元器件组成整流滤波电路。其中 R901 为 $4.7\Omega/10W$ 的限流电阻，该电阻的阻值选择要适当，如果选得太大，在彩电正常工作时，要白白消耗能量，造成机内温度升高，使整机热稳定性变差。更重要的是电源内阻会增大，影响电源的稳压特性。如果选择过小，开机瞬间冲击电流大，很容易损坏整流桥堆 VD901 和滤波电容 C909。经整流滤波后，在 C909 上得到的 300V 左右直流电压，作为开关电源的供电电压。

2）振荡过程

该电源的启动方式与其他类型开关电源的启动方式差别较大，它需要几个必要条件才能启动。第一，TDA4605 的 6 引脚必须有适当的电压，该电压即为 TDA4605 的工作电压，这一电压经内部基准电压形成电路，产生 TDA4605 内部所需各种基准电压；第二，TDA4605 的 3 引脚经分压电阻 R916、R920 分压后得到适当的电压提供给 TDA4605 内部的初级电压监测器，只有当 3 引脚电压大于 1V 时，TDA4605 才能启动；第三，TDA4605 的 2 引脚也必须有适当电压，这一电压使 TDA4605 内部的启动脉冲发生器形成启动脉冲。有了这三个条件，TDA4605 就可以完成启动，具体启动过程如下。

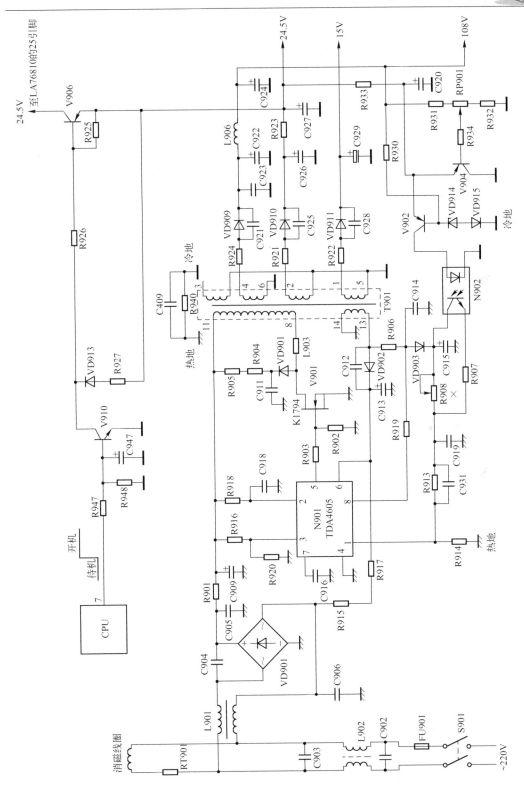

图 8-8 由 TDA4605 构成的开关电源

　　接通电源开关后，220V 市电经桥堆中的一个二极管进行半波整流，再经 R915、R917 对 C913 充电（充电路径如图 8-9 所示），使 TDA4605 的 6 引脚电压上升。当 6 引脚电压上升到约为 12V 时，其内部建立起各种基准电压，TDA4605 便开始工作。并从 5 引脚输出正脉冲，使 V901 饱和。同时，300V 电压经 R918 对 C918 充电，2 引脚电压开始上升，当 2 引脚电压上升至一定程度（$U_c$）后，内部"停止比较器"便输出一个控制电压，送至逻辑电路，逻辑电路控制 5 引脚输出低电平，V901 截止，从而使电源进入开关工作状态。

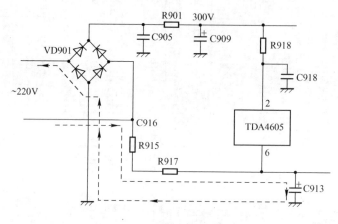

图 8-9　启动电路

　　开关电源启动后，开关变压器 T901 的初级绕组不断产生脉冲电压，13、14 绕组也会不断输出脉冲电压，该脉冲电压一方面经 VD902 整流、C913 滤波后向 TDA4605 的 6 引脚提供 12V 电压，以满足 TDA4605 在正常工作状态下的供电要求；另一方面，开关变压器 13 引脚输出的脉冲经 R906 和 R919 反馈到 TDA4605 的 8 引脚，进入内部过零检测电路，由过零检测电路检测反馈脉冲的过零点，实现电源的同步自锁。

　　开关电源工作后，开关变压器初级绕组上脉冲电压经各次级绕组变压后，再由整流、滤波电路进行整流滤波处理，获得 108V、24.5V 及 15V 直流电压。108V 电压供给行输出电路和选台调谐电路；24.5V 供给场输出电路和行振荡电路；15V 供给伴音功放电路和遥控系统。

　　3）稳压电路

　　电源的稳压过程是通过对输出电压进行取样，并反馈到控制端来调整开关管的饱和时间，进而实现稳压的。

　　稳压电路有两条取样回路，第一条为直接取样回路，主要由 V902、V904、N902 等元器件组成。其稳压过程是：当输出电压升高时，取样放大管 V904 的基极电压上升，V904 的射极电压也上升，误差放大管 V902 导通增强，集电极电流增大，光耦合器内的发光二极管发光增强，光敏三极管的导通也加强，TDA4605 的 1 引脚电压上升，从而使 TDA4605 的 5 引脚输出的脉冲宽度变窄，V901 饱和时间缩短，输出电压下降，从而达到稳压的目的。如果电源输出电压偏低时，则稳压过程与上述相反。第二条为间接取样电路，主要由 R906、VD903、C915 及 R908 组成。其稳压过程是：电源输出电压升高时，开关变压器的 13、14 端的感应电压也升高，经 VD903 整流、C915 滤波后的电压也升高，该电压经 R908 加到

TDA4605 的 1 引脚,使 TDA4605 的 1 引脚电压增高,输出电压下降,从而达到稳压的目的。在本机中,因未接 R908(电路图中的 R908 画有"×"号),故稳压过程主要由第一条路径来实现。

4)保护电路

该电源设有输出电压过压保护;初、次级电流过流保护;初级电压过低、过高保护。现将各种保护电路的基本工作原理分析如下。

输出电压过压保护:假设输出电压升高,开关变压器 13、14 端感应电压也升高,经二极管 VD902 整流,电容 C913 滤波后的电压也升高(即 TDA4605 的 6 引脚电压升高),当 TDA4605 的 6 引脚电压大于 16V 时,TDA4605 内部逻辑电路中断,使 TDA4605 的 5 引脚停止驱动脉冲输出,开关管截止,达到保护目的。

初、次级电流过流保护:TDA4605 的 2 引脚外接有 R918、C918,在 5 引脚输出高电平期间,300V 左右电压通过 R918 对 C918 充电,使 2 引脚电压逐渐升高;在 5 引脚输出低电平时,C918 上的电压通过 2 引脚内部电路放电,因此,在 2 引脚上形成锯齿波电压。5 引脚输出脉冲的宽窄,决定初级电流的大小和 2 引脚的电压的高低,当初级电流大到一定程度时,2 引脚电压就高于 6.6V,这时,TDA4605 内部过载电路开始动作,将 5 引脚输出的脉冲调窄,达到初级过流保护目的。如果负载过重,开关变压器各绕组电压均下降,这时 TDA4605 的 6 引脚电压也下降。当 6 引脚电压低于 7.25V 时,TDA4605 内部保护电路动作,5 引脚停止驱动脉冲的输出,达到次级过流保护目的。

初级电压欠压保护:TDA4605 的 3 引脚为市电电压过低、过高检测端,当电网电压过低时,经整流滤波后的 300V 电压也会过低。3 引脚外接分压取样电阻 R916 和 R920,一旦市电电压过低,使 3 引脚电压低于 1V 时,TDA4605 内部保护电路动作,使 5 引脚停止脉冲输出,开关管截止,达到保护目的。

TDA4605 还具有过热保护功能,保护点设为 150℃,即当 TDA4605 的温度达到 150℃时,TDA4605 便进入保护状态,开关电源停止工作。

5)待机控制

当微处理器 7 引脚输出低电平时,待机控制管 V910 截止,供电管 V906 也截止,稳压电源输出的 24.5V 电压无法加到 LA76810 的 25 引脚,使整机处于待机状态。当 CPU 的 7 引脚输出高电平时,待机控制管 V910 饱和导通,供电管 V906 也饱和导通,这时,24.5V 电压能送到 LA76810 的 25 引脚,使整机处于正常工作状态。

**3. 常见故障分析**

该电源常见的故障现象是各路输出电压为 0V。检修时可先测 C909 两端有无 300V 电压,若 C909 两端为 0V,则检查熔丝 FU901 及限流电阻 R901 是否烧断。若烧断,应检查 220V 输入路径中有无短路现象、整流滤波电路中有无短路现象、开关调整管 V901 及 C911 有无击穿。若 FU901 和 R901 均未烧断,说明 220V 输入路径中或整流滤波电路中有断路现象,只要找到断路点,便可排除故障。

若 300V 电压正常,说明开关电源未工作或处于保护状态,此时应注意下列一些元器件:

(1)TDA4605 的 3 引脚外部分压电阻 R916、R920 是否开路或变值。一旦 R916 或 R920 出现开路或变值时,3 引脚电压就会过高或过低,导致 TDA4605 自动保护。当电路进入保护状态后，3引脚电压约0.5V或0V，因此可通过测量3引脚电压来判断电路是否处于保护状态。

（2）TDA4605的6引脚外部的启动电阻R915、R917是否开路或变值。当R915或R917开路或变值时，会导致6引脚电压过低，甚至为0V，TDA4605无法启振，使5引脚无脉冲输出，开关电路停止工作。

（3）R906、R919是否断路。当R906或R919断路后，TDA4605的8引脚就会得不到反馈脉冲，检测不到过零点，从而使5引脚总是保持低电平，V901总处于截止状态。

（4）软启动电容C916是否开路，若C916开路，7引脚电压会变低，电路停止工作。

（5）稳压环路是否出现故障。当稳压环路出现故障而引起各路输出电压升高时，C913两端电压也会升高，从而使TDA4605的6引脚电压高于16V，TDA4605进入保护状态。当稳压环路失效时，应重点查N902、V902、V904及周边元器件。

另外，当机器总是出现损坏V901时，应对R905、R904、C911及VD901等元器件进行检查，还要对TDA4605的2引脚外部元器件R918、C918进行检查，因为当R918开路或C918漏电时，5引脚总是输出高电平，使V901烧坏。

TDA4605的引脚电压见表8-1，表中数据是对"热地"测得的。

**表8-1　TDA4605在康佳F953A3型彩电中的实测电压**

| 引　　脚 | | 1 | 2 | 3 | 4 | 5 | 6 | 7 | 8 |
|---|---|---|---|---|---|---|---|---|---|
| 电压（V） | 开机 | 0.4 | 1.3 | 4.2 | 0 | 2.4 | 11.7 | 1.8 | 0.4 |
| | 待机 | 0.4 | 1.3 | 4.2 | 0 | 2.3 | 9.2 | 1.2 | 0.3 |

### 8.2.3　由STR-G5653/8656构成的开关电源

由STR-G5653/8656组成的开关电源具有结构简单、稳压范围宽（130～260V）、工作稳定等优点，广泛用于长虹CN-18机心和康佳超级芯片彩电中。STR-G5653与STR-G8656的内部结构相同，引脚功能也完全一样，但输出功率不同。STR-G5653的输出功率为120W左右，而STR-G8656的输出功率为200W左右，所以STR-G5653常用于小屏幕彩电，而STR-G8656常用于大屏幕彩电。

#### 1. STR-G5653/8656介绍

STR-G5653/8656是日本三肯公司推出的电源厚膜集成块，属于STR-G56XX/86XX家族中的一员。STR-G5653/8656采用5引脚封装方式，其内部结构如图8-10所示。由图可知，它由启动器、振荡器、驱动器、场效应开关管、比较器、或门电路及一系列保护电路组成，具有如下一些主要特点。

◆ 采用最新叠层结构（ship on ship）制造工艺，使其体积进一步缩小，电路成本进一步下降，电路性能进一步提高。

◆ 启动电流小，小于$100\mu A$。

◆ 待机功耗小，在待机状态下工作稳定。

◆ 具有多种保护功能，如过流保护、过压保护、过热保护等。

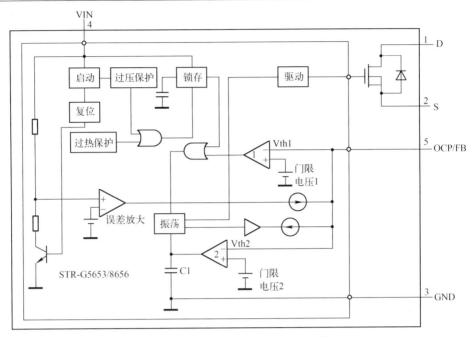

图 8-10　STR-G5653/8656 内部结构

### 2. 电源电路分析

STR-G5653 和 STR-G8656 的外部电路相同，工作原理也完全一样，这里仅以长虹 SF2591E 型彩电所用的 STR-G8656 为例来分析这种电源电路的工作情况，参考图 8-11。图中各元器件序号均以厂标为准。

#### 1）整流、滤波过程

220V 交流市电经桥式整流电路整流后变成脉动直流电压，再由 RT801 防浪涌和 C805 滤波，在 C805 上产生 300V 左右的直流电压。RT801 是一个负温度系数热敏电阻，刚开机时，其阻值为 $4.7\Omega$，可以限制开机瞬间的浪涌电流。当有电流流过 RT801 时，其温度会上升，阻值会减小。当机器进入正常工作状态后，RT801 的阻值减小到接近 $0\Omega$，从而可降低 RT801 上的能量损耗。

#### 2）启动过程

C805 上的 300V 电压一方面经开关变压器 T801 初级绕组加至 N801（STR-G8656）的 1 引脚（即场效应开关管的漏极），另一方面经启动电阻 R802 对 4 引脚外部的电容 C802 充电，C802 上的电压按指数规律上升。当上升至 16V 时，N801 内部振荡器开始工作，并输出振荡脉冲，使场效应开关管也进入工作状态。N801 转入正常工作状态后，4 引脚索取的电流会增大，此时，由启动电阻 R802 所提供的电流无法继续满足 4 引脚的需要，从而使 4 引脚电压有下降的趋势。为了避免这种现象的产生，在正常工作状态下，将由开关变压器 6 引脚上的脉冲电压经 R804 限流、VD803 整流和 C802 滤波后，产生 32V 电压来给 N801 的 4 引脚供电，从而使 N801 的 4 引脚电压稳定在 32V 上。

#### 3）各路直流电压输出过程

开关电源工作后，开关变压器初级绕组会不断产生脉冲电压，各次级绕组也会不断感应出脉冲电压，这些脉冲电压经整流、滤波后，转化为本机所需的各路直流电压。

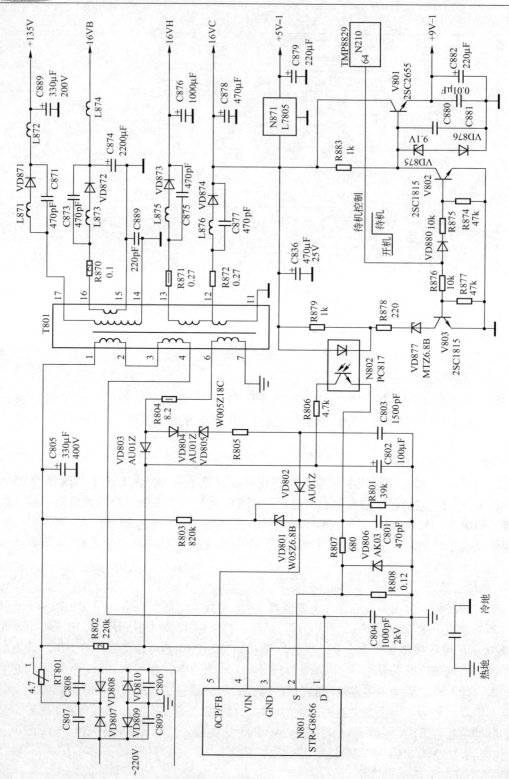

图8-11　由STR-G8656构成的开关电源

开关变压器 12 引脚输出的脉冲电压经 R872 限流、VD874 整流、C878 滤波后，得到 16V 直流电压（用 +16VC 表示）。该电压一方面经 N871 稳压成 +5V 电压（即 +5V − 1），给超级芯片微处理器部分供电；另一方面经 V801、VD875、VD876 所组成的稳压电路稳压成 +9V 电压（即 +9V − 1），作为超级芯片的行启动电源。

开关变压器 13 引脚输出的脉冲电压经 R871 限流、VD873 整流、C876 滤波后，得到 16V 直流电压（用 +16VH 表示），给行推动电路供电。

开关变压器 16 引脚输出的脉冲电压经 R870 限流、VD872 整流、C874 滤波后，得到 16V 直流电压（用 +16VB 表示），给伴音功放电路供电。

开关变压器 17 引脚输出的脉冲电压经 VD871 整流、C889 滤波，产生 +135V 直流电压，（即 +B 电压）给行输出电路供电。

为了保护整流二极管，在各整流二极管上串有电感，在二极管和电感串联电路上还并有高频电容，这样可减小开关脉冲的跳变沿对整流二极管的冲击，能有效防止整流二极管被击穿。

**4）稳压过程**

由于开关管的截止时间是由 N801 内部电容 C1 的放电时间决定的，而 C1 的放电时间常数是一定的，故开关管的截止时间基本不变，因此，只要控制开关管的饱和时间，就能完成稳压控制。例如，当某种原因引起各路输出电压升高时，开关变压器 6 引脚上的脉冲电压也必升高，经 VD803 整流、C802 滤波后的直流电压也升高，从而使 N801 的 4 引脚电压也升高（高于 32V），经内部误差放大器处理后，输出的误差电流会增大，该电流经 5 引脚外部电阻转化为电压，从而使 5 引脚电压也上升，并超过 0.73V（5 引脚内部比较器的门限电压），内部振荡器提前翻转，开关管提前截止。由于开关管提前截止，缩短了饱和时间，各路输出电压自动下降，从而达到稳压的目的。当某种原因引起各路输出电压下降时，则稳压过程与上述过程相反。可见，该电源是以 N801 的 4 引脚电压为取样点，它最终将 4 引脚电压稳定在 32V 上，此时， +B 电压稳定在 +135V 上。

**5）保护过程**

过流保护：R808 用来检测开关管的饱和电流，当某种原因引起流过开关管的饱和电流过大时，R808 上的电压必升高，该电压经 R807 反馈至 5 引脚，使 5 引脚电压达到 0.73V，振荡器的工作状态翻转，开关管截止。从而使开关管不会受大电流的冲击而损坏，实现过流保护。过流保护还会牵制输出电压的升高，防止负载受损。

过压保护：当某种原因引起输出电压过高时，开关变压器 6 引脚输出的脉冲电压也增高，经 VD803 整流、C802 滤波后，得到的直流电压会超过 37.5V，该电压送至 N801 的 4 引脚，从而使内部过压保护电路动作。持续 8μs 后，内部锁存器工作，电路进入锁存状态。此时，振荡器停止振荡，开关管始终截止，整机三无，4 引脚电压在 11 ~ 16V 之间波动。

过热保护：当 N801 基板温度超过 140℃ 时，内部过热保护电路启动。持续 8μs 后，内部锁存器开始工作，电路进入锁存状态，整机三无。

**6）待机控制**

正常工作时，超级芯片 N210 送来的待机电压为低电平，V802 和 V803 均截止，对电路不产生影响。待机时，超级芯片送来的待机电压为高电平，V802 和 V803 均饱和导通。V802 饱和导通，会使 V801 基极电压接近 0V，V801 无 +9V 电压输出。行电路停止工作，整机三无。V803 饱和导通，会使光耦 N802 工作。光耦工作后，C802 上的电压会经 R806 和光耦中的光电三极管而送到 5 引脚，使 5 引脚电压高于 0.73V，振荡器工作状态提前翻转，开关管提前截止，饱和时间大大缩短，各路输出电压大大降低，降至正常值的一半左右。值得注意的是，电路中的光耦并未参与稳压过程，仅起开关作用。

7）准谐振延迟电路

开关管截止后，初级绕组向次级绕组释放能量。当能量释放完毕，初级绕组会与开关管漏极电容 C804 产生谐振，C804 上会产生谐振电压。若在 C804 上的谐振电压最小时，使开关管导通，则开关管的导通损耗将降至最低，有利于保护开关管。为此，电路中专门设了准谐振延迟电路，该电路由 VD804、VD805、R805、C803、VD802、C801 等元器件组成。

在开关管截止期间，开关变压器 6 引脚输出的脉冲经 VD804、VD805 和 R805 对 C803 充电，使 C803 上充有足够的电压。C803 上的电压经 VD802 加至 N801 的 5 引脚，使 5 引脚电压高于 0.73V，开关管维持截止状态。当开关变压器初级绕组的能量释放完毕，初级绕组与 C804 进行谐振，谐振的前 1/4 个周期，C804 向初级绕组放电，电流自下而上流过初级绕组，且电流逐渐增大。这一过程中，开关变压器 6 引脚仍有正脉冲输出，并经 VD804、VD805 和 R805 对 C803 充电，充电电压经 VD802 加至 N801 的 5 引脚，使 5 引脚电压仍高于 0.73V，开关管继续维持截止状态。经过 1/4 谐振周期后，C804 两端电压为 0V，C804 放电结束。由于电感中的电流具有惯性，故初级绕组中的电流仍保持原来的方向，并开始对 C804 进行反充电。此时，6 引脚输出负脉冲，VD804、VD805 截止，C803 上的电压飞快下降，使 N801 的 5 引脚电压低于 0.73V，开关管在内部电路的控制下而重新饱和导通。由于开关管导通瞬间，C804 两端电压接近 0V，从而有效减小了开关管的导通损耗。

**3. STR-G8656 检修数据**

STR-G8656 检修数据见表 8-2。

表 8-2　STR-G8656 检修数据

| 引　脚 | 符　号 | 功　能 | 电压（V） | | 电阻（kΩ） | |
|---|---|---|---|---|---|---|
| | | | 待机 | 开机 | 红笔接地 | 黑笔接地 |
| 1 | D | 开关管漏极 | 295 | 295 | ∞ | 5.4 |
| 2 | S | 开关管源极 | 0 | 0 | 0 | 0 |
| 3 | GND | 热地 | 0 | 0 | 0 | 0 |
| 4 | VIN | 启动电压及稳压控制 | 6.8 | 32 | ∞ | 4.8 |
| 5 | OCP/FB | 过流检测，准谐振延迟 | 0.3 | 2.0 | 0.8 | 0.8 |

**4. 常见故障分析**

1）开机烧保险

发生此故障时，应检查交流输入路径中有无短路现象，整流滤波电路中有无元器件击穿，N801 内部开关管有无击穿，C804 有无击穿等。

2）开机三无，未烧保险，各路输出电压为 0V

先测 C805 两端有无 +300V 电压，若无 +300V 电压，应检查 RT801 是否断路，交流输入路径中有无断路现象。当 RT801 断路后，若找不到原型号电阻，可用 3.3Ω/7W 或 4.7Ω/

7W 电阻替代。

　　若 C805 两端有 300V 电压，则检查 N801 的 4 引脚电压。若 4 引脚电压为 0V，说明启动电路有问题，应检查 R802、C802、VD803 等元器件（由 4 引脚内部电路而引起 4 引脚电压为 0V 的可能性不大）。若 4 引脚电压总是低于启动电压（16V），则应检查 R802 阻值是否变大，C802 是否漏电，光耦是否漏电或击穿，VD803 是否反向漏电等。若 4 引脚电压在 11～16V 之间波动，说明保护电路启动。应检查 R808 阻值是否变大或开路，+B 电压形成电路（VD871、C871、C889）中有无元器件击穿，+B 电压负载有无短路，N801 内部电路是否损坏等。

　　3）开机三无，各路输出电压严重下降，+B 电压只有正常值的一半左右，但稳定这种故障一般发生在待机控制电路，这是因为待机控制电路误动作而使电源处于待机工作状态所至。

　　检修时，可先测超级芯片 N210 的 64 引脚电压，若该引脚电压为高电平，说明 N210 输出了待机控制电压，从而使电源进入待机工作状态。此时应重点检查 N210 的工作情况，特别应检查其 5～9 引脚外部电路。若 N210 的 64 引脚为低电平，说明 N210 输出正常，此时应重点检查待机控制电路。可先断开 R806，看输出电压是否恢复正常，若恢复正常，则检查 N802、V803 等元器件。若断开 R806 后，输出电压仍很低，则检查 R801、VD801 等元器件。另外，当 R808 阻值变大时，也会出现这种现象。

　　4）开机三无，输出电压偏低，且跳动不稳

　　引起这种现象的原因有两种，一是 N801 的 4 引脚供电不正常，二是负载过重（主要是行负载过重）。

　　检修时，可先断开 +B 电源负载（即行负载），在 +B 电压输出端接一个假负载（100W/220V 照明灯泡）。若 +B 电压正常，则应检查行负载，重点检查行输出变压器是否匝间击穿，行管及逆程电容是否漏电或性能变差，行频是否偏离正常值，行激励是否不足等。

　　若接上假负载后，+B 电压仍不稳定，且偏低，则查 4 引脚外部的供电电路。由于电源能工作，可见启动电阻 R802 是正常的，重点应检查 R804、VD803 等元器件。排除这些因素后，再考虑 N801 本身。

　　5）值得注意的几点

　◆ 由于该电源的稳压取样点设在 N801 的 4 引脚，加上 N801 具有完善的保护措施，所以很少出现输出电压过高的现象。在检修过程中，若碰到输出电压过高时，在排除 R804 阻值变大的前提下，应考虑 N801 自身不良。

　◆ 当碰到经常击穿 N801 内部开关管的故障时，应对漏极电容 C804 及准谐振延迟电路（VD804、VD805、R805、C803、VD802 等元器件）进行检查。

## 习题

**一、填空题**

1. 若按储能变压器（开关变压器）与负载连接方式来分类，开关电源有＿＿＿＿＿＿和＿＿＿＿＿＿两种类型。

2. 若按启动方式来分类，开关电源可分为_____和_____两种类型。

3. TDA4605 的 3 引脚功能是_____，6 引脚功能是_____。

4. 采用串联开关电源的电视机，其底板是带电的，故称_____；采用并联开关电源的电视机，其电源底板为_____，而负载底板为_____。

5. 在开关电源电路中，对 220V 交流电压进行整滤波后，能获得_____直流电压，在自激式开关电源中，该电压一方面经_____送至开关管的集电极；另一方面，经_____电路送至开关管的基极。

6. 从交、直流转换角度来说，开关电源是一种将低频交流电转换为直流电，然后又将直流电转换_____，最后再转换为_____的一种电路。

**二、问答题**

1. 开关电源有何优点？

2. 要想开关电源正常振荡，必须具备哪些基本条件？

3. 请分析长虹 CN-12 机心开关电源的振荡过程及稳压过程。

4. 请分析康佳 F953A3 型彩电开关电源的振荡过程及稳压过程。

5. 在长虹 CN-12 机心开关电源中，如果将 RP551 的中心触头向上调，输出电压将怎样变化？

6. 在长虹 CN-12 机心开关电源中，当 VD561 开路被击穿时，分别会出现什么故障？为什么？

7. 试分析 STR-G5653/8656 的启动过程。

# 第 **9** 章

## 新型数码彩色电视机

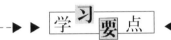

学习要点

(1) I²C 总线的基本结构及控制特点。

(2) I²C 总线彩电的调整方法及检修方法。

(3) 长虹 CN-12 机心的线路分析、调整方法及常见故障检修方法。

(4) 长虹 CH-16 机心的线路分析、调整方法及常见故障检修方法。

跨世纪后，我国各大彩电生产商不断推出一种采用 I²C 总线控制技术的新型彩电，通常称这种彩电为新型数码彩电。这种彩电以其低价位、高质量、多功能而迅速占领市场，并成为家喻户晓的电子产品。在收视和使用方面，I²C 总线彩电与普通遥控彩电没有什么两样，但在结构、控制、调试及检修方面却与普通彩电有较大的区别。I²C 总线彩电的控制系统事实上是一个硬件与软件有机结合的微机系统，它对整机的控制，必须依靠硬件与软件的相互作用来完成，因而智能化程度较高。

## 9.1 I²C 总线控制技术

I²C 总线又叫 I²C BUS，它是英文 Inter Integrated Circuit Bus 的缩写，常译为内部集成电路总线，或集成电路间总线。荷兰飞利浦公司、日本索尼公司及 ITT 公司（国际电话/电报公司）都开发有自己的 I²C 总线系统。目前，以飞利浦总线在消费类电子产品中应用最广泛，尤其是在新型数码彩电中得到了广泛的应用。因 I²C 总线结构奇巧，控制能力强，可有效减少 CPU 的引脚，因而特别适用于多功能彩色电视机。

### 9.1.1 I²C 总线的基本结构及控制特点

#### 1. 什么是 I²C 总线

I²C 总线是一种双线、双向、串行总线。在这个系统中，总线仅由两根线组成，它们均由 CPU 引出，一根叫串行时钟线（Serial Clock Line），常用 SCL 表示，另一根叫串行数据线（Serial Data Line），常用 SDA 表示，其他电路均挂接在这两根线上，如图 9-1 所示。CPU 利用 SCL 线向被控电路发送时钟信号，利用 SDA 线向被控电路发送数据信号或接受被控电路送来的应答信号，被控电路在 CPU 的控制下，完成各项操作。

因 $I^2C$ 总线只由两根线组成，这就决定了其数据传送方式是串行方式，这种串行总线虽没有并行总线的输入/输出能力，但能使电路之间的连接变得简单，还能有效减少微处理器的控制脚。

在 $I^2C$ 总线系统中，拥有总线控制权的电路叫主控器。主控器能向总线发送时钟信号及数据信号，并决定数据传送的起止时间及传送速度，主控器一般由 CPU 担任。其他挂接在 $I^2C$ 总线上的电路皆为被控器。被控器在主控器的控制下，完成各种操作。

一个 $I^2C$ 总线系统中可以含有多个主控器，但任何时刻，只允许一个主控器拥有总线控制权。当多个主控器同时想占用总线时，就通过总线仲裁来解决这一问题，以确保数据传送的正确性。仲裁的过程是本着低电平优先的原则进行的，即当多个主控器同时想抢占总线时，其中必有一个主控器的 SDA 端子先发出低电平，此时，该主控器获得总线控制权，而其他发出高电平的主控器就关闭数据输出。

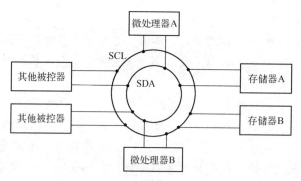

图 9-1　$I^2C$ 总线系统

### 2. $I^2C$ 总线系统的基本结构

彩电中的 $I^2C$ 总线系统一般只含一个主控器，它就是担当整机控制任务的 CPU，其他被控器（如存储器、小信号处理器、TV/AV 切换电路等）均挂在总线上，如图 9-2 所示。CPU 通过 $I^2C$ 总线对这些电路进行控制。

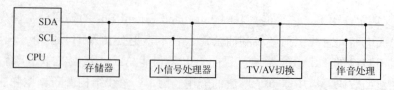

图 9-2　彩电中 $I^2C$ 总线系统

一个完整的 $I^2C$ 总线系统至少含有 CPU、存储器和小信号处理器，因此常称这三个电路为 $I^2C$ 总线系统中的核心电路。其中 CPU 为第一核心电路，它是整个系统的主控中心。在 $I^2C$ 总线系统中，只有 CPU 能够向总线发送时钟信号和主动发送数据信号，而其他被控电路皆无时钟信号发送功能，它们只能从总线上接收 CPU 送来的信号，并向总线发出相应的应答信息，整个接收过程和应答过程均需在 CPU 的控制下完成。

存储器是整个系统中的第二核心电路。众所周知，普通遥控彩电的存储器只用来存放用户信息（如节目号信息、波段信息、模拟量控制信息等）。而 $I^2C$ 总线系统中的存储器存有两类信息，一类是控制信息，另一类是用户信息。控制信息是厂家写入的用以控制所有被控电路的最佳控制量（如黑白平衡控制量、场幅控制量等），这类信息，用户不能随意改变；用户信息是用户写入的用以控制被控电路的信息（用户设置的色饱和度控制量、对比度控制量等）。新购回的彩电，用户都要进行节目预选、模拟量调节等操作，操作完后，一些相应的用户信息就自动存入存储器中，用户信息可以由用户随意设定。

小信号处理器是整个系统中的第三核心电路。在彩色电视机中，视频解码及扫描脉冲产生都是由小信号处理器来完成的。目前，小信号处理器都是由一块大规模集成块担任，这块大规模集成块通过 $I^2C$ 总线与 CPU 相连，CPU 通过 $I^2C$ 总线将控制信息和用户信息送至小信号处理器，使其处于最佳工作状态。小信号处理器也通过 $I^2C$ 总线向 CPU 发送应答信号，以将自己的工作状态告诉 CPU。许多高档彩电的小信号处理器具有主动同 CPU 进行通信的功能，它们在工作中，可随时将自己的工作状态告知 CPU。

**3. $I^2C$ 总线接口**

彩电中，被控电路大都是模拟电路，$I^2C$ 总线上所传输的数据都是数字信号，为了便于通信，必须在各被控对象中增加一个 $I^2C$ 总线接口电路。总线接口一般由可编程地址发生器、地址比较器、移位寄存器、译码器、锁存器及 D/A 转换器构成，如图 9-3 所示。由于总线接口的存在，使被控电路具有数字信号处理功能。

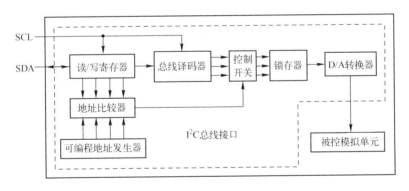

图 9-3　$I^2C$ 总线接口

由于被控电路不止一个，为了使 CPU 能准确无误地与某一被控电路进行通信，必须得给每一被控电路赋予一个特定的地址码，地址可由一个固定部分和一个可编程部分组成。固定部用以确定某一被控对象，可编程部分用以确定某一类被控对象中的某一个被控对象，例如某一 $I^2C$ 总线上挂接有两块型号相同的 IC，为了使 CPU 能分别同它们通信，要求这两块 IC 具有不同的地址，此时就必须改变地址码中的可编程部分来区分它们的地址。地址码由接口中的地址发生器来产生，地址发生器所产生的地址码又是由集成块生产厂在设计时确定的。

有了地址码后，CPU 就能顺利地找到被控对象（即寻址）。当 CPU 需要与某被控对象发生数据交换时，CPU 就通过 $I^2C$ 总线向被控对象发出寻址指令。此时，挂接在 $I^2C$ 总线上的所有被控对象均接收寻址指令，并将 CPU 发出的地址信息与自己的地址码进行比较，相同者就被 CPU 寻址，然后 CPU 便可以与被寻址的被控对象进行通信了。

### 4. I²C 总线的数据传输格式

在 I²C 总线系统中，数据传送具有如下特点：

（1）数据线上，每个数据比特位的传送都必须有一个时钟脉冲相对应，在进行数据传送时，SCL 线为高电平期间，SDA 线上的数据必须保持稳定；在 SCL 线为低电平期间，SDA 线上数据才允许变化（由低电平跳变为高电平或由高电平跳变为低电平），如图 9-4 所示。

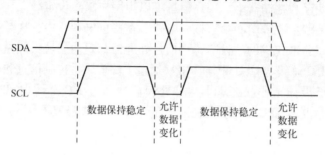

图 9-4　数据传送

（2）在时钟线保持高电平期间，数据线上一个由高到低的跳变定义为起始位，由低到高的跳变定义为终止位。起始位和终止位信号是由主控 CPU 发出的，当 CPU 发出起始位信号后，总线就被认为处于占用状态。同理，当 CPU 发出终止位信号后，总线就被认为处于空闲状态。起始位和终止位如图 9-5 所示。

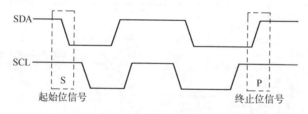

图 9-5　起始位与终止位

（3）一个完整的数据传送格式是：起始位信号→被控器地址→数据传输方向位（写/读）→应答信息→数据信息（或副地址）→应答信息→…→数据信息→应答信息→终止位，如图 9-6 所示。

| S | 地址 | 0 | A | 数据 | A | 数据 | A | P |
|---|---|---|---|---|---|---|---|---|
| 开始 | 7位 | 写/读 | 确认 | 8位 | 确认 | 8位 | 确认 | 停止 |

图 9-6　I²C 总线数据传送格式

在 SDA 线上传输的数据，其字节为 8 位，每次传送的字节总数不限。被控电路的地址占用 7 位，第 8 位为数据传输的方向位，"0"表示 CPU 发送数据，"1"表示 CPU 接收数据。在每传送一个数据字节后，跟着一位确认（应答）信号，这个确认信号是由 CPU 发出的。在确认位时钟期间，CPU 释放数据线，以便被控器在这一位上送出应答信息。当被控器的数据接收无误时，被控器发出低电平确认信息，确认后的数据才有效。当数据被确认后，CPU 便可继续传送数据并继续对数据加以确认，直到 CPU 发出终止信号为止。若在确认位时钟期间，CPU 未收到被控器送来的低电平确认信息，CPU 就会判断该被控器有故障，并终止数据传送。

在 I²C 总线系统中，CPU、I²C 总线及被控电路之间的连接关系如图 9-7 所示。因总线输出端常采用开路漏极（或开路集电极）方式，为了保证总线输出电路得到供电，总线必须经上拉电阻连接电源。当总线空闲时，SDA、SCL 线均为高电平；传送数据时，SCL 线为低电平；保持数据稳定时，SCL 线为高电平。

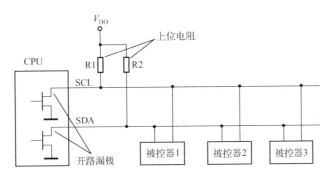

图 9-7　CPU、I²C 总线及被控电路之间的连接关系

### 5. I²C 总线的控制原理

在 I²C 总线系统中，每个被控对象除了有一个特定的地址码以外，还有一些控制内容编码。地址码用以确定被控对象的地址，控制内容编码用以确定做何种控制。这些编码均由集成电路生产商所设计，编码内容一旦确定，彩电生产商就可根据编码内容进行编程，以便使系统具有所需的控制能力。

CPU 对被控对象的控制可以形象地描述为如下几个过程：

首先是 CPU 的寻址过程。当 CPU 需要控制某被控对象时，CPU 会向总线发出该被控器的地址指令，被控器接收指令后，便发出应答信息，CPU 接收到应答信息后，就将该被控器作为自己的控制对象。

接着是 CPU 调用数据的过程。CPU 找到被控器后，就从存储器中调出用户信息及控制信息，并通过 I²C 总线送到被控器，以控制被控器的工作状态。

最后是被控器执行指令的过程。被控器接收到指令后，便对指令进行破译，并将破译的结果与自己的控制内容编码进行比较，以确定作何种操作，这项工作是由总线接口中的译码器来完成的。确定作何种操作后，总线接口中的相应控制开关便自动接通，控制数据经开关后送到 D/A 转换器，转换成模拟控制电压，并控制相应的模拟电路，完成相应的操作。

I²C 总线数据传送最繁忙的时刻是刚开机的一瞬间，由于被控电路没有存储数据的功能，每次开机后，CPU 都要从存储器中取出控制信息及用户信息，并分时送到各被控器，使被控器进入相应的工作状态。因此，刚开机的一瞬间，CPU 的控制任务最重，控制过程最复杂，损坏的可能性自然也就最大，所以使用 I²C 总线彩电时尽量避免频繁开/关机。

#### 6. I²C 总线与被控对象的连接方式

目前，全球有三种 I²C 总线，即飞利浦 I²C 总线，ITT（国际电话/电报公司）I²C 总线及索尼 I²C 总线。这三种 I²C 总线的数据传送格式不太一样，家电产品中应用最多的是飞利浦 I²C 总线，ITT I²C 总线使用得较少，索尼 I²C 总线几乎没有用于家电产品中。

I²C 总线的引出方式完全由 CPU 生产商根据实际需要来确定，同一 CPU 上可以有一种 I²C 总线存在，也可以有多种 I²C 总线存在；可以引出一组 I²C 总线，也可以引出多组 I²C 总线。如图 9-8（a）所示的电路为单种单组 I²C 总线系统。在这一系统中，CPU 上只存在一种 I²C 总线（飞利浦 I²C 总线），I²C 总线引出的组数也只有一组，被控器全部挂接在这组 I²C 总线上。

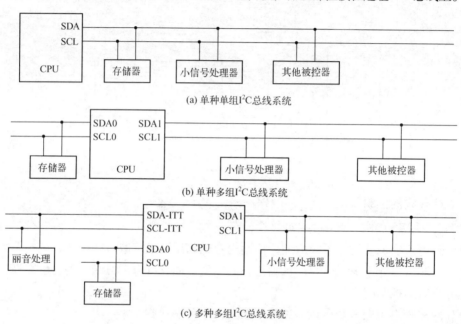

(a) 单种单组I²C总线系统

(b) 单种多组I²C总线系统

(c) 多种多组I²C总线系统

图9-8　I²C 总线的引出方式

如图 9-8（b）所示的电路为单种多组 I²C 总线系统。在这一系统中，CPU 上的 I²C 总线皆为飞利浦总线，但引出的组数却有两组，一组用来挂接存储器；另一组用来挂接小信号处理器及其他被控器。

如图 9-8（c）所示的电路为多种多组 I²C 总线系统，在这一系统中，CPU 上有两种 I²C 总线存在。一种是 ITT 总线（常标有 ITT 字样），用来挂接丽音处理器；另一种是飞利浦总线，它又分两组引出，一组挂接存储器，另一组挂接小信号处理器和其他被控器。目前，在彩电中大都使用前两种形式，也有少数机型使用第三种形式。但无论哪种形式，在 I²C 总线的引出端或引入端都标有 SCL 和 SDA 字样（少数机型标为 CLK 和 DATA 或 I²C 字样），因此我们只需从 CPU 上或被控器上找到 SCL 和 SDA 端子，即可找到 I²C 总线。

I²C 总线的外部电路极为简单，它与被控对象之间的连接方式有两种，即直接式和隔离式。所谓直接式是指被控集成块直接（或通过电阻）挂接在 I²C 总线上，其基本电路形式如图 9-9 所示，图中的稳压管起保护作用，用来保护 CPU 免受外部电压的升高而损坏，电阻（R3、R4 除外）和电容用来提高电路的抗干扰性，以防止外部干扰脉冲使系统发生误动。

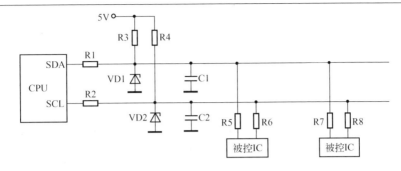

图 9-9　直接式 $I^2C$ 总线

所谓隔离式，是指 CPU 引出的总线通过隔离器与被控对象相连接，其基本电路形式如图 9-10 所示。

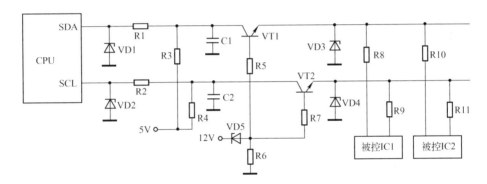

图 9-10　隔离式 $I^2C$ 总线

隔离器一般由三极管（或开关电路）担任，三极管的基极加有固定偏置电压，集电极为 $I^2C$ 总线输入端，发射极为 $I^2C$ 总线输出端。这种电路的最大优点是，CPU 与被控器被三极管隔离开来，这样当被控器发生故障而使 $I^2C$ 总线电压升高时，三极管会截止，从而有效地保护了 CPU 不至于受这种高压的冲击而损坏。

**7. $I^2C$ 总线系统的基本功能**

概括起来，$I^2C$ 总线系统具有以下几大基本功能。

1）用户操作功能

用户在使用电视机时，通常要进行频道选择，亮度、色度调节，声音调节等操作。在操作过程中，用户只需按动本机键盘或遥控器键盘上的相应键，CPU 便可对用户指令进行译码，以识别用户所要进行的操作项目。接着 CPU 便通过 $I^2C$ 总线向各被控电路发出控制指令。

2）维修调整功能

普通彩电各项指标的调整，大都由可变电阻来完成（如 RF AGC、黑白平衡、中心位置等）。但在 $I^2C$ 总线彩电中，这些调整就变得更科技化，更神秘化了，它需由维修人员将电视机置于维修模式后，再通过遥控器或本机键盘操作来完成。

3）故障诊断功能

I²C总线具有数据双向传输功能，CPU可通过它向被控电路传送信息，被控电路也可通过它向CPU传送应答信息。因此，CPU可利用I²C总线的这一特点来对I²C总线的通信情况及被控电路的工作状态进行检测。CPU向被控器传送信息时，还要根据信息的传送格式不断检测被控器的确认信息（应答信息）。因此，确认信息的有无便成了CPU判断数据传送是否完成的主要依据。在确认信息所对应的时钟位上，CPU释放数据线，数据线处于高电平状态，以便被控器在这一位上产生应答信息。CPU释放数据线后，便进入检测状态，并检测数据线上有无应答信息产生。此时，被控器必须向数据线上发送一个低电平应答信息，并使数据线在应答时钟期间保持稳定的低电平，CPU检测到这一完整的低电平应答信息之后，便做出数据传送无误、被控电路工作正常的判断，继而继续传送下一个字节，直到终止位到来为止。如果CPU在应答时钟位上，未能检测到被控器的应答信息，则判断被控器存在故障，并对故障部位进行显示，为维修人员提供自检信息。

4）生产自动化调整功能

前已述及，I²C总线系统中可以有多个主控器存在，为了保证数据传送的准确性，各主控器必须分时享用总线。当多个主控器同时想占用总线时，系统将根据"低电平优先"的仲裁原则，将总线判给先发送低电平的主控器，而其他发送高电平的主控器将失去总线的控制权。根据总线的这一特点，在生产电视机时，可将生产线上的计算机与电视机中的I²C总线相连，将标准数据送到电视机中的存储器中，也可将标准数据固化在CPU的ROM中，这些数据，就是我们通常所说的"软件"。电视机每次开机时，CPU都要将这些数据送到各被控电路，使被控电路处于最佳工作状态。当要调整电视机时，只要将电视机置于维修模式，再用遥控器或本机键盘来改变这些数据即可，这就是使用软件进行调整的新技术。由于在I²C总线系统中，硬件的存在与软件的设置都必不可少，因而I²C总线系统就成了一个地地道道的硬件与软件有机结合的微机系统。彩电使用这一系统后，电路结构变得简单了，机内的拨动开关、可调电阻几乎没有了，从而大大地提高了产品的可靠性。

## 9.1.2　I²C总线彩电的调整

### 1. 调整的必要性

I²C总线彩电与普通彩电一样，在下列几种情况下需进行必要的调整。

（1）当彩电使用日久，内部元器件发生变化，引起图像质量明显下降时，需要进行调整。

（2）彩电出现故障，需借助调整手段来判断故障性质及故障范围时，需要进行调整。

（3）被控电路损坏，重新更换后，有时也需要进行调整。

（4）更换偏转线圈、显像管等部件后，也需进行适当调整。

I²C总线彩电调整的内容有：场幅调整、场线性调整、黑白平衡调整、副亮度调整、副对比度调整、RFAGC调整、光栅中心位置调整等。普通彩电皆用可变电阻来完成上述调整，调整方法比较简单。而I²C总线彩电的调整过程却由I²C总线系统来完成，调整方法也相对复杂一些。

　　$I^2C$ 总线彩电的 CPU 具有编程能力，芯片内含有 ROM 和 8 位数据编码器（这一点与普通 CPU 不同），如图 9-11 所示。在彩电生产厂，技术人员将被控电路的地址和调整项目编制成各种子程序，写入 CPU 内部的 ROM 中，形成控制软件。当对彩电进行调整时，CPU 就按一定顺序执行该程序，屏幕上就会显示调整项目。8 位数据编码器是用来对调整项目参数进行数据编码的部件，它只在维修模式下起作用，正常使用时，不起作用。在维修模式下，它编出的数码值受遥控器或本机键盘的某些约定键的控制，因此利用这些按键可以调整控制数据，调整的结果保存在 $E^2PROM$ 中，电视机下次开机时，就直接使用新数据。

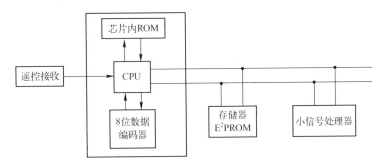

图 9-11　CPU 内 ROM 及数据编码器

### 2. $I^2C$ 总线对各项目的调整原理

1）对高放延迟 AGC 的调整

　　高放延迟 AGC 又称 RF AGC，其起控点对整机性能有较大的影响，若起控过迟，则在强信号时，电路的增益未能下降而形成切割失真的现象；若起控过早，又会使接收弱信号时，整机灵敏度下降，图像不清晰。彩电出厂时，RF AGC 虽已调好，但随着使用环境的改变，使用时间的增长及更换高频头等原因，往往需要重新微调 RF AGC 的起控点以确保整机继续处于最佳工作状态。

　　RF AGC 的调整过程可由图 9-12 来进行简要说明。普通彩电的 RF AGC 是由一只可变电阻来调节，调节这只电阻时，就可改变 RF AGC 输出电路的门限电压，从而改变 RF AGC 的起控点。$I^2C$ 总线彩电的 RF AGC 调整是由 $I^2C$ 总线系统来完成的。当调整 RF AGC 时，CPU 会通过 $I^2C$ 总线向被控电路发送调整指令，被控电路中的 $I^2C$ 总线接口对指令进行译码和 D/A 转换后，输出模拟控制电压，送至 RF AGC 输出电路，调整 RF AGC 的起控点。

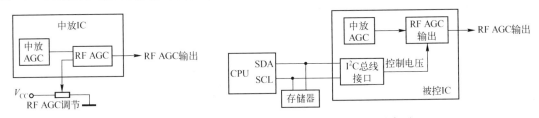

图 9-12　普通彩电及 $I^2C$ 总线彩电 RF AGC 调整示意图

2）$I^2C$ 总线对副亮度的调整

　　普通彩电及 $I^2C$ 总线彩电亮度调节原理电路如图 9-13 所示，普通彩电是用可变电阻改变亮度钳位电路的钳位电平来实现亮度及副亮度调节。$I^2C$ 总线彩电则是由 $I^2C$ 总线传送来的副亮度调整数据来完成副亮度调节。

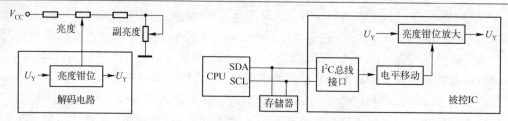

图 9-13　普通彩电及 $I^2C$ 总线彩电亮度调节示意图

在维修模式下，由 $I^2C$ 总线传送来的副亮度调节数据先经 $I^2C$ 总线接口译码及 D/A 转换，变成直流电压。再经电平移动电路后，送到亮度钳位放大器，调整亮度信号的平均直流电平，使图像的背景亮度发生改变。

3）$I^2C$ 总线对场幅的调整

彩电场幅调整大都是通过改变锯齿波形成电路中的 RC 时间常数来实现。在普通彩电中，专门设有场幅调节可变电阻，如图 9-14 所示，调节这只电阻就可改变电源对锯齿波形成电容的充电速度及充电幅值，从而使场幅发生变化。在 $I^2C$ 总线中，锯齿波形成电路中的 RC 时间常数靠 $I^2C$ 总线数据来调整。在调整场幅时，$I^2C$ 总线传送来调整数据，经总线接口转换成控制电压，并改变锯齿波形成电容的充电幅度，从而达到调节场幅的目的。

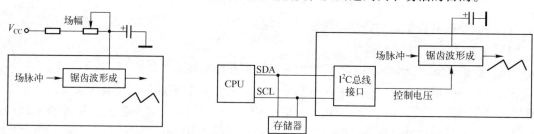

图 9-14　普通彩电及 $I^2C$ 总线彩电场幅调整示意图

4）$I^2C$ 总线对场线性的调整

参考图 9-15，彩电中，场输出电路与场激励电路之间往往设有一条反馈电路，这条反馈电路就是用来改善场线性的。线性的好坏，取决于反馈的深浅。在普通彩电中，通常在这条反馈电路上设有可调电阻以调节反馈程度，进而改善线性。在 $I^2C$ 总线彩电中，利用总线数据来改变反馈量，调节场线性。当进行场线性调节时，CPU 便通过总线将场线性调整数据送到被控电路。被控电路中的 $I^2C$ 总线接口将调整数据转化成直流电压，再去控制反馈量，使光栅线性得到调整。

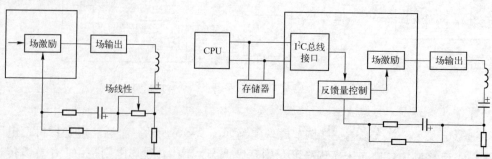

图 9-15　普通彩电及 $I^2C$ 总线彩电场线性调节示意图

其他项目的调整原理与上述项目类似，故不再——列举。

**3. 调整方法**

普通彩电的调整方法比较简单，每一调整项目，都有一个对应可调电阻，调整时，只需用改锥缓缓旋转可调电阻，直到图、声最佳即可；但 $I^2C$ 总线彩电的调整就没有这么简单了，其内部没有直接用于调整的元器件（硬件），整个调整工作皆由软件来完成。调整步骤大致如下。

第一步：将彩电置于维修模式。

不同的彩电，进入维修模式的方法不一定相同。有的采用密码进入法，此时，只需用遥控器及本机键盘按规定的操作顺序写入一些密码，彩电即可进入维修模式，目前大多数 $I^2C$ 总线彩电采用此法进入维修模式。有的采用维修开关进入法，这种彩电的电路板上装有一个维修开关，只需按动（或拨动）开关，彩电即可进入维修模式。还有的采用短接或瞬间短接测试点（或测试点与地）的方法进入维修模式，采用这种方法的彩电，其机内 CPU 旁一般设有一组测试点，若将测试点短路，电视机便进入维修模式。

第二步：选择调整项目。

进入维修模式后，只需操作遥控器上的约定键，即可进行正向选择或反向选择调节项目，直到找到自己所需的调整项目为止。目前大部分彩电采用"频道增/减"键来选择调整项目，少数彩电采用其他约定键来选择调整项目。

第三步：调整控制数据。

选出相应的调整项目后，便可调整该项目的控制数据了。调整时，只需按遥控器上的约定键，便可增大或减小控制数据，直到满意为止。大多数彩电的数据调整约定键为"音量增/减"键，少数彩电为其他键。

第四步：保存调整后的控制数据。

对某一项目调整完毕后，必须将新的控制数据存入存储器中，以便今后开机使用。不同的机型，其保存数据的方法不一定相同，大多数彩电采用退出保存法，只需退出维修模式，即可将数据保存下来；也有的彩电采用约定键保存法，只需操作约定的按键，即可将数据保存下来。

第五步：退出维修模式。

调整完毕后，必须退出维修模式。不同的机型，其退出维修模式的方法不一定相同，大多数彩电采用遥控关机来退出维修模式，也有的采用操作约定按键来退出维修模式。

**4. $I^2C$ 总线彩电的调整项目及预置数据**

$I^2C$ 总线彩电的调整项目很多，每一个调整项目都对应一个项目名称，这些名称一般采用英文字母来表示，极少数彩电用中文来表示。当我们需对某一项目进行调整时，首先要从调整菜单中找到该项目的名称，再进行调整。另外，每一调整项目还有一个对应的预置数据，这些预置数据就是这种机心彩电的平均数据（有的厂家称为标准数据或典型数据等）。预置数据是由厂家设定的，保存在 CPU 内部 ROM 中。彩电的各种调整都是在预置数据的基础上进行的。例如，当更换存储器后，就得先将 CPU 内部 ROM 中的预置数据复制到外部存储器（$E^2PROM$）中，再在预置数据的基础上进行调整，使彩电能工作于最佳状态。调整后的数据又保存在外部存储器（$E^2PROM$）中，这些数据便是以后每次开机用来控制各被控对象的实控数据。

I²C 总线彩电的调试项目一般可分为三类，即模式项目、非调整项目及可调项目。模式项目中的数据称为模式数据；非调整项目中的数据称为固定数据。模式数据主要反映机内的硬件设置情况和功能设置情况，CPU 通过查寻它来获取硬件和功能设置信息，以便产生相应的控制指令。因此，用户或维修人员一般不要轻易更改模式数据，否则将有可能使彩电失去某些功能（如多路 AV 输入功能丧失，多制式功能丧失等），甚至出现意想不到的奇特故障。

非调整项目在维修中一般是不进行调整的，其数据应保持厂家的设定值。可调项目是可以由维修人员进行调整的项目（如副亮度、副对比度、场幅、场线性、黑白平衡等）。在厂家提供的调整清单中，可调项目常加有标注，模式项目常用 "OPT、MOD 或 M" 等符号表示。

另外在调整的过程中要注意三点：一是不同彩电，其项目名称的表示方式不一样，表 9-1 给出了一些常调项目的表示符号，可供读者参考。二是调整前，要记下原始数据，以便调整失败后能够复原。三是不到万不得已，不要改变模式数据，以防丢失功能或出现意想不到的后果。

**表 9-1　部分常调项目的表示法**

| 调 整 内 容 | 项目名的表示方法 |
|---|---|
| 场幅（图像高度） | HIT、V. SIZE、VSIZE、HEIGHT |
| 场线性 | VLIN、V. LINE、V-LINE、LIN、VLINEARITY |
| 场中心 | VPOS、V. POS、VSHFT |
| 行中心（行位置） | HPOS、H. PHSE、HC、H-PHA、HPS、HOR-CEN |
| 枕校度 | PARA、PA、PINAM、DPC |
| 梯形校正度 | TRAP、TR、H-TRP、KEY、TRAPEZIUM |
| 行幅（图像宽度） | WID、HW、HSIZE、WIDTH |
| 黑平衡 | CUT、C、BIAS |
| 白平衡 | DRV、D、GAIN |
| 高放 AGC | RFAGC、RAGC |
| 副亮度 | SUB BRI、BRTS |

### 5. 存储器的初始化

前已述及，I²C 总线彩电的存储器中存有控制信息和用户信息，控制信息是保证彩电正常工作的基本软件。彩电每次开机时，CPU 都要从存储器中取出控制信息，并传送到被控电路，以确保电视机能正常工作。当存储器损坏后，整机就不能正常工作，因此必须对存储器进行更换。现在市场上销售的存储器都是空白的，里面未存储控制信息，即使换上了新存储器，整机仍不能正常工作，还必须对新换上的存储器进行初始化，这个过程又称复制。只有通过复制后的存储器才存储有控制信息，才能确保整机正常工作。

目前，对存储器进行复制的方式有三种，即自动写入式、半自动写入式和手动写入式。采用自动写入式的彩电，其 CPU 内的 ROM 中存储有控制信息（属预置数据），更换存储器后，只要重新开机，CPU 就会对存储器中的数据进行检查，若发现存储器是空的，CPU 就执行复制程序，将内部 ROM 中的控制信息自动写入新存储器中。采用半自动写入式的彩电，其 CPU 内的 ROM 中也存储有控制信息（属预置数据），只需将彩电置于维修模式后，再执行约定的操作，便可将内部 ROM 中的控制信息写入到新存储器中。采用手动写入式的彩电，需要维修人员按厂家规定的操作，将调整项目的数据逐条写入新存储器中。目前我国彩电大多采用前两种写入方式。

对存储器初始化后，彩电虽然能正常工作，但不一定处于最佳工作状态，此时还要按前面所述的调整方法进行调整，直到工作状态最佳为止。

**6. S 模式和 D 模式**

许多 I²C 总线彩电将维修模式分为 S 模式和 D 模式。在 S 模式下，只能对部分项目的数据进行调整。而在 D 模式下，可以对全部项目进行调整。一般来说，S 模式下的调整项目是一些常调项目，而其他项目，都要进入 D 模式下才能调整。

S 模式和 D 模式的进入方法是不相同的，S 模式的进入方法比较简单，一般只需按规定的操作方法操作用户遥控器及本机键盘即可进入；进入 S 模式后，再按规定的方法操作才可进入 D 模式。有的彩电需用工厂专用遥控器或对用户遥控器进行改造后，再按规定的方法操作才可进入 D 模式。

### 9.1.3　I²C 总线彩电的维修

**1. I²C 总线彩电的判断方法**

检修彩电时，首先应弄清故障机是不是 I²C 总线彩电，若不是 I²C 总线彩电，则按普通彩电的检修方法进行处理即可。若是 I²C 总线彩电，就必须按 I²C 总线彩电的检修方法进行检修。目前，许多彩电的 CPU 都设有 SDA 和 SCL 引出端子，有的说明书上或包装壳上还标有"I²C 总线控制"字样，但这些彩电未必就是我们这里所说的 I²C 总线彩电。判断一台彩电是否 I²C 总线彩电主要看其外围挂接有哪些电路。若外围只挂接有存储器，或除存储器外还挂接有其他被控器，但未挂小信号处理器，这类彩电就算不上真正的 I²C 总线彩电，也不具备 I²C 总线彩电的检修特点。例如，我们在第 7 章所学的 CTV222S 遥控系统，其 CPU 的 39 引脚和 40 引脚分别为 SCL、SDA 引出端子，但其外部只挂接有存储器，故这类彩电不应列入 I²C 彩电的范畴。

**2. I²C 总线故障的自检**

由于 I²C 总线系统是一个由硬件和软件组合而成的微机系统，它能对系统故障进行自检，并显示检测结果，为维修人员提供自检信息。

不同的彩电，其故障自检信息的显示方式不一样，有的采用指示灯显示，当 CPU 检测到系统有故障时，便点燃指示灯，或改变指示灯的发光颜色，以告知维修者。有的采用指示灯闪烁次数来显示自检结果，当 CPU 检测到系统有故障时，便使指示灯进入闪烁状态，维修人员可以根据指示灯的闪烁规律来判断故障部位。还有的采用屏幕来显示自检结果，当 CPU 检测到被控电路有故障时，便将故障部位，故障性质采用字符显示在屏幕上。这三种显示方法的优缺点见表 9-2。

**表 9-2　三种显示方法的优缺点**

| 显 示 方 法 | 优 点 | 缺 点 |
|---|---|---|
| 指示灯显示 | 直观、明了、醒目 | 不能显示故障部位及性质 |
| 指示灯闪烁次数显示 | 直观、明了、醒目并能显示故障部位 | 不能同时显示多个故障，且易引起判断错误 |
| 屏幕显示 | 直观、准确、一目了然 | 对电路要求严格，当光栅形成电路及字符显示电路出现故障时，显示功能也就随之丧失 |

**3. I²C 总线彩电的特殊故障现象**

总线保护是 I²C 总线彩电的一种特殊现象。当 CPU 检测到系统有严重问题时（如总线短路、输出端口与电源开路等），CPU 便会执行总线保护程序，系统进入保护状态，此时彩电可能会出现一些特殊的故障现象。例如，不能开机，白净光栅，按键失灵，黑屏现象，电源继电器"嗒嗒"响等。因此当碰到这些现象时，不妨查一查 I²C 总线系统。表 9-3 列出了普通彩电和 I²C 总线彩电中的一些部件损坏后可能引起的故障现象（假设表中所列的部件，在 I²C 总线彩电中，均挂接在总线上）。

表 9-3　普通彩电与 I²C 总线彩电故障对照表

| 损坏部件 | 普通彩电 | I²C 总线彩电 |
| --- | --- | --- |
| | 故障现象 | 故障现象 |
| 存储器 | 机器能正常工作，但不能存台 | 会导致总线保护，不能开机，或开机后，整机无法工作 |
| 小信号处理器 | 只引起图像或光栅故障 | 可能导致总线保护，引起无光甚至不能开机的现象 |
| 伴音处理器 | 只引起伴音故障，图像正常 | 可能导致总线保护，引起控制系统异常，甚至三无现象 |
| TV/AV 切换 | 只引起图、声故障 | 同上 |
| 高频头 | 只引起图、声故障 | 同上 |

从上表可以看出，当挂接在 I²C 总线上的任何一个被控器损坏时，系统都有可能进入总线保护状态，引起一些有违常规的故障现象。

软件错误所引起的故障现象是 I²C 总线彩电的另一特殊现象。在普通遥控彩电中，一台彩电所能实现的功能只与这台彩电所采用的电路有关，例如电路中设有双路 AV 输入电路，就决定该机具有两路 AV 输入功能。但在 I²C 总线彩电中，彩电所能实现的功能不仅与电路（硬件）有关，还与 I²C 总线数据（软件）有关，即硬件电路的存在必须与软件数据的设置相对应，否则，即使设有双路 AV 输入电路，也不一定具有双路 AV 输入功能。

**4. 检修 I²C 总线彩电时，应注意的几个引脚**

许多 I²C 总线彩电的 CPU 及被控器上设有特殊功能引脚，这些引脚的电压，对 I²C 总线的控制功能有较大的影响，只有当这些引脚的电压正常时，I²C 总线系统才能正常工作。

1）CPU 上 I²C 总线通/断控制端

它是生产商为了便于调试而设置的，当该引脚接规定电平时，CPU 就不再拥有 I²C 总线的控制权，它将控制权交由生产线上调试计算机管理，CPU 不再通过 I²C 总线来传输数据。因此当该引脚电压不对时，电视机可能会进入工厂调试状态。这个引脚常用"FACTORY"、"BUS OFF"、"BUS ON/OFF"或"EXT BUS"等符号来表示。事实上，大多数 CPU 上未设此引脚。

2）I²C 总线接口专用电源脚

为了避免数字电路与模拟电路之间的相互干扰现象，许多被控电路上设有 I²C 总线接口电路专用电源引脚，此引脚担负着向内部数字电路供电的任务，若此引脚电压不正常，该被控器也就不能正常工作。这个引脚常用"I²L"、"I²C VCC"或"BUS VCC"等符号来表示。

3）辅助地址选择引脚

CPU 对被控电路的控制是通过 I²C 总线来实现的，就其控制过程来说，CPU 先通过 I²C

总线发出寻址指令，以找到被控对象，再向被控对象发送控制指令。由于在同一总线系统中，有时会挂接两个或两个以上的相同电路，为了让 CPU 能分别对它们进行寻址，就要求这些电路的地址有所区别，故往往在被控电路上增设辅助地址引脚，只有当该引脚电压设置正确时，CPU 才能通过 I²C 总线对其进行控制，否则，电路无法正常工作。当然，也不是任何被控电路都设有此引脚。辅助地址引脚上常标有"ADD"、"ADR"或"ADRESS"等字样。

**5. I²C 总线彩电检修方法**

在普通彩电中，每一个控制量，都对应一个控制端子，这样，CPU 上就需设 6～9 个输出端子来控制亮度、对比度、色饱和度、锐度、色调、音量（有的还要控制高音、低音及平衡）等。这些端子输出的控制电压虽属脉冲电压，但经滤波后变成了直流，因而可用万用表测其大小，也可用示波器直接观测各端子的电压波形。但在 I²C 总线彩电中，这些端子不见了，取而代之的是 SDA 和 SCL 两个端子了，CPU 就是利用这两个端子来进行数据通信，完成上述调节的。因而难以用万用表直接测量某一控制电压的正常与否，但可以通过测量总线电压及波形来大致判断总线系统正常与否。

1）I²C 总线的电压和波形

因 I²C 总线输出端口的内部电路属于开路漏极（OD）或开路集电极（OC）方式，所以当 I²C 总线空闲时（不传送数据），内部管子截止，I²C 总线应为高电平。当 I²C 总线传输数据时，I²C 总线电压略有降低。由于数据是变化量，故电压还会抖动，尤其是在操作遥控器或本机键盘时，电压抖动最厉害。因此在测量 I²C 总线电压时，如果测得的是高电平（3～5V，根据机型不同而异），且在操作键盘或遥控器时，电压又明显抖动，则说明 I²C 总线系统大致正常。

I²C 总线上的波形是非周期性脉冲波，用示波器观测时，可以看到一片一片的脉冲波。如果 I²C 总线系统是正常的，则电视机工作在任何状态，I²C 总线上都有波形存在，幅度大约为 5V（峰－峰值），当操作遥控器或本机键盘时，总线上的脉冲会变多。

值得注意的是 I²C 总线与被控对象相连，当测得总线电压或波形不正常时，不一定是 CPU 引起，还应检查被控对象。另外，在操作本机键盘或遥控器时，也不可能所有的键都能引起 I²C 总线电压抖动或波形变化，一些键的控制过程不需通过 I²C 总线来完成，I²C 总线的电压和波形自然也就不会变化。

2）I²C 总线系统故障检修思路

检修 I²C 总线系统故障时，通常要以总线电压及波形为入手点，若总线电压低于正常值，则应检查以下一些部位。

（1）总线供电电源及上拉电阻。因总线输出电路属开路形式，当供电电源丢失或上拉电阻断路时，总线输出端会得不到供电，而使总线电压下降。

（2）总线与地之间所接元器件是否漏电或击穿。为了提高总线的抗干扰能力，许多彩电的总线与地之间接有电容或稳压二极管，当它们漏电或击穿时，总线电压会下降。

（3）被控电路的总线接口。当被控电路的总线接口出现故障（如内部电路击穿等）时，也会引起总线电压下降。可采用断路法进行检查，即断开被控电路与总线的连接，看总线电压是否恢复，若总线电压恢复了，说明该被控电路确已损坏。若总线电压仍未恢复，再断开其他被控电路，直到找到故障为止。另外被控电路总线接口供电不正常时，也会使总线电压下降。

（4）CPU本身。若通过上述检查，仍未找到故障，则应检查CPU本身。

若总线电压为高电平，操作遥控器及本机键盘时，又不抖动，说明故障很可能发生在CPU或存储器上，应重点检查CPU和存储器的外围元器件，在外围元器件无问题时，可试着更换这两个元器件。当CPU损坏后，不能随便从市面上购一块硬件型号相同的CPU换上，这样做很可能使机器无法正常工作，而必须选用厂家提供的原型号CPU进行更换。另外，同一硬件型号的CPU一般会在不同厂家所生产的电视机上应用，尽管它们的图标型号有时一样，但它们彼此之间一般不能相互替换。

若总线电压及波形正常，只是个别功能丢失，或图像不能达到最佳状态，则应检查软件设置，一般通过重新调整或改正模式数据后，即可排除故障。

最后，特别说明两点，检修 $I^2C$ 总线彩电时，首先要熟悉机器进入维修模式的方法和软件调整清单；第二是当碰到奇怪故障时，不妨从 $I^2C$ 总线系统入手，查一查软件的设置情况。

## 9.2 长虹 CN-12 机心线路分析

长虹 CN-12 机心是长虹公司推出的新型数码彩电机心，属单片机结构，它是 A6 机心的升级产品，典型机型有 R2118K、G2101、G2101A、G2108、G2110、G2138K 等。书后附有 G2108 彩电整机电路图，可供读者参考。

### 9.2.1 机心介绍

长虹 CN-12 机心使用 LA76810 充当中频/解码/扫描小信号处理器，使用 LC8633XX 系列芯片充当 CPU，整机结构简单，性能稳定。本节以 G2108 彩电为例进行分析，为了与厂家所用的符号相统一，在本节中，用 Y 来表示亮度信号，用 C 来表示色度信号，用 R-Y 来表示红色差信号，用 B-Y 来表示蓝色差信号，用 R、G、B 分别来表示红、绿、蓝三基色信号。电路图中各元器件的序号也以厂标为准。

长虹 G2108 彩电是 CN-12 机心的代表产品之一，整机共含 5 块集成块，各集成块的功能见表9-4，整机结构框图如图9-16所示。

表9-4　整机集成块功能一览表

| 序　号 | 型　号 | 功　能 |
|---|---|---|
| D701 | LC863328A（CHT0406） | 中央微处理器（CPU） |
| D702 | ST24C04 | 存储器（E²PROM） |
| N101 | LA76810 | 中频/解码/扫描小信号处理器（简称小信号处理器） |
| N301 | LA7840 | 场输出电路 |
| N181 | LA4225 | 伴音功放电路 |

长虹 G2108 彩电具有如下一些主要功能。

（1）多制式接收功能。

彩色制式：PAL/NTSC 制，有 SECAM 制接口，若外加 SECAM 制解调电路 LA7642，即可实现三大制式解码功能。

伴音制式：D/K、B/G、I、M 制。

（2）具有一路 AV 输入及一路 AV 输出功能。

（3）整机硬件调整简单（只有一只可调电阻和一只中周）。

（4）采用 $I^2C$ 总线控制方式，整机绝大多数控制功能需通过 $I^2C$ 总线来完成。

（5）使用 870MHz 增补调谐器，能接收增补频道。

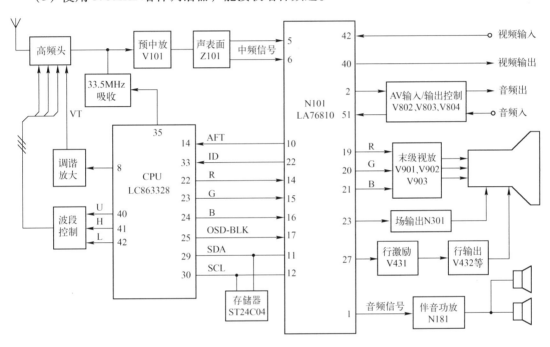

图 9-16　整机结构框图

## 9.2.2　LA76810 介绍

LA76810 是日本三洋公司推出的新型单片小信号处理器，自问世以来，深受我国各大电视机生产商的青睐，并迅速在长虹、康佳、海信、TCL 等机上使用。LA76810 继承了 LA7688 的优点，并增添了许多新功能、新电路。它与 LA7688 相比，最大的区别是增加了基带延时电路及 $I^2C$ 总线控制接口，因而进一步改善了电路的性能。

### 1. LA76810 的内部结构

LA76810 集中频、视频、扫描小信号处理电路于一身，内部框图如图 9-17 所示，由图可以看出，LA76810 内部包含如下几大主要电路。

图像中频处理电路：这部分电路主要包括图像中放、视频检波、陷波、视频放大、中频 AGC、射频 AGC、AFT、压控振荡器（VCO）及 PLL 环路等。

伴音中频处理电路：这部分电路主要包括伴音带通滤波器、PLL 选频电路、伴音中频限幅放大、鉴频器、内/外音频切换（开关）及音量控制等电路。

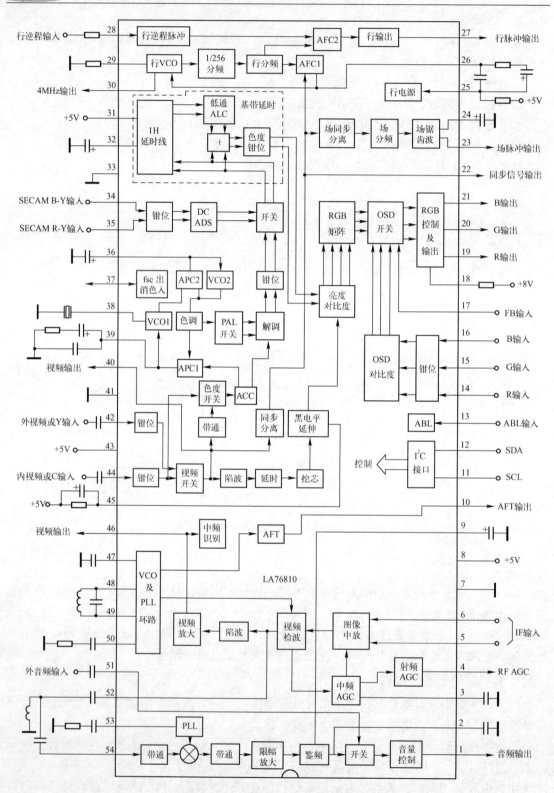

图 9-17　LA76810 内部结构框图

视频处理电路：这部分电路主要包括亮度通道、色度通道及 RGB 处理通道。亮度通道主要包括钳位、视频开关、陷波、延时、黑电平延伸等电路；色度通道主要包括色带通滤波、ACC 放大、色度解调、VCO、APC1、APC2、PAL 开关等电路；RGB 处理通道包含 RGB 矩阵、OSD 开关、RGB 控制及输出等电路。

行场扫描小信号处理电路：这部分电路主要包括同步分离、行 VCO、行分频、AFC1、AFC2、场同步分离、场分频、场锯齿波发生器等电路。

$I^2C$ 总线接口：这部分电路主要包括总线译码器、数据寄存器及地址发生器等电路。

LA76810 在处理信号时，具有如下一些功能特点：

（1）适用于 PAL/NTSC 制信号处理，具有 SECAM 制信号接口，易与 SECAM 制解调电路相连。

（2）具有多制式伴音处理功能。

（3）采用 PLL 图像解调及伴音解调技术，图、声质量较高。

（4）内藏色带通滤波器、色度陷波器、1H 基带延时器及亮度延时线，采用单晶体副载波振荡器，外围线路极为简单。

（5）内含多种清晰度改善电路，图像清晰度高，层次感强。

（6）内置音频和视频选择开关，无需外接 TV/AV 切换电路。

（7）采用 $I^2C$ 总线控制形式，简化了控制电路。

**2. LA76810 引脚功能**

LA76810 采用 54 引脚双列直插封装形式，它的各脚功能及电压值见表 9–5。

表 9–5　LA76810 引脚功能及电压值

| 引　脚 | 符　号 | 功　能 | 电压（V） |
|---|---|---|---|
| 1 | AUDIO | 音频信号输出 | 2.2 |
| 2 | FM OUT | 音频输出及去加重 | 2.3 |
| 3 | IF AGC | 中放 AGC 滤波 | 2.5 |
| 4 | RF AGC | 射频 AGC 电压输出 | 1.8 |
| 5 | IF-IN | 图像中频信号输入 | 2.8 |
| 6 | IF-IN | 图像中频信号输入 | 2.8 |
| 7 | IF GND | 中频电路接地端 | 0.0 |
| 8 | IF VCC | 中频电路供电 | 5.0 |
| 9 | FM FLTER | 调频解调滤波 | 2.0 |
| 10 | AFT OUT | 自动频率控制电压输出 | 2.5 |
| 11 | SDA | $I^2C$ 总线数据输入/输出 | 4.7 |
| 12 | SCL | $I^2C$ 总线时钟输入 | 4.7 |
| 13 | ABL | 自动亮度限制电压输入 | 4.3 |
| 14 | R IN | 字符 R 信号输入 | 0.8 |
| 15 | G IN | 字符 G 信号输入 | 0.8 |
| 16 | B IN | 字符 B 信号输入 | 0.8 |

续表

| 引　脚 | 符　号 | 功　能 | 电压（V） |
|---|---|---|---|
| 17 | BLANK IN | 字符消隐脉冲输入 | 0.0 |
| 18 | RGB VCC | RGB 电路供电 | 8.0 |
| 19 | R OUT | R 信号输出 | 1.9 |
| 20 | G OUT | G 信号输出 | 1.9 |
| 21 | B OUT | B 信号输出 | 1.9 |
| 22 | ID | 同步信号输出 | 0.3 |
| 23 | VER OUT | 场锯齿波输出 | 2.2 |
| 24 | V RAMP ALC | 场锯齿波形成电容外接端 | 2.8 |
| 25 | H/BUS VCC | 行扫描/总线接口供电 | 5.0 |
| 26 | AFC FILTER | 行 AFC 环路低通滤波 | 2.7 |
| 27 | HOR OUT | 行激励脉冲输出 | 0.7 |
| 28 | FBP IN | 行逆程输入/沙堡脉冲输出 | 1.1 |
| 29 | REF | 行 VCO 参考电流设置端 | 1.7 |
| 30 | CLK OUT | 4MHz 时钟信号输出 | 0.9 |
| 31 | 1H DL VCC | 1H CCD 延迟线电路供电 | 4.5 |
| 32 | 1H DL VCC OUT | 1H 延迟电路升压端 | 8.3 |
| 33 | 1H DL GND | 1H 延迟/行/总线电路接地 | 0.0 |
| 34 | SECAM IN | SECAM（B-Y）信号输入 | 2.4 |
| 35 | SECAM IN | SECAM（R-Y）信号输入 | 2.4 |
| 36 | C AFC FILTER | 色副载波 APC2 环路滤波 | 3.7 |
| 37 | SECAM INTERFACE | SECAM 解调用副载波输出 | 2.2 |
| 38 | X TAL | 4.43MHz 晶体外接端 | 2.7 |
| 39 | C AFC FILTER | 色副载波 APC1 环路滤波 | 3.4 |
| 40 | SEL VIDEO OUT | 选择后视频信号输出 | 2.2 |
| 41 | V/C/DEF GND | 视频/色度/扫描电路接地端 | 0.0 |
| 42 | EXT V IN/Y IN | 外视频信号/Y 信号输入端 | 2.4 |
| 43 | V/C/DEF VCC | 视频/色度/扫描处理电路供电 | 5.0 |
| 44 | INT V IN/C IN | 内视频信号/色度信号输入 | 2.7 |
| 45 | BLACK STRECH | 黑电平扩展检测滤波 | 3.1 |
| 46 | VIDEO OUT | 检波后视频信号输出 | 2.1 |
| 47 | VCO FILTER | 中频 PLL 环路滤波 | 3.6 |
| 48 | VCO | 中频 VCO 振荡线圈外接端 | 4.2 |
| 49 | VCO | 中频 VCO 振荡线圈外接端 | 4.2 |
| 50 | PIF APC | 图像中频 APC 滤波 | 2.3 |
| 51 | EXT AUDIO IN | 外（AV）音频信号输入 | 2.2 |
| 52 | SIF OUT | 第二伴音中频信号输出 | 1.9 |

续表

| 引　　脚 | 符　　号 | 功　　能 | 电压（V） |
|---|---|---|---|
| 53 | SND APC | 伴音解调 PLL 环路滤波 | 2.1 |
| 54 | SIF IN | 第二伴音中频信号输入 | 3.1 |

### 9.2.3　小信号处理电路分析

#### 1. 图像中频信号处理电路

参考图 9-18，图像中频信号处理电路主要负责将图像中频信号进行放大和解调处理，产生视频信号（彩色全电视信号）；同时还将 38MHz 振荡信号和第一伴音中频信号进行混频处理，产生第二伴音中频信号。

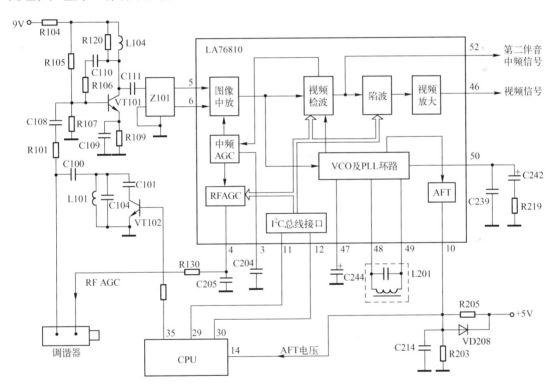

图 9-18　图像中频信号处理电路

由调谐器输出的图像中频信号（含有第一伴音中频信号），送至前置中放电路 V101。前置中放电路具有 16dB 左右的增益，能弥补声表面滤波器的插入损耗。为了防止高频自激，前置中放电路中设有电压并联负反馈网络，由 R106 和 C110 组成。

Z101 为声表面滤波器，能吸收邻近频道图像中频和伴音中频的干扰，同时还能衰减本频道的第一伴音中频信号，以防止伴音干扰图像的现象。由于 Z101 不具备 33.5MHz 吸收能力，这样，在接收 NTSC-M 制信号时，因第一伴音中频信号为 33.5MHz，故仍会出现伴音干扰图像的现象。为了避免这种现象，在前置中放电路的输入端特设了一个专门的 33.5MHz 吸收网络，以衰减 33.5MHz 的 M 制第一伴音中频信号。33.5MHz 吸收网络由 C100、L101、

C104、C101 及 VT102 构成，VT102 起控制作用。当接收 NTSC-M 制信号时，CPU 的 35 引脚输出低电平，VT102 截止，此时，C100、C104 与 L101 构成一个 33.5MHz 串联谐振电路，能对 33.5MHz 的信号进行衰减。当接收其他制式信号时，CPU 的 35 引脚送来高电平，VT102 饱和，C101 接入电路，回路的谐振频率下降（低于 30MHz），从而停止对 33.5MHz 的衰减。

声表面滤波器输出的中频信号送至 LA76810 的 5 引脚和 6 引脚，先经图像中放电路进行放大，再送至视频检波电路。经视频检波后，产生视频信号（彩色全电视信号），同时还产生第二伴音中频信号。视频信号和第二伴音中频信号一方面从 52 引脚输出，另一方面经陷波后，吸收掉第二伴音中频信号，分离出视频信号，并经视频放大后，从 46 引脚输出。为了与机外输入的 AV 视频信号有所区别，我们不妨将 46 引脚输出的视频信号称为 TV 视频信号。

由于视频检波器采用 PLL 检波方式，故电路中设有 VCO（VCO 是压控振荡器的英文缩写）和 PLL 环路，VCO 振荡网络接在 48 引脚和 49 引脚，能产生 38MHz 的振荡信号，该信号提供给视频检波器。PLL 环路用来锁定 VCO 的振荡频率和相位，使 VCO 输出的 38MHz 振荡信号与图像中频信号之间保持严格的同步关系。PLL 环路滤波器接在 50 引脚外部，故 50 引脚的电压实际上就是 PLL 环路所产生的误差电压，该电压一方面用来控制 VCO 的振荡频率和相位，另一方面经 AFT 电路后从 10 引脚输出，作为调谐准确度信息，送至 CPU。

视频检波器输出的视频信号还有一路送至中频 AGC 电路，转化为 AGC 电压，以控制图像中放电路的增益。C204 为中频 AGC 滤波电容。中频 AGC 电压还经 RFAGC（高放延迟 AGC）电路处理后，从 4 引脚输出，送至调谐器，控制调谐器高放电路的增益。RF-AGC 的起控点、视频检波极性、陷波器的中心频率均受 $I^2C$ 总线的控制，图中用粗箭头表示。

### 2. 伴音中频处理电路

伴音中频处理电路如图 9–19 所示，52 引脚输出的视频信号和第二伴音中频信号经 C236、C240 和 L287 所构成的高通滤波器处理后，抑制掉视频信号，分离出第二伴音中频信号，送入 54 引脚。

54 引脚输入的第二伴音中频信号送至带通滤波器，由带通滤波器对第二伴音中频信号进行选频处理，再送至混合器。在混合器中，第二伴音中频信号与伴音 PLL 电路送来的伴音中频载频信号进行混合，从而使第二伴音中频信号的幅度得到提高，而其他干扰信号则相对得到衰减，这相当于对第二伴音中频信号进行了一次选频放大。53 引脚外接伴音 PLL 环路滤波器，以锁定伴音中频载频信号的频率和相位。

混合器输出的第二伴音中频信号经带通滤波和限幅放大后，送至 FM 检波器（即鉴频器）。限幅放大器在对伴音中频信号进行放大的同时，还能抑制寄生调幅，减小寄生调幅而带来的蜂音。FM 检波器能对伴音中频信号进行解调处理，输出音频信号。为了与机外输入的 AV 音频信号有所区别，我们不妨将 FM 检波器输出的音频信号称为 TV 音频信号。TV 音频信号经 C202 去加重后，送至音频开关。在音频开关中，与 51 引脚输入的 AV 音频信号进行切换。切换过程由 $I^2C$ 总线进行控制，当机器工作于 TV 状态时，音频开关置"1"位置，TV 音频能通过音频开关；当机器工作于 AV 状态时，音频开关置"2"位置，AV 音频能通过音频开关。音频开关输出的音频信号送至音量控制器，经音量调节后，从 1 引脚输出，送至伴音功放电路。伴音 PLL 电路、音频开关及音量控制电路均受 I²C 总线的控制。

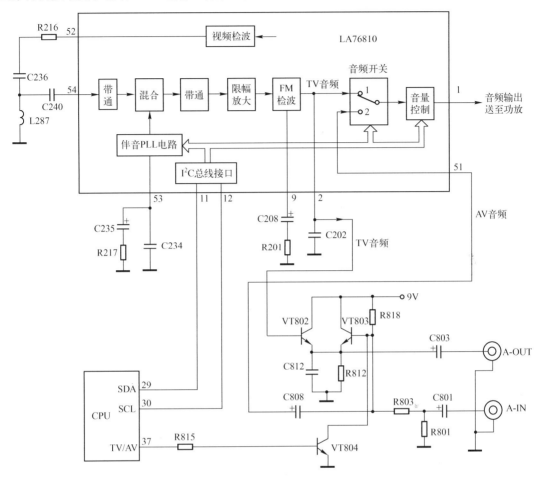

图 9-19　伴音中频处理电路

另一方面，FM 检波器产生的 TV 音频信号还要从 2 引脚输出，经 V802 射随后，再从 A-OUT 插孔送出机外。在 TV 状态时，CPU 的 37 引脚输出高电平，VT804 饱和，从而将 AV 音频信号旁路到地。同时，由于 VT804 饱和，VT803 会截止，VT802 导通，2 引脚输出的 TV 音频信号经 VT802 射随后，送出机外。在 AV 状态时，CPU 的 37 引脚输出低电平，VT804 截止，从 A-IN 孔输入的 AV 音频信号能送至 51 引脚。同时，由于 VT804 截止，其集电极输出高电平，使 VT803 导通，VT803 导通后，就迫使 VT802 截止。此时，AV 音频信号经 VT803 射随后，从 A-OUT 孔中输出。这样，就确保了 A-OUT 孔送出的音频信号总是与电路的工作状态相对应。

### 3. 视频切换电路

参考图 9-20，视频切换电路的作用是完成 TV 视频与 AV 视频的切换。46 引脚输出的 TV 视频信号经 R221 和 C248 耦合后，送至 44 引脚。再经钳位处理后，一方面送至视频开关，另一方面送至色度开关。42 引脚为 AV 视频信号输入端，AV 视频信号经钳位后，送至视频开关。

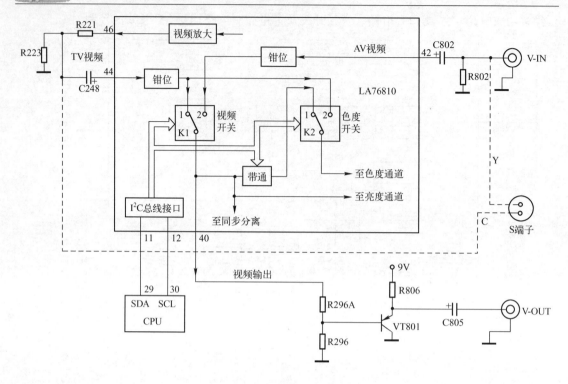

图 9-20　视频切换电路

在 TV 状态时，视频开关和色度开关均置 "1" 位置。此时，44 引脚输入的 TV 视频信号能通过视频开关，一方面从 40 引脚输出，经 VT801 射随后，送出机外；另一方面送至同步分离电路和亮度通道；再一方面经带通滤波后，分离出色度信号，再经色度开关，送至色度通道。带通滤波器的中心频率受 I²C 总线的控制，在 PAL 制时为 4.43MHz，在 NTSC 制时为 3.58MHz。

在 AV 状态时，视频开关置 "2" 位置，色度开关仍置 "1" 位置。此时，42 引脚输入的 AV 视频信号能通过视频开关，而 TV 视频信号被禁止。

另外，44 引脚也可输入 S 端子色度信号，42 引脚也可输入 S 端子亮度信号。在 S 状态下，视频开关和色度开关均置 "2" 位置。此时，44 引脚输入的色度信号经色度开关后，送至色度通道，42 引脚输入的亮度信号经视频开关后送至亮度通道。在长虹 G2108 彩电中，未设 S 端子。

视频开关和色度开关的工作情况受 I²C 总线的控制，带通滤波器的中心频率也受 I²C 总线的控制。

### 4. 亮度通道

亮度通道如图 9-21 所示，它主要负责处理亮度信号，对亮度信号进行色度陷波、延时、挖芯降噪、黑电平扩展、亮度控制、对比度控制等处理。

色度陷波器的作用是吸收色度信号，分离出亮度信号。色度陷波器有两种工作模式，即陷波模式和直通模式。模式切换可由系统自动控制，也可由 I²C 总线强行控制。若输入信号

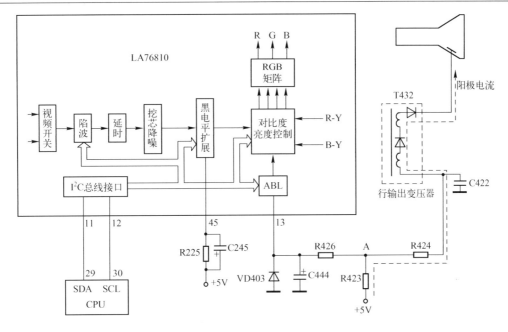

图 9-21　亮度通道

为彩色全电视信号，则陷波器工作于陷波模式。在此模式下，色度陷波器能吸收掉色度信号，分离出亮度信号。若输入的信号是色度信号（如接收 S 端子送来的信号），则色度陷波器工作于直通模式。在此模式下，陷波器实际上处于短路状态。陷波器的工作频率也有两种，即 4.43MHz 和 3.58MHz，若接收的信号制式为 PAL 制，则陷波器工作于 4.43MHz；若接收的信号制式为 NTSC 制，则陷波器工作于 3.58MHz。陷波器的工作频率可由内部电路进行自动设定，也可由 I²C 总线进行强行设定。

　　亮度延时电路能对亮度信号进行约 0.5μs 的延时，以便使亮度信号和色度信号能同时到达 RGB 矩阵电路，确保套色准确，防止彩色拖尾现象。

　　挖芯降噪电路的作用是提高信噪比，挖芯降噪电路的传输特性如图 9-22 所示，由图可知，当输入信号幅度位于 A、B 之间的区域时，输出信号为零，这样就可将那些幅度小于有用信号的噪声挖去，从而提高了信噪比。挖芯降噪电路在挖掉小幅度干扰信号的同时，也会挖掉位于挖芯区域内的有用信号，因此，挖芯区域不宜太大，否则，会对图像内容产生较大的影响。

　　黑电平延伸电路能在不改变白电平的同时，对亮度信号的浅黑电平进行延伸，使其向黑电平方向扩展，但不会超过黑电平。经黑电平延伸后，可加大亮度信号的对比度，使暗区图像层次变得丰富。45 引脚外接黑电平检测滤波器，可将浅黑电平电压检测出来。

　　经黑电平扩展后的亮度信号送至对比度、亮度控制电路。对比度、亮度控制电路用以调节亮度信号的幅度和平均直流电平，采用亮度信号和色度信号同调的方式，确保在不同的亮度和对比度下，都能获得满意的彩色。

　　13 引脚加有 ABL 控制电压，当屏幕亮度过大时（即阳极电流过大），A 点电压下降，经 R426 和 C444 滤波后，送至 13 引脚，使 13 引脚电压也下降。经 ABL 电路控制图像的亮

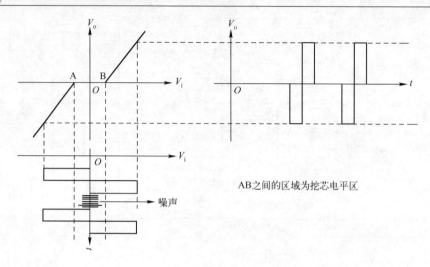

图 9-22　挖芯降噪电路传输特性

度和对比度，使亮度和对比度均下降，从而自动限制了屏幕的亮度和对比度。ABL 电路的起控点、黑电平扩展起点、陷波器的中心频率均由 I²C 总线进行控制，图像的亮度和对比度也由 I²C 总线进行调整，用户可通过操作遥控器来调节图像的对比度及亮度。

**5. 色度通道**

色度通道如图 9-23 所示，它主要负责处理色度信号，对色度信号进行放大、解调、基带延时等处理。

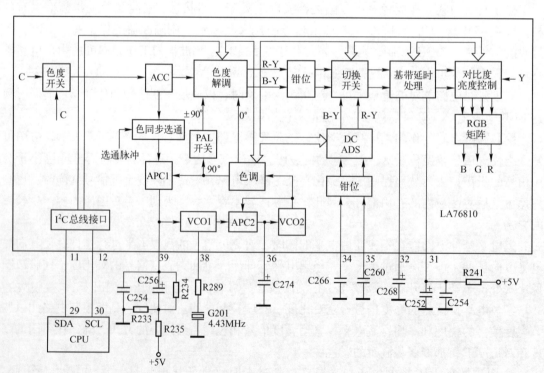

图 9-23　色度通道

　　色度开关输出的色度信号送至 ACC 放大器，ACC 放大器能根据色度信号的强弱来自动调整电路的增益。当输入的色度信号强时，ACC 放大器的增益就低；若输入的色度信号弱时，ACC 放大器的增益就高。ACC 放大器输出的色度信号送至色度解调电路，色度解调电路包含一个 U 同步检波器和一个 V 同步检波器。它们在副载波的配合下，完成对色度信号的解调任务，输出 R-Y 和 B-Y 信号。R-Y 和 B-Y 信号经钳位处理后，送至切换开关。34 和 35 引脚分别为 SECAM 制 B-Y 和 R-Y 信号输入端，输入的信号经钳位和黑电平调整后，也送至切换开关。SECAM 制黑电平调整由 $I^2C$ 总线来完成，由于本机未设 SECAM 制解调电路，故 34 和 35 引脚经电容接地。

　　切换开关的工作过程受 $I^2C$ 总线的控制，在 PAL/NTSC 制时，切换开关选择色度解调电路送来的 R-Y 和 B-Y 信号；在 SECAM 制时，切换开关选择 34 和 35 引脚输入的 B-Y 和 R-Y 信号。切换开关输出的 R-Y 和 B-Y 信号送至基带延时电路。在 PAL 制时，信号经基带延时处理后，能使失真分量相互抵消；在 NTSC 制时，基带延时电路处于直通状态，对信号不作延时处理。在 SECAM 制时，基带延时电路能对信号进行复用处理，使每一行都能输出 R-Y 和 B-Y 信号。基带延时电路受 $I^2C$ 总线的控制，以适应不同制式的要求。基带延时电路输出的 R-Y 和 B-Y 信号经对比度调节后，送至 RGB 矩阵电路。色度信号的对比度调整也由 $I^2C$ 总线来完成。

　　了解了色度信号的处理过程后，我们再来了解一下副载波信号的形成过程。在副载波再生电路中，只设一个 4.43MHz 振荡晶体 G201，它接在 38 引脚外部。3.58MHz 的 NTSC 制副载波是通过频率合成技术来获得的。

　　ACC 放大器输出的另一路色度信号送至色同步选通电路，由色同步选通电路分离出色同步信号，送至 APC1（第一鉴相器）。38 引脚外接 4.43MHz 晶体，与内部 VCO1 电路构成基准振荡器，振荡频率受 APC1 电路控制。APC1 电路通过对色同步信号和再生副载波信号进行比较后，输出误差电压，再由 39 引脚外围的环路滤波器进行滤波，将误差电压转化为直流电压，用以控制 VCO1 的振荡频率和相位。环路锁相后，VCO1 输出的基准信号与色同步信号保持严格的同步关系。

　　VCO1 输出的基准信号送至 APC2 电路，在 APC2 中，与 VCO2 产生的副载波信号进行比较，并输出误差电压，经 36 引脚外围电容进行滤波，转化为直流电压，进而锁定 VCO2 的振荡频率和相位。环路锁相后，VCO2 输出的副载波信号与色同步信号及 VCO1 输出的信号均保持严格的同步关系。VCO2 输出的副载波经色调控制及 PAL 开关后，送至色度解调器。当电路工作于 PAL 制时，副载波频率为 4.43MHz，此时，色调电路送出 0° 和 90° 的副载波。90° 副载波再经 PAL 开关进行逐行倒相处理，变成 ±90° 的副载波，以满足 PAL 制解调的需要。当电路工作于 NTSC 制时，副载波频率为 3.58MHz，色调电路输出 0° 和 90° 的副载波直接送至色度解调电路，以满足 NTSC 制解调的需要。在 NTSC 制时，可以进行色调调节，色调调节由 $I^2C$ 总线来完成。

**6. RGB 处理电路**

　　RGB 通道如图 9-24 所示，其作用是完成内/外 RGB 信号切换和黑白平衡调整。内 RGB 信号由 RGB 矩阵电路送来，它实际上就是图像 RGB 信号。外 RGB 信号是由 CPU 送来的字符 RGB 信号，从 14、15 及 16 引脚输入。字符 RGB 信号经钳位和字符对比度控制后，送至

OSD 开关。内、外 RGB 信号在 OSD 开关中进行切换，切换过程由 17 引脚输入的字符消隐脉冲进行控制，字符消隐脉冲也由 CPU 送来。在字符显示期间，字符消隐脉冲为高电平，OSD 开关选择字符 RGB 信号，而将图像 RGB 信号禁止；在无字符显示期间，字符消隐脉冲为低电平，OSD 开关选择图像 RGB 信号，而将字符 RGB 信号禁止，从而形成字符镶嵌在图像上的效果。OSD 开关输出的 RGB 信号经黑白平衡调整后，从 19、20 及 21 引脚输出，送至末级视放电路，以作进一步放大处理。字符对比度控制由 $I^2C$ 总线来完成，黑白平衡调整也由 $I^2C$ 总线来完成，在末级视放电路中，无需再设置可变电阻。

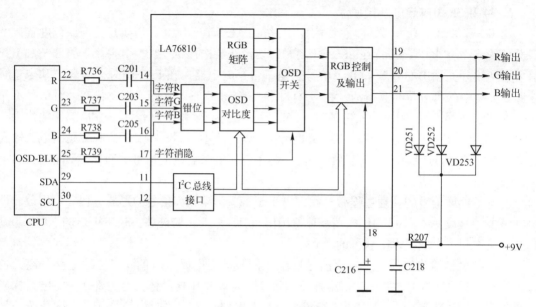

图 9-24　RGB 通道

19、20 及 21 引脚外部分别接有钳位二极管，输出的 RGB 信号幅度还会超过 9V。18 引脚为 RGB 处理电路的供电端，18 引脚内部设有 + 8.0V 的稳压管，以确保它的电压为 + 8.0V。

### 7. 行、场扫描小信号处理电路

行、场扫描小信号处理电路如图 9-25 所示。25 引脚为行电路及 $I^2C$ 总线接口供电端，内置 5.0V 稳压管。当 25 引脚有 5.0V 电压输入时，行 VCO 电路便开始工作，产生 4.0MHz 的振荡信号，经 1/256 分频后，得到行频脉冲。该脉冲送至 AFC1 电路，与同步分离电路送来的复合同步信号进行比较。通过比较后，产生一个误差电压，这个误差电压由 26 引脚外围的环路滤波器进行滤波，转化为直流电压，用来控制行 VCO 的振荡频率和相位。当环路锁相后，行频脉冲与行同步脉冲之间保持严格的同步关系。

经 AFC1 锁相后的行频脉冲送至 AFC2 电路，并与 28 引脚输入的行逆程脉冲进行比较，产生误差电压，以对行频脉冲的相位进行调节（调节行中心位置）。当环路锁相后，行频脉冲与行逆程脉冲之间也保持严格的同步关系。经两次锁相后的行频脉冲从 27 引脚输出，送至行推动电路。行 AFC 电路的增益及移相器受 $I^2C$ 总线的控制。

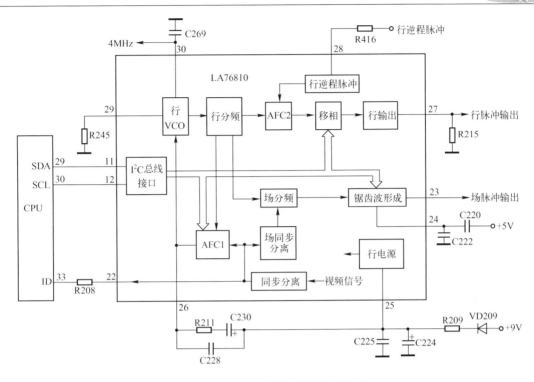

图 9-25 行、场扫描小信号处理电路

行分频电路还要输出一路 $2f_H$ 脉冲（二倍行频脉冲），送至场分频电路，场分频过程受场同步信号的控制。场分频电路实质上是一数字分频器，它通过对场同步脉冲进行计数后，来确定分频系数，进而完成分频过程，产生场脉冲。场脉冲经锯齿波形成后，转化为锯齿波电压，从 23 引脚输出，送至场输出集成块。接在 24 引脚外围的电容 C222 和 C220 为锯齿波形成电容。场幅、场线性皆受 $I^2C$ 总线的控制。

30 引脚为 4.0MHz 信号输出端，4.0MHz 信号可以送至 SECAM 解调电路，作为 SECAM 解调器所需的时钟信号。因本机无 SECAM 功能，故此路信号未用。22 引脚为同步信号输出端，同步信号送至 CPU 的 33 引脚，CPU 通过检测这一信号来判断系统有无收到电视节目。

## 9.2.4 末级视放电路

末级视放电路如图 9-26 所示，它的主要任务是对 R、G、B 三基色信号进行电压放大。末级视放电路由 VT901、VT902 及 VT903 等元器件构成。VT901 用于 R 基色放大，R 信号从 VT901 基极输入，经电压放大后，从集电极输出，再经 R917 送至显像管的 R 阴极。VT902 和 VT903 分别用于 G 基色和 B 基色放大，C901、C902 和 C903 为高频补偿电容。

VT905 及周边元器件构成恒压偏置电路，为三个视放管的发射极提供偏置电压。+9V 电压经 R910 和 R912 分压后，在它们公共点上建立起 2.4V 左右的直流电压，再经 VD904、VD905 降压，在 VT905 的基极上形成 1.2V 的直流电压，从而使 VT905 射极输出约 1.8V 的直流电压，此电压提供给 VT901、VT902 及 VT903 的射极。采用恒压偏置电路来给视放管的发射极提供偏置电压，有利于减小纹波对末级视放电路的影响。

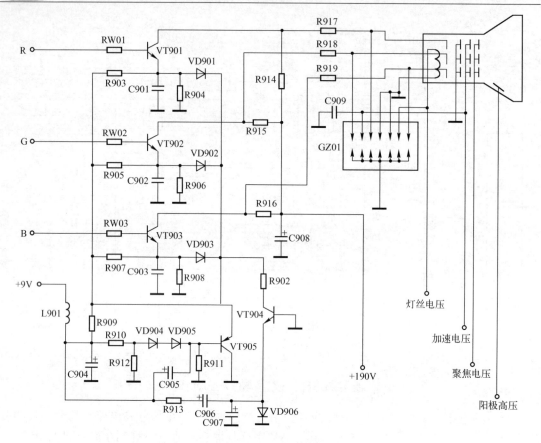

图9-26　末级视放电路

VT904、VD906、C906、C907 等元器件构成关机消亮点电路，机器工作时，C906 两端充有 8.3V 的电压（左正右负），C907 两端充有 0.7V 电压（上正下负）。关机后，C906 放电，放电路径为：C906 +→R913→R910→R912→地→C907 -→C907 +→C906 -。这个放电过程事实上是对 C907 进行反充电的过程，它先将 C907 上原来的电压中和掉，再对 C907 反充电，使 C907 上形成下正上负的电压。当 C907 上的反充电电压达到 0.7V（即上端对地电压为 -0.7V）时，VT904 导通。VT904 导通后，VD901、VD902 及 VD903 也导通，进而使 VT901、VT902 及 VT903 也导通，它们集电极输出的电压较低，从而使三阴极电压也较低，阴极表面大量余热电子在残留高压的作用下向荧光屏方向发射，并将阳极高压迅速中和掉。阳极高压中和后，便不再有电子射向荧光屏，从而达到关机消亮点的目的。显然，这是一种泄放式关机消亮点电路。

由于黑白平衡调整是在 LA76810 中进行的，故末级视放电路中无需设置任何可调电阻。这样，不但简化了末级视放电路，而且还提高了末级视放电路的可靠性。

### 9.2.5　伴音功放电路

伴音功放电路如图 9-27 所示，其作用是对音频信号进行功率放大，并以足够的功率推动扬声器工作。

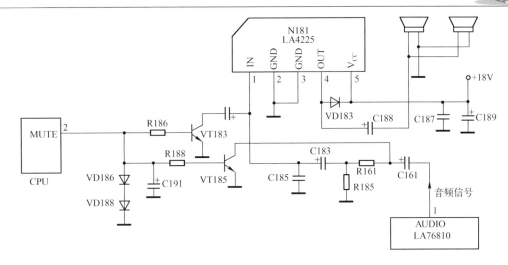

图 9-27 伴音功放电路

伴音功放电路以 LA4225 为核心构成，LA4225 是日本三洋公司生产的单声道 5W 音频功率放大器，其功放级采用 OTL 形式，外部需接耦合电容。LA4225 具有供电电压范围宽（5～22V）、所需的外围元器件少、无需任何调整、工作稳定等特点，因而广泛用于小屏幕彩电中。LA4225 的引脚功能及检修数据见表 9-6。

表 9-6 LA4225 引脚功能及检修数据

| 引 脚 | 符 号 | 功 能 | 电压（V） | 对地电阻（kΩ） | |
| --- | --- | --- | --- | --- | --- |
| | | | | 黑笔接地 | 红笔接地 |
| 1 | IN | 音频信号输入 | 1.3 | 6.1 | 7.6 |
| 2 | GND | 接地 | 0 | 0 | 0 |
| 3 | GND | 接地 | 0 | 0 | 0 |
| 4 | OUT | 音频信号输出 | 8.5 | 0.9 | 0.9 |
| 5 | $V_{cc}$ | 供电 | 18 | 3.2 | 13 |

由 LA76810 的 1 引脚输出的音频信号经 RC 耦合后，送至 LA4225 的 1 引脚，由 LA4225 进行功率放大。放大后的音频信号从 4 引脚输出，经电容耦合后送至扬声器。

VT183 和 VT185 组成静音控制电路，在搜索节目、无信号状态及人工静音状态时（按遥控器上的静音键），CPU 的 2 引脚输出高电平，VT183、VT185 饱和导通，将音频信号旁路到地，使扬声器无声音发出。在正常收视状态下，CPU 的 2 引脚输出低电平，VT183 和 VT185 截止，扬声器正常发声。

### 9.2.6 场输出电路

场输出电路以 LA7840 为核心构成，LA7840 是日本三洋公司推出的，内含场锯齿波功率放大器，泵电源及热保护器等电路，常用于小屏幕彩电中。它具有功耗小、效率高、失真小、与小信号处理器之间无需连接反馈网络等特点。LA7840 采用单列直插 7 引脚封装形式，各引脚功能及检修数据见表 9-7。

表 9-7 LA7840 引脚功能及检修数据

| 引　脚 | 符　号 | 功　能 | 电压（V） | 对地电阻（kΩ） | |
| --- | --- | --- | --- | --- | --- |
| | | | | 红笔接地 | 黑笔接地 |
| 1 | GND | 接地 | 0 | 0 | 0 |
| 2 | VER OUT | 场锯齿波输出 | 12.2 | 0.5 | 0.5 |
| 3 | $V_{CC2}$ | 场输出级供电 | 25 | ∞ | 4.6 |
| 4 | VERF | 运放器同相输入 | 2.2 | 1.7 | 1.6 |
| 5 | INVERTING IN | 运放器反相输入 | 2.2 | 7.2 | 5.2 |
| 6 | $V_{CC1}$ | 供电 | 24.5 | 16.0 | 5.0 |
| 7 | PUMP UP | 场逆程脉冲输出 | 1.8 | 32.1 | 5.7 |

场输出电路如图 9-28 所示，由小信号处理器（LA76810）23 引脚输出的场锯齿波电压经 R302 送到 LA7840 的 5 引脚，经锯齿波功率放大器放大后，从 2 引脚输出，送入偏转线圈。

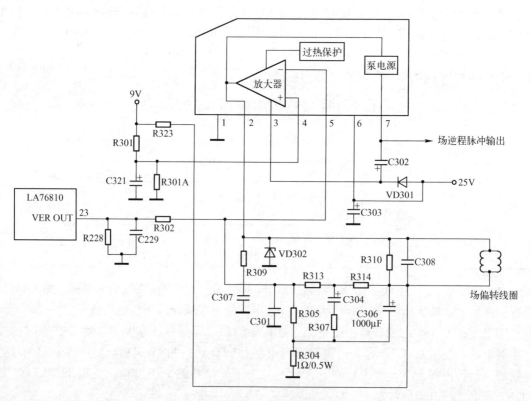

图 9-28　场输出电路

锯齿波电流流过偏转线圈的路径为：LA7840 的 2 引脚→场偏转线圈→C306（1000μF）→R304（1Ω）→地。C306 为锯齿波耦合电容，当锯齿波流过 R304 后，会在 R304 上形成一定的锯齿波电压，该电压经 R305、R307、C304、R313 反馈至 LA7840 的 5 引脚，此路反馈是一种交流反馈，意在补偿场线性。C306 上端的直流电压通过 R314、R313 反馈至 LA7840 的 5 引脚，意在稳定电路的工作点。实践证明，这些反馈电路对场线性及场幅影响极大，因此，当场线性不良且伴随着场幅变大或变小时，应重点检查这些电路。

VD301 与 C302 构成自举升压电路，在场扫描正程期间，25V 电源通过 VD301 和 7 引脚内部电路对 C302 充电，C302 上充有大约 25V 的电压；在场逆程期间，25V 电源从 6 引脚输入，通过 LA7840 内部电路与 C302 上的充电电压相叠加，使总电压上升到 50V 左右，这个 50V 电压加到 LA7840 的 3 引脚，作为输出级的供电电压，从而提高了电路的工作效率。LA7840 的 7 引脚还能输出场逆程脉冲，送至 CPU，作为字符垂直定位信号。

R309 与 C307、VD302 起保护作用，防止偏转线圈上的反峰电压对集成块的冲击；R310 与 C308 起阻尼作用，防止偏转线圈与电路中的分布电容发生寄生振荡。

### 9.2.7　遥控系统

**1. 微处理器介绍**

长虹 CN-12 机心使用 LC8633XX 系列芯片充当遥控系统的 CPU，LC8633XX 系列芯片是日本三洋公司推出的 8 位单片微处理器，它广泛用于国产新型数码彩电中。该系列微处理器所包含的主要型号有：LC863316A、LC863320A、LC863324A、LC863328A 及 LC863332A 等。这类微处理器的硬件结构基本相同，只是内部 ROM 容量略有区别，CPU 型号的后两位数实际上反映了芯片内 ROM 的容量，如 LC863324A 内部 ROM 容量为 24KB，而 LC863316A 内部 ROM 容量为 16KB。

LC8633XX 系列芯片内含 ROM（用于编程）、RAM（容量为 512 字节）、屏显（OSD）RAM（容量为 396 字节）、5 路 8 位模/数变换器、3 路 7 位 PWM 输出口、2 个 16 位定时器/计数器、1 个 14 位时基定时器、一个 8 位同步串行接口电路及 $I^2C$ 总线兼容串行接口电路、15 个中断源、集成化系统时钟发生器和屏显时钟发生器。

LC8633XX 系列芯片采用 42 引脚双列直插封装形式，如图 9-29 所示。LC8633XX 芯片具有编程能力，它主要依靠 I/O 端口及中断输入端口来完成整机控制。这些端口的具体控制功能完全由厂家进行设定，厂家只需向芯片内部 ROM 中写入不同的控制软件，便可对上述引脚的具体功能进行定义。因而，当 LC8633XX 芯片用于不同品牌彩电时，其引脚具体功能可能存在较大的差别，这是数码彩电 CPU 与普通遥控彩电 CPU 的最大区别。

在长虹 CN-12 机心中，厂家根据 CN-12 机心的控制要求进行编程，然后将程序（软件）写入到 LC8633XX 芯片内部的 ROM 中，形成掩膜片，并对掩膜片重新进行命名，形成诸如 CHT0406、CHT0410 等型号的 CPU，这些 CPU 具有如下一些基本功能特点。

（1）直接输出三波段控制电压。

（2）具有多制式自动识别功能及强制式识别功能。

（3）具有定时开机、关机及节目预约功能。

（4）具有日历查寻功能（500 年或 1000 年），可预置图文功能。

（5）中/英文屏幕显示及简单的图形操作界面。

（6）具有定时时钟提醒功能及童锁功能。

（7）具有图像模式选择功能。

（8）具有节目排序功能及节目自动轮流显示功能。

（9）具有俄罗斯方块游戏功能等。

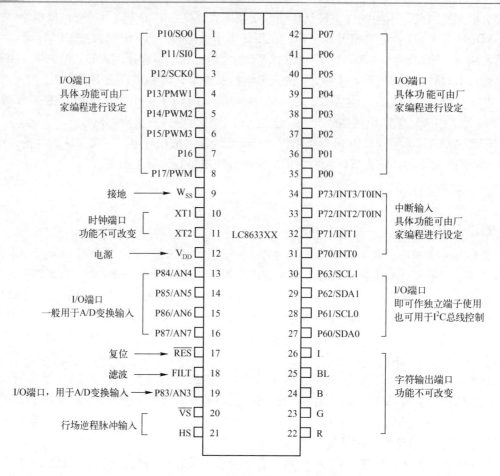

图 9-29　LC8633XX 系列芯片封装图

CHT0410 是 CHT0406 的升级产品，其软件版本更高。在 CHT0406 上未作功能定义的引脚，在 CHT0410 上却有了定义，因此 CHT0410 的控制能力更强。长虹 G2108 彩电使用的 CPU 为 LC863328（CHT0406），各引脚功能定义及电压见表 9-8。

表 9-8　LC863328（CHT0406）引脚功能定义及电压

| 引　脚 | 符　号 | 功　能 | 电压（V） | 备　注 |
|---|---|---|---|---|
| 1 | BASS | 低音控制 | 0.5 | |
| 2 | MUTE | 静音控制输出端 | 0.0 | |
| 3 | | 未定义 | 0.0 | CHT0410 用于 50/60Hz 控制 |
| 4 | SECAM | SECAM 制控制 | 0.0 | |
| 5 | | 未定义 | 0.0 | CHT0410 用于音量控制 |
| 6 | | 未定义 | 0.0 | CHT0410 用于梳状滤波器控制 |
| 7 | POWER | 待机控制输出端 | 0.0 | |
| 8 | TUNE | 调谐脉冲电压输出端 | 4.2 | |
| 9 | GND | 接地 | 0.0 | |

续表

| 引　脚 | 符　号 | 功　能 | 电压（V） | 备　注 |
|---|---|---|---|---|
| 10 | XTAL1 | 外接时钟振荡晶体 | 1.5 | |
| 11 | XTAL2 | 外接时钟振荡晶体 | 2.5 | |
| 12 | V_DD | +5V 电源 | 5.0 | |
| 13 | KEY-IN1 | 键控指令输入端 | 0.0 | |
| 14 | AFT IN | AFT 电压输入端 | 2.9 | |
| 15 | GND | 接地 | 0.0 | |
| 16 | KEY-IN2 | 键控指令输入端 | 0.0 | |
| 17 | RESET | 复位端 | 4.8 | |
| 18 | FILTER | 时钟 PLL 环路低通滤波 | 2.7 | |
| 19 | | 未定义 | 0.9 | CHT0410 用于模式设置 |
| 20 | V-SYNC | 场脉冲输入端 | 4.9 | |
| 21 | H-SYNC | 行脉冲输入端 | 4.2 | |
| 22 | R | 字符 R 信号输出端 | 0.0 | |
| 23 | G | 字符 G 信号输出端 | 0.0 | |
| 24 | B | 字符 B 信号输出端 | 0.0 | |
| 25 | OSD-BLK | 字符消隐信号输出端 | 0.0 | |
| 26 | | 未定义 | 0.0 | |
| 27 | | 未定义 | 0.0 | CHT0410 用于 $I^2C$ 总控制（SDA） |
| 28 | | 未定义 | 0.0 | CHT0410 用于 $I^2C$ 总控制（SCL） |
| 29 | SDA | $I^2C$ 总线数据输入/输出端 | 4.7 | |
| 30 | SCL | $I^2C$ 总线时钟信号输出端 | 4.6 | |
| 31 | SAFTY | 过流保护检测输入端 | 5.0 | |
| 32 | CS | 总线 ON/OFF 控制端 | 5.0 | |
| 33 | ID | 电台识别信号输入端 | 0.8 | |
| 34 | REM-IN | 遥控指令输入端 | 5.0 | |
| 35 | SIF | 伴音制式控制 | 3.7 | |
| 36 | | 未定义 | 0.0 | CHT0410 用于伴音制式控制 |
| 37 | TV/AV | TV/AV 控制端 | 4.9 | |
| 38 | | 未定义 | 0.0 | CHT0410 用于 TV/AV 控制 |
| 39 | | 未定义 | 0.0 | CHT0410 用于 3.58/4.43 控制 |
| 40 | UHF | U 波段控制电压输出 | 5.0 | |
| 41 | VH | VH 波段控制电压输出 | 0.0 | |
| 42 | VL | VL 波段控制电压输出 | 5.0 | |

**2. 遥控系统线路分析**

遥控系统如图 9-30 所示。1 引脚为重低音控制端，因本机无重低音功能，故未用此引脚。4 引脚为 SECAM 制式控制端，本机无 SECAM 制功能，故未用此引脚，将其接地。

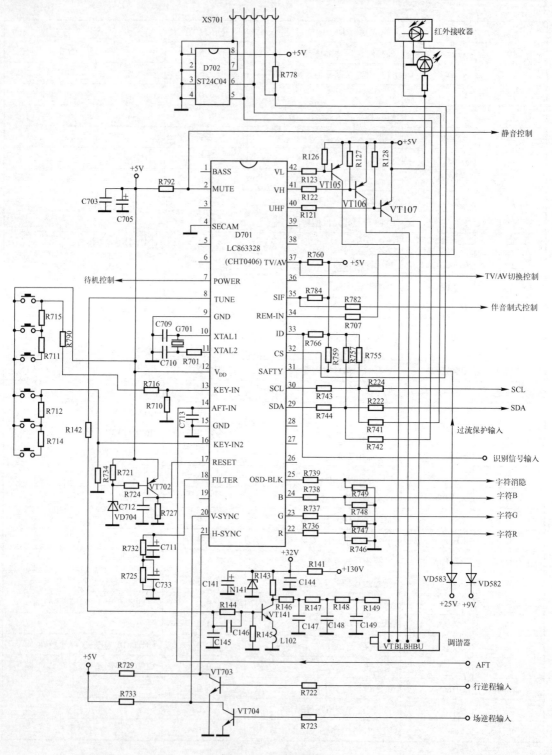

图 9-30　遥控系统

2 引脚为静音控制端，静音控制电压送至功放电路，在正常工作情况下，2 引脚输出低电平，功放电路处于正常工作状态，扬声器有声音发出；在调谐状态、无信号状态或按遥控器上的静音键后（人工静音），2 引脚就会输出高电平，从而使功放电路处于静音状态，扬声器无声音发出。

7 引脚输出待机控制电压，正常工作时，7 引脚输出低电平，对电源电路不产生影响。在待机（即遥控关机）时，7 引脚输出高电平，送至电源电路，使电源处于待机工作状态。此时，电源处于弱振荡状态，+B 电压约下降一半，扫描电路停止工作。

8 引脚为调谐控制端，在调谐时，8 引脚输出一列 PWM 脉冲，经 V141 倒相放大后，再经三节 RC 积分滤波器滤波，将 PWM 脉冲转换为直流电压，送至调谐器，控制调谐器进行选台。调谐时，8 引脚的直流电压变化范围为 0~5.0V，调谐器 VT 端电压的变化范围为 0~32V。

10 和 11 引脚外接 32kHz 振荡网络，以产生 32kHz 基准时钟。基准时钟送至相位检测器，在相位检测器中，基准时钟与时钟振荡器送来的系统时钟进行比较，并产生误差电压，再由 18 引脚外接的环路滤波器进行滤波处理，将误差电压转换为直流电压，进而锁定时钟振荡器的振荡频率，这种锁相控制方式能有效提高系统时钟的频率稳定度。32kHz 的基准时钟还要用来对字符时钟进行锁相控制。

12 引脚为供电端子，采用 +5V 电压供电，允许 ±0.5V 的偏差，若供电电压高于 5.5V 或低于 4.5V，CPU 就难以稳定工作，甚至停止工作。

13 引脚和 16 引脚为键盘控制指令输入脚，外接本机键盘，共设 6 个按键，13 引脚和 16 引脚各接 3 个。每按一个按键，13 引脚或 16 引脚就会有一个相应的电压（指令）输入。这个电压经 CPU 内部电路处理后，变成相应的控制指令，并控制相关电路，完成相应的操作。

14 引脚为 AFT 电压输入端，AFT 电压来自小信号处理器 LA76810 的 10 引脚。AFT 电压有两方面作用，在自动搜索时，CPU 通过检测 AFT 电压来确定精确的调谐点，以便在调谐最准确时完成记忆操作；在正常收视状态下，CPU 通过检测 AFT 电压来产生调谐校正信息，并从 8 引脚输出调谐校正电压，以锁定调谐器工作频率。

17 引脚为复位端子，外接复位电路，属低电平复位方式。复位电路能确保 CPU 在供电电压上升过程中不工作，以免发生误动作，而待供电电压上升至正常值后，再工作。复位电路的工作过程是：刚开机时，+5V 电压还未上升到足够值，VD704 截止，VT702 也截止，集电极输出低电平，CPU 开始复位，各输出端口清零。当 +5V 上升到稳定值后，VD704 导通，VT702 饱和，17 引脚变成高电平，系统复位结束，CPU 开始工作。

21 和 20 引脚分别为行、场逆程脉冲输入脚，它们分别来自行输出电路和场输出电路，且经倒相放大后，送入到 21 和 20 引脚。行、场逆程脉冲主要用来控制 CPU 内部的字符发生器，对字符显示起定位作用，使字符能显示在扫描正程。因而，行、场逆程脉冲中的任何一个丢失，都会出现无字符显示的故障。字符信号一旦产生，便以三基色形式从 22、23 和 24 引脚输出，分别送至小信号处理器 LA76810 的 14、15 和 16 引脚。同时，还从 25 引脚输出字符消隐信号，送到 LA76810 的 17 引脚。在 CPU 的 25 引脚输出高电平期间，字符信号有效，并能通过 LA76810 内部电路而送到末级视放电路，最终显示在屏幕上；在 25 引脚输出低电平期间，字符信号被禁止，不能通过 LA76810。

29 引脚和 30 引脚为 $I^2C$ 总线输出端，外部挂接存储器（ST24C04）及小信号处理器（LA76810）。每次开机后，CPU 都要通过 $I^2C$ 总线从存储器中调出控制数据及用户数据，再通过 I²C 总线将这些数据送到小信号处理器，使小信号处理器进入相应的工作状态。本机的绝大多数控制功能是由 I²C 总线来完成的。

31 引脚为过流保护检测端，31 引脚经二极管接在 +9V 和 +25V 电源上。正常工作时，二极管处于截止状态，31 引脚为高电平（5.0V）。若 +9V 或 +25V 电源中的任何一个出现过流（电源对地短路）时，相应的二极管便会导通，31 引脚电压就会变为低电平。只要 31 引脚电压下降到 3.0V 以下，且持续 1 分钟时，CPU 便从 7 引脚输出待机控制指令（高电平），整机停止工作，电源进入待机状态，此时用遥控器也不能开机。

32 引脚为 I²C 总线开/关控制端，正常工作时，32 引脚为高电平。当该引脚为低电平时，CPU 就不再拥有 I²C 总线控制权。在遥控系统中，专门设有一个接插件 XS701，以便与外部计算机进行连接。在生产调试时，外部计算机经 XS701 向 CPU 的 32 引脚提供一个低电平，CPU 便将 I²C 总线控制权交由外部计算机管理。此时，外部计算机便将最佳控制数据通过接插件 XS701 送入到机内存储器中，或存入到 CPU 内的 ROM 中。

33 引脚为电台识别信号输入端子，电台识别信号由视频信号中的同步头来担任，它来源于 LA76810 的 22 引脚。CPU 通过检测电台识别信号来了解系统是否收到了节目。在全自动搜索时，调谐电压会不断改变调谐器的工作频率，当调谐器大致接收到一套节目后，屏幕上就会出现图像，此时，LA76810 的 22 引脚就会输出同步信号，并送入 CPU 的 33 引脚。CPU 检测到同步信号后，以便做出有节目的判断，同时放慢调谐速度，并开始检测 14 引脚的 AFT 电压。当 AFT 电压表明调谐处于最佳状态时，CPU 便发出存台指令，将节目的有关信息存入到 E²PROM（ST24C04）中，节目号自动加 1，接着继续搜索、存储下一套节目。如果 CPU 的 33 引脚无同步信号输入，CPU 就会做出无节目的判断，从而产生蓝屏、静音现象。10 分钟后，若 33 引脚仍无电台识别信号输入，便从 7 引脚输出待机控制电压，机器自动关闭。

34 引脚为红外遥控指令输入端，与红外接收器相连。红外接收器将接收到的红外遥控信号进行放大和解调后，送入 34 引脚，由 CPU 对遥控信号进行译码处理。

35 引脚输出伴音制式控制电压，控制 33.5MHz 吸收电路的工作与否。在接收 NTSC-M 制信号时，35 引脚输出低电平，33.5MHz 吸收电路工作。接收其他制式时，35 引脚输出高电平，33.5MHz 吸收网络停止工作，这样便可确保中频电路能适应不同制式的要求。

37 引脚输出 TV/AV 控制电压，当电路工作于 TV 状态时，37 引脚输出高电平；当电路工作于 AV 状态时，37 引脚输出低电平。

40、41 和 42 引脚为波段控制电压输出端，分别控制 VT107、VT106 和 VT105 的通/断，进而控制调谐器的工作波段。当 40 引脚输出低电平时，VT107 饱和导通，调谐器的 BU 端子得到供电，调谐器工作于 U 波段；同理，当 41 引脚或 42 引脚输出低电平时，VT106 或 VT105 饱和导通，调谐器的 BH 端或 BL 端得到供电，调谐器工作于 VH 或 VL 波段。任何时刻，这三个引脚只有一个是低电平，其余两个均为高电平。

3、5、6、19、26、27、28、36、38 及 39 引脚的功能未定义，因而这些引脚悬空未用。这也正好说明了采用 I²C 总线控制方式后，能有效节省 CPU 上的控制引脚。

## 9.2.8 I²C 总线调整密码

长虹 CN-12 机心所包含的具体机型虽然很多，但它们进入维修模式的方法及调整方法是相同的，只是调整项目的多少及设置的数据略有差异而已。

### 1. 维修模式的进入与退出

用遥控器将音量关到最小，同时按住遥控器的"静音（MUTE）"键和电视机的"TV/AV"键不放，直到屏幕显示"S"符号，表明机器进入维修模式。

调整完毕，用遥控器关机即可退出维修模式，再次开机后，电视机便处于正常工作状态。

### 2. 调整方法及数据

在维修模式下，用遥控器上下选择键"↑/↓"可选择调整项目，用左右选择键"←/→"可改变数据，调整清单见表 9-9，表中所列的数据为 G2108 彩电所有。

**表 9-9　CN-12 机心彩电调整清单**

| 项　目 | 调整内容 | 数　据 |
|---|---|---|
| V. POS/50Hz | 50Hz 场中心 | 52 |
| OPT. PW-OFF | 关机模式设置 | 0 |
| SRCH SPEED | 调谐速度设置 | 2 |
| OPT. GAME | 游戏功能预置（设为 0 时，无游戏功能） | 1 |
| OPT. CALEND | 日历显示预置 | 1 |
| OPT. CLOCL | 时钟功能预置 | 1 |
| OPT. SECAM | SECAM 模式设定 | 0 |
| OPT. SUPER | 超强接收模式设定 | 0 |
| OPT. PW-ON | 开机模式设置（设为 1 时，需二次开机） | 0 |
| OPT. S-VHS | S 端子设定（设为 1 时，无 TV 功能） | 0 |
| OPT. M. AUTO | 自动 M 制式设置 | 0 |
| OPT. TV/AV | TV/AV 设定（设为 0 时，无 AV 功能） | 1 |
| OPT. H. S. X | "红双喜"预置 | 0 |
| S. START. CH | | 0 |
| OPT. T. TEXT | 文字功能设定 | |
| OPT. BASS | 低音功能设定 | 0 |
| OPT. AUTO | 自动彩色制式识别设定（设为 0 时，无自动彩色识别功能） | 1 |
| OPT. SIF | 伴音中频设定 | 3 |
| SUB. SHARP | 副锐度设定 | 63 |
| SUB. TINT | 副色调设置 | 31 |
| SUB. COLOR | 副彩色设置 | 63 |
| FM. LEVEL | FM 解调幅度设定 | 22 |
| VIDEO. LVL | 视频幅度设定 | 4 |
| CROSS. B/W | 维修信号选择 | 0 |
| H. BLK. R | 行右消隐设定 | 0 |
| H. BLK. L | 行左消隐设定 | 4 |

续表

| 项　目 | 调整内容 | | 数　据 |
|---|---|---|---|
| SYNC. KILL | 同步 | | 0 |
| H. AFC. GAIN | 行 AFC 增益设定 | | 0 |
| SECAM. R. DC | SECAM（R-Y）黑电平设定 | | 0 |
| SECAM. B. DC | SECAM（B-Y）黑电平设定 | | 0 |
| BDRIVE | B 驱动 | 白平衡调整 | 77 |
| GDRIVE | G 驱动 | | 15 |
| RDRIVE | R 驱动 | | 79 |
| BAIAS | B 截止 | 黑平衡调整 | 120 |
| GAIAS | G 截止 | | 191 |
| RBIAS | R 截止 | | 119 |
| RFAGC | 高放延迟 AGC 起控点设定 | | 6 |
| V KILL | 场输出开/关（设为 1 时，水平亮线） | | 0 |
| SUB-CONT | 副对比度设定 | | 63 |
| SUB-BRIGHT | 副亮度设定 | | 55 |
| V. SIZE CMP | 场补偿 | | 7 |
| V LINE | 场线性调整 | | 19 |
| V SC | 场 S 校正 | | 8 |
| V. SIZE/60Hz | 60Hz 场幅调整 | | 62 |
| H. PH/60Hz | 60Hz 行中心调整 | | 13 |
| V. POS/60Hz | 60Hz 场中心调整 | | 46 |
| V. SIZE/50Hz | 50Hz 场幅调整 | | 66 |
| H. PHSE/50Hz | 50Hz 行中心调整 | | 10 |

### 9.2.9　常见故障分析与检修

**1. 接通电源后，红色指示灯不亮，整机三无**

彩色电视机的三无故障是指无图、无声和无光，它是彩色电视机常见故障之一。由于红色指示灯不亮，说明开关电源无电压输出，遥控系统得不到 +5V 供电电压（遥控系统采用 +5V－2 电源供电），故障原因是开关电源不正常或行输出电路存在短路现象，检修流程如图 9–31 所示。

值得注意的是，当 +B 电压上升时，很可能会损坏负载，一般会击穿行输出管或行输出变压器。因此，当检修 +B 电压上升故障时，在排除电源故障后，还必须查行负载。

**2. 开机后，整机三无，红色指示灯亮**

长虹 CN-12 机心彩电一般需要二次开机，按下电视机上的电源开关后，红色指示灯亮，机器处于待机状态，再用遥控器进行二次开机，机器才转为正常工作状态。若二次开机后，机器仍为三无，说明电源电路一直工作于待机状态，或行扫描电路未工作，可按如图 9–32 所示的流程进行检修。

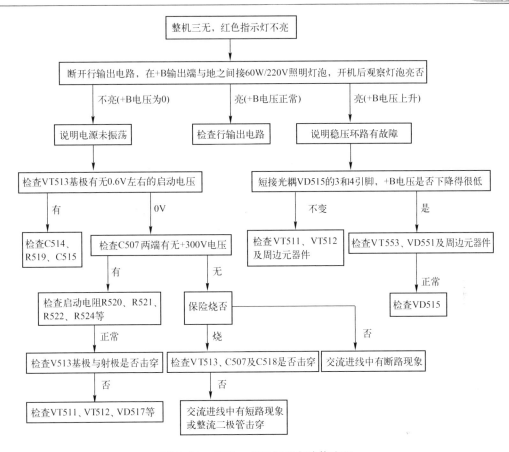

图 9-31　三无，指示灯不亮检修流程

　　长虹 CN-12 机心的开关电源是在长虹 A6 机心开关电源的基础上加以改进后形成的，其工作原理与 A6 机心电源基本相同。但由于 CN-12 机心中未设副电源，故在待机状态下，开关电源处于弱振荡状态。其次级绕组上开关脉冲经整流、滤波后所产生的直流电压将下降至正常值的一半左右，但仍能满足遥控系统的供电要求。

### 3. 场线性不良

　　当出现场线性不良时，可先进入维修模式，调整"VLINE"项目，看能否排除故障。若不能排除故障，则恢复原来的数据，再检查以下部位：

　　（1）R307、C304 等元器件构成的线性补偿电路是否正常。

　　（2）VD301、C302 构成的升压电路是否正常。

　　（3）锯齿波形成电容是否正常。

　　（4）场输出耦合电容是否容量减小。

　　当出现场线性不良时，往往还伴随着场幅发生变化的现象。

### 4. 开机后，屏幕出现一条水平亮线

　　这种故障发生在场扫描电路，可按图 9-33 所示的流程进行检修。

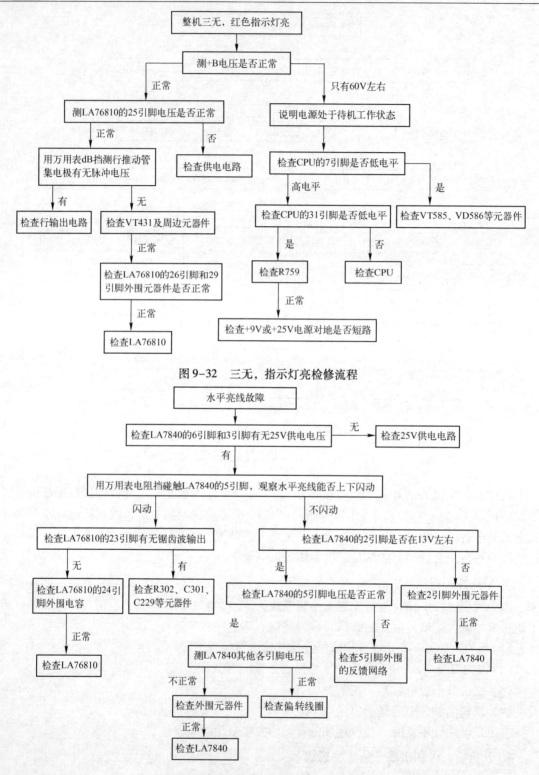

图 9-32　三无，指示灯亮检修流程

图 9-33　水平亮线检修流程

### 5. 开机后，伴音正常，但出现黑屏现象

黑屏现象是指扫描电路已经工作，显像管灯丝也亮，但屏幕无光栅产生，黑屏现象是因末级视放电路处于截止状态，导致显像管三个阴极的电压升高而产生的，应着重检查如下一些部位。

（1）LA76810 的 18 引脚有无供电电压。若 18 引脚无供电电压，LA76810 内部的 RGB 处理电路会停止工作，导致 19、20 及 21 引脚无电压输出，使得三个视放管截止，产生黑屏现象。

（2）LA76810 的 28 引脚有无行逆程脉冲输入。28 引脚输入的行逆程脉冲即要送至 AFC2 电路，又要送至亮度通道和色度通道，作为钳位脉冲。若 28 引脚无行逆程脉冲输入，亮度通道会失去钳位脉冲，从而使亮度信号的平均直流电平很低，LA76810 的 19、20 及 21 引脚输出的电压下降，产生黑屏现象。另外，也有一些机器，因为加速极电压调得较高，此时并未出现黑屏现象，而在屏幕右边出现一条黑带。

28 引脚有无行逆程脉冲输入，可通过测量直流电压来判断，若有行逆程脉冲输入，直流电压约 1.0V；若无行逆程脉冲输入，则直流电压会上升到 2.0V 左右。

（3）$I^2C$ 总线系统是否正常。当 $I^2C$ 总线系统不正常时，CPU 无法经 $I^2C$ 总线传递数据，从而使 LA76810 的 19、20 及 21 引脚电压下降，导致末级视放管截止，出现黑屏。

$I^2C$ 总线系统是否正常，可通过测量 LA76810 的 11 和 12 引脚电压及 CPU 的 29 和 30 引脚电压来判断。若电压不正常，说明有故障。此时应对总线上拉电阻（R755、R757）及串联在总线上的电阻进行检查。若这些电阻正常，再逐一断开 LA76810 及存储器，看总线电压是否恢复正常，若电压恢复正常，则被断开的电路即为故障所在。

### 6. 无图、无声、显示蓝屏

检修这种故障时，可先取消蓝屏。取消蓝屏的方法有两种，一种是断开 CPU 25 引脚外部的 R739；另一种是利用遥控器将"蓝背景"功能项设置为"关"。使用何种方法取消蓝屏，读者可根据实际情况来决定。

取消蓝屏后，若屏幕上出现了浓浓的雪花点，说明中频处理电路及调谐器基本正常。此时，将电视机置于自动搜索状态，看能否搜到节目。若能搜到节目，但不能记忆，应检查 CPU 的 33 引脚有无电台识别信号输入，以及 CPU 的 14 引脚有无 AFT 电压输入。在自动搜索时，AFT 电压应在 2.5V 左右大幅度摆动，若不摆动或摆幅很小，说明 AFT 电压不正常。AFT 电压不正常，一般是因中频 VCO 振荡网络失谐引起的，应调节或更换 L201。当然，也不能忽视 LA76810 的 10 引脚外部元器件。若机器搜索不到节目，应检查天线输入电路。若天线输入电路正常，则检查调谐器的波段控制电压及调谐电压是否正常。在搜索时，调谐电压应在 0~32V 之间变化，若不变化，则检查 CPU 的 8 引脚电压能否变化。若 8 引脚电压能变化，说明故障发生在 VT141 及周边电路上。

取消蓝屏后，若屏幕上出现淡淡的雪花点，则检查前置中放及调谐器。

取消蓝屏后，若屏幕上无雪花点出现，说明故障在中频通道或解码电路。此时，可用 AV 信号源试机，若 AV 状态下，图像和声音正常，则检查中频通道。主要对 LA76810 的 3、47、48、49 及 50 引脚外围电路进行检查，若无问题，说明 LA76810 很可能损坏。若用 AV 信号源试机时，仍无图、无声，说明故障发生在解码电路，一般是 LA76810 损坏

所致。

### 7. 图像正常，无伴音

这种故障发生在伴音通道，可先用万用表的电阻挡碰触 N181（LA4225）的 1 引脚，听扬声器有无声音发出。若有声音发出，说明故障在伴音中频电路。此时，应查 LA76810 的 52 和 54 引脚之间的电路，53 引脚外围电路及 2 引脚外围电容。若扬声器无声音发出，说明故障在伴音功放电路或静音控制电路。应检查 CPU 的 2 引脚电压，若 CPU 的 2 引脚为高电平，说明 2 引脚内部电路损坏。若 CPU 的 2 引脚为低电平，则检查 VT183 和 VT185 有无击穿。若 VT183 和 VT185 正常，则检查 LA4225 的 5 引脚电压是否正常，4 引脚外围耦合电容是否正常，若正常，说明 LA4225 损坏。

### 8. 无彩色现象

这种故障出在色度通道，一般只需对 38、39、36、31 引脚的外围电路进行检查，若正常，说明 LA76810 内部的色度通道损坏。

## 9.3 长虹 CH-16 机心线路分析

长虹 CH-16 机心采用 TDA 超级芯片构成，属于超级芯片机心，因 TDA 超级芯片内部包含 CPU 和小信号处理器两大部分，故只需配上调谐器，伴音功放电路，行、场扫描电路，末级视放电路及电源电路，便可构成一个完整的彩色电视机线路。

### 9.3.1 机心介绍

长虹 CH-16 机心是长虹公司推出的新一代数码彩电机心，它以 TDA9370/9373/9383 芯片为核心。其中，TDA9370 主要用于小屏幕彩电，典型机型有：SF2198、SF2115、SF2139、SF2151、SF1498 等；而 TDA9373 和 TDA9383 用于大屏幕彩电，典型机型有：SF2539、SF2539A、SF2598、SF3498F、PF2915、PF2998 等。本节以长虹 SF2198 型彩电为例进行分析，长虹 SF2198 型彩电所用的 IC 见表 9-10 所示，整机结构框图如图 9-34 所示。它具有线路简单、功能完善、性能较高、清晰度好、易于功能扩展、价格低等优点，十分适合工薪阶层和广大农村地区的消费者。

表 9-10　整机 IC 一览表

| 序　号 | 型　号 | 功　能 |
|---|---|---|
| N100 | TDA9370 | 超级芯片处理器（TV 处理 + CPU） |
| N200 | AT24C08 | 存储器 |
| N600 | TDA8943SF | 伴音功放 |
| N400 | TDA8356 | 场输出 |

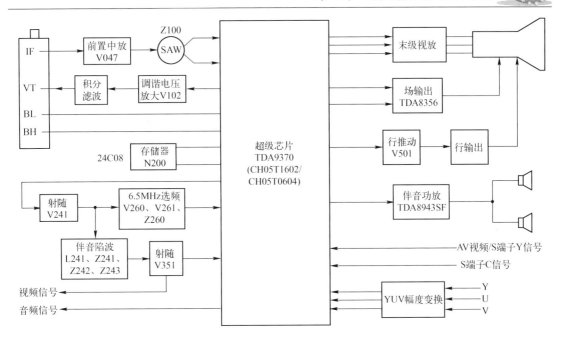

图 9-34　长虹 CH-16 机心小屏幕彩电结构框图

## 9.3.2　TDA9370 介绍

### 1. 内部结构

TDA9370 是荷兰飞利浦公司推出的超级芯片，跨世纪后开始在我国新一代数码彩电中应用。TDA9370 的内部框图如图 9-35 所示。它集 TV 信号处理器和微处理器于一体，TDA9370 是飞利浦公司面向亚洲生产的，其内部的图文功能尚未开发。

1）TV 信号处理器特点

内设无需调整的中放 PLL 解调器和多制式图像中放电路。中放 AGC 电路时间常数可由总线进行控制。

具有伴音 FM-PLL 解调器，FM-PLL 解调器的频率可切换，能选择不同的第二伴音中频，如 4.5/5.5/6.0/6.5 MHz，外部可以不用带通滤波器。

内置视频切换开关，可对内部视频信号与外部视频信号或 S 端子 Y 信号及 C 信号进行选择。

内置色度陷波器，中心频率可自动调整。

内置亮度延时线，延迟时间可调。

内置延迟型峰化电路及黑电平延伸电路。

内置色度带通滤波器，且中心频率可调。

微处理器、图文解码和彩色解码仅需一个 12MHz 晶体作为时钟基准频率。

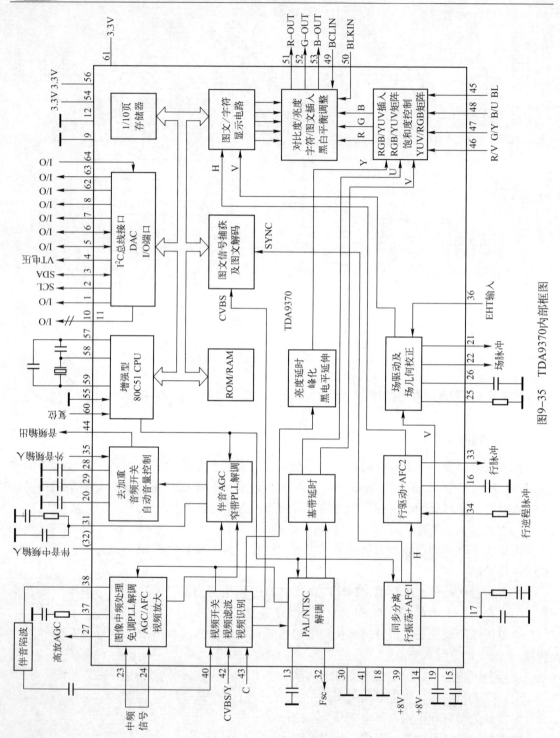

图9-35 TDA9370内部框图

PAL/NTSC 等彩色制式自动检测。

内置基带延时线。

内部设有连续阴极校正（CCC）电路，能控制 RGB 输出电平，完成黑白平衡自动调整。

行同步系统包含两个控制环和自动调节的行振荡器。场脉冲由分频电路产生，场驱动信号采用平衡输出方式。

TV 信号处理器能完成图像中频信号到 R、G、B 三基色信号的转换；还能完成伴音解调处理及扫描脉冲的产生。

2）微处理器部分特点

具有 80C51 微控制器的标准指令和定时关系。

机器周期为 $1\mu s$。

16 ~ 128KB 可编程 ROM。

具有供显示数据捕获用的 3 ~ 12KB 扩展 RAM。

可单独控制的具有两级优先权的中断控制器。

内设两个 16 位定时/计数寄存器。

内设监视定时器及 8 位 A/D 变换器。

有 4 个引脚即可用做通用 I/O 端口，也可编程处理后用做 ADC 输入或 6 位 PWM 输出。

微处理器部分能完成整机各项控制，并能产生字符信号。

**2. 引脚功能**

1 脚：微处理器部分的一个 I/O 端口，做何使用，由厂家编程决定。

2 脚：$I^2C$ 总线时钟（SCL）端，用来连接存储器和其他被控器，以便超级芯片向存储器和其他被控器传输时钟信号。

3 脚：$I^2C$ 总线数据端（SDA），用来连接存储器和其他被控器，以便超级芯片与存储器及其他被控器之间进行数据交换。

4 脚：14bit PWM 脉冲输出端，用于调谐控制。

5 ~ 8 脚：微处理器的 I/O 端口，做何使用，由厂家编程决定。

9 脚：数字部分接地端。

10 ~ 11 脚：微处理器的 I/O 端口，做何使用，由厂家编程决定。

12 脚：模拟部分接地端。

13 脚：锁相环滤波端，外接滤波电容。

14 脚：+8V 供电端，给 TV 处理器供电，外部常接有 LC 滤波电路。

15 脚：TV 处理器数字部分去耦滤波端。

16 脚：行 AFC2 环路滤波，该脚电压用来调节行相位。

17 脚：行 AFC1 环路滤波，该脚电压用来控制行频。

18 脚：TV 处理器接地。

19 脚：带隙滤波端，外接滤波电容。

20 脚：自动音量控制，一般外接滤波电容（也可悬空）。

21 脚和 22 脚：场扫描脉冲输出端，属于平衡输出方式。

23 脚和 24 脚：中频信号输入，属于平衡输入方式。

25 脚：场基准电流设置，外接参考电阻。在外接电阻阻值为 $39k\Omega$ 时，此脚参考电流为 100μA。

26 脚：场频锯齿波形成端，外接锯齿波形成电容，由内部恒流源对锯齿波形成电容进行充电来形成场频锯齿波。

27 脚：高放延迟 AGC（RF AGC）输出端，此脚电压送至调谐器，RF AGC 的启控点由 $I^2C$ 总线进行设定。

28 脚：音频去加重端，外接去加重电容。

29 脚：音频解调器去耦滤波端，外接滤波电容。

30 脚：TV 处理器接地端。

31 脚：伴音 PLL 滤波，外接 RC 滤波器。

32 脚：第二伴音中频输入/色副载波输出（具体功能由软件设置来决定）。

33 脚：行激励脉冲输出。该脚输出行频脉冲送至行激励级。

34 脚：行逆程脉冲输入/沙堡脉冲输出。

35 脚：外部音频信号输入（AV 音频信号可从此脚输入）。

36 脚：高压反馈端，用于图像跟踪调整（即 EHT 校正）及过压保护。

37 脚：图像中频 PLL 环路滤波，外接 RC 滤波器。此脚电压用于锁定图像中频载频。

38 脚：检波后，视频信号输出及第二伴音中频信号输出端。

39 脚：+8V 供电，给 TV 处理器供电。

40 脚：TV 视频信号输入端。

41 脚：TV 处理器接地端。

42 脚：外部（AV）视频信号或亮度信号输入脚。

43 脚：外部（S 端子）色度信号输入端。

44 脚：音频信号输出端。

45 脚：RGB/YUV 切换控制端。当该脚电压 <1V 时，内部电路支持 RGB 输入；当该脚电压 ≥1V 时，内部电路支持 YUV 输入。

46 脚：外部 R 信号或 V（R-Y）信号输入。

47 脚：外部 G 信号或 Y 信号输入。

48 脚：外部 B 信号或 U（B-Y）信号输入。

49 脚：ABL/ACL 电压输入，此脚电压不正常，芯片会保护，出现黑屏现象。ABL/ACL 是"自动亮度/自动对比度限制"的意思，常缩写成 ABCL。

50 脚：黑电流检测输入端，此脚电压不正常，芯片会保护，出现黑屏现象。

51 脚：红（R）基色输出端。

52 脚：绿（G）基色输出端。

53 脚：蓝（B）基色输出端。

54 脚：3.3V 供电端，给 TV 处理器部分数字电路供电。

55 脚：接地。

56 脚：3.3V 供电端，给微处理器部分供电。

57 脚：振荡器接地端。

58 脚：时钟振荡输入端。

59 脚：时钟振荡输出端。

60 脚：复位端，属于高电平复位方式，复位完毕，此脚保持低电平，由于芯片内部设有复位电路，故 60 脚可以不用，将其接地或悬空。

61 脚：3.3V 供电端，给内部数字电路供电。

62～64 脚：微处理器的 I/O 端口，具体功能由厂家编程决定。

**3. 工作过程**

1）图像中频处理过程

参考 TDA9370 内部框图。图像中频信号送入 TDA9370 的 23 脚和 24 脚，进入内部图像中频通道。图像中频通道由图像中频放大器、免调试 PLL 解调器、AGC 电路、AFC（AFT）电路及视频放大器组成。23 脚和 24 脚输入的图像中频信号先经三级图像中频放大器进行放大，再由 PLL 解调器进行解调，获得视频信号和第二伴音中频信号。视频信号和第二伴音中频信号经视频放大后，从 38 脚输出。

2）伴音中频处理过程

32 脚是一个多功能端子，根据厂家的设计要求，它即可用来输入第二伴音中频信号（图中用打括号的 32 脚来表示），也可用来输出彩色副载波（图中用未打括号的 32 脚来表示）。当 32 脚用于第二伴音中频信号输入时，则 38 脚输出的视频信号和第二伴音中频信号经选频后，分离出第二伴音中频信号送入 32 脚，进入内部伴音中频通道。伴音中频通道由伴音 AGC 放大器、窄带 PLL 解调器、去加重电路、音频开关及自动音量控制电路组成。32 脚输入的第二伴音中频信号先由伴音 AGC 放大器进行放大，再由窄带 PLL 解调器进行解调，获得音频信号，送至去加重电路，由 28 脚外接的电容进行去加重处理，再与 35 脚送入的外部（AV）音频信号进行切换。切换输出的信号经自动音量控制后，从 44 脚输出。

当 32 脚用于输出彩色副载波时，则第二伴音中频信号由内部电路直接送至伴音中频通道（通过软件设置，改变内部开关的接通方式即可实现这一功能）。20 脚用于自动音量控制，外接滤波电容。

3）视频解码过程

40 脚为 TV 视频信号输入端，42 脚为外部视频或亮度信号输入端，43 脚为外部色度信号输入端。38 脚输出的视频信号和第二伴音中频信号经伴音陷波后，吸收掉第二伴音中频信号，分离出视频信号送至 40 脚，进入内部视频处理电路。视频处理电路由视频开关、视频滤波器及视频识别电路组成。视频开关负责对 40 脚、42 脚及 43 脚输入的信号进行切换。当电路工作于 TV 状态时，视频开关选择 40 脚输入的视频信号；当电路工作于 AV 状态时，视频开关选择 42 脚输入的视频信号；当电路工作于 S-VHS 状态时，视频开关选择 42 脚输入的亮度信号和 43 脚输入的色度信号。视频滤波器负责对视频信号进行 Y/C 分离，当电路工作于 TV 或 AV 状态时，视频滤波器将视频信号分离成 Y 信号和 C 信号；当电路工作于 S-VHS状态时，视频滤波器停止工作。视频识别电路负责对视频信号的制式进行识别，产生制式控制电压，自动调整视频滤波器的中心频率，使其能满足不同制式的要求。制式控制电压还要控制 PAL/NTSC 解调电路的工作情况。

视频处理通道输出的亮度（Y）信号送至亮度通道，色度（C）信号送至色度通道。亮度通道由亮度延时电路、峰化电路、黑电平延伸电路组成。亮度延时电路是一种延迟型轮廓补偿电路，能改善图像的清晰度；峰化电路是一种轮廓增强电路，可进一步改善画质；黑电平延伸电路能对亮度信号的"浅黑"电平进行延伸处理，以提高暗区图像的对比度。

　　色度通道由 PAL/NTSC 解调器、基带延时电路组成。PAL/NTSC 制解调电路是一个多功能电路，它实际上包含了色带通放大器、ACC 电路、色度检波器及副载波再生电路等，它主要对色度信号进行放大、ACC 控制、检波等处理，产生 V（R－Y）和 U（B－Y）信号。还能根据需要从 32 脚输出彩色副载波信号。基带延时电路能克服 PAL 制彩色相位失真现象，它仅在 PAL 制状态下起作用，在 NTSC 制状态下，基带延时电路处于直通状态。

　　亮度通道和色度通道输出的 Y 信号和 U（B－Y）、V（R－Y）信号送至 RGB 处理通道。RGB 处理通道由 YUV/RGB 矩阵电路、饱和度控制电路、RGB/YUV 矩阵电路、RGB/YUV 插入电路、黑白平衡调整电路、字符/图文插入电路及对比度/亮度控制电路组成。YUV/RGB 矩阵电路主要负责将亮度通道送来的 Y 信号和色度通道送来的 R－Y 和 B－Y 信号进行矩阵处理，产生 RGB 信号（又称内 RGB 信号）。饱和度控制电路主要用来调节图像的色饱和度，它实际上是调节 R－Y 和 B－Y 信号的幅度。RGB/YUV 矩阵电路主要用来处理 46 脚、47 脚、48 脚输入的信号，该电路有两种工作状态。当 45 脚电压≥1V 时，它处于矩阵状态，此时能将 46 脚、47 脚和 48 脚输入的 V（R－Y）、Y 及 U（B－Y）信号进行矩阵处理，产生 RGB 信号（即外 RGB 信号）；若 45 脚电压<1V 时，RGB/YUV 矩阵电路工作于直通状态，它将 46 脚、47 脚和 48 脚输入的 R、G、B 信号直接输出。RGB/YUV 插入电路主要负责对内 RGB 信号和外 RGB 信号进行切换，它实际上是一组开关，根据需要选择输出内 RGB 信号或外 RGB 信号。

　　RGB 信号经黑白平衡调整后，再插入字符/图文三基色信号，最后经对比度/亮度调节后，从 51 脚、52 脚和 53 脚输出，送至末级视放电路。49 脚用来输入 ABL 电压，以自动限止图像的对比度和亮度。50 脚用来输入黑电流检测电压，以自动完成黑（暗）平衡校正。

　　4）扫描处理过程

　　扫描通道由同步分离电路、行振荡电路、AFC1 电路、AFC2 电路、行驱动电路、场几何校正电路、场驱动电路电路组成。

　　行振荡电路完全隐藏于内部，外部无需任何辅助元器件。行振荡电路由 AFC1 进行锁相控制，AFC1 通过对行同步信号和行振荡脉冲进行比较后，产生控制电压，再由 17 脚外部的环路滤波器进行滤波，获得直流电压，以锁定行振荡频率。经 AFC1 锁相后的行脉冲再由 AFC2 进行锁相控制，AFC2 对行脉冲和行逆程脉冲（由 34 脚输入）进行比较，产生控制电压，以调节行相位。经两次锁相后的行脉冲从 33 脚输出，送至行激励电路。

　　场脉冲是由行振荡脉冲经分频后产生的，场脉冲经 26 脚外部电容转化为锯齿波，再经场几何校正及场驱动后，从 21 脚和 22 脚输出，送往场输出电路。36 脚用于 EHT 校正，可防止图像亮度变化而引起光栅幅度伸缩的现象。

　　5）微处理器部分工作过程

　　微处理器部分采用总线结构，各单元电路全部挂在总线上。微处理器部分的核心电路为增强型 80C51 CPU 核，56 脚、60 脚、57 脚、58 脚及 59 脚外部为 CPU 核的支持电路。增强型 80C51 CPU 核的工作电压为 3.3V，由 56 脚提供，时钟频率为 12MHz，由 58 脚提供，也可在 58 脚和 59 脚之间接一晶体振荡器来提供。

　　微处理器部分对其他电路的控制是依靠 $I^2C$ 总线及 I/O 端口来完成的，各 I/O 端口的具体控制功能完全由厂家所编写的控制软件来设定，因此，当 TDA9370 用于不同彩电时，各 I/O 端口的控制功能是不一样的。

### 9.3.3　TDA9370 外围电路

TDA9370 用于长虹 CH-16 机心小屏幕彩电，生产时，长虹公司将自主开发的控制软件写入到 TDA9370 内部，形成名为 CH05T1602、CH05T1604、CH05T1607 等型号的掩模片。CH05T1607 的软件版本最高，CH05T1604 次之，CH05T1602 再次之。高版本的掩模片能替代低版本的掩模片。

**1. TV 信号处理过程**

TV 信号处理电路如图 9-36 所示，调谐器输出的中频信号经前置中放 V047 放大后，送至声表面滤波器 Z100，由 Z100 吸收掉邻频干扰信号后，再将中频信号送至 N100（TDA9370）的 23 脚、24 脚，进入内部中频通道，由中频通道进行放大和 PLL 视频解调处理，获得视频信号和第二伴音中频信号从 38 脚输出。

38 脚输出的视频信号经 V241 射随后，一路经 C260、C261、L260 组成的高通滤波器选出第二伴音中频信号，经 V260 倒相放大和 V261 缓冲后，再由 Z260 选出 6.5MHz 的 D/K 制第二伴音中频信号，并送回至 N100 的 32 脚；另一路送至由 L241、Z241、Z242 及 Z243 所组成的陷波器，吸收掉第二伴音中频信号，分离出视频信号。视频信号经 V251 射随后，一路送出机外，另一路送回 40 脚。陷波器的陷波特性由 N100 的 11 脚进行控制，当 11 脚为高电平时，V246 和 V247 截止，陷波器工作于 D/K 制或 I 制，能吸收 6.5MHz 或 6.0MHz 的第二伴音中频信号；当 11 脚为低电平时，V246 和 V247 导通，陷波器工作于 M 制，能吸收 4.5MHz 的第二伴音中频信号。

32 脚送入的第二伴音中频信号进入内部伴音中频通道，在内部进行限幅放大和伴音解调处理，产生 TV 音频信号，再与 35 脚输入的 AV 音频信号进行切换，然后经音量调节后从 44 脚输出，送至伴音功放电路。28 脚为伴音去加重端，同时也是 TV 音频信号输出端，此处的音频信号送出机外。在 I 制或 M 制时，第二伴音中频信号直接由内部电路送入伴音中频处理通道，无需从 38 脚输出，再从 32 脚输入。

40 脚输入的 TV 视频信号、42 脚输入的 AV 视频信号或 S 端子亮度信号、43 脚输入的 S 端子色度信号，均送至内部视频通道，先由内部视频开关进行选择。视频开关在 I2C 总线控制下，根据用户的要求可以选出 TV 视频信号，或 AV 视频信号，或 S 端子亮度及色度信号。若选出的是 TV 视频信号或 AV 视频信号，则由内部电路先进行 Y/C 分离，得到 Y、C 信号，再进行解码处理；若选出的是 S 端子 Y、C 信号，则直接进行解码处理。解码产生的 RGB 信号与内部微处理部分产生的字符 RGB 信号切换后，再分别从 51、52、53 脚输出，送至末级视放电路。

因 45 脚电压大于 1V，故芯片支持 YUV 信号输入，由外部 Y、U、V 插孔送来的 Y、U、V 信号经放大后，分别从 47 脚、48 脚及 46 脚输入，并与内部解码产生的 Y、U、V 信号进行切换，然后经矩阵处理转换为 R、G、B 信号，最终从 51、52、53 脚输出。

行频脉冲从 33 脚输出送至行激励电路，场频锯齿波分别从 21、22 脚输出，送到场输出电路。26 脚外接场锯齿波形成电容，17 脚外接行 AFC1 滤波网络，34 脚送入行逆程脉冲，供内部 AFC2 使用，以实现行中心位置调整。

**2. 微处理部分工作过程**

微处理部分如图 9-37 所示，下面按引脚顺序逐一进行分析。

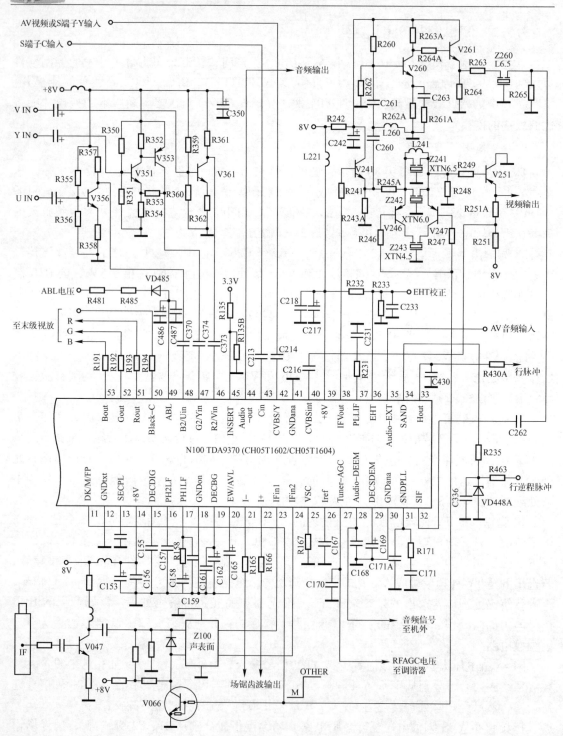

图9-36 TV信号处理电路

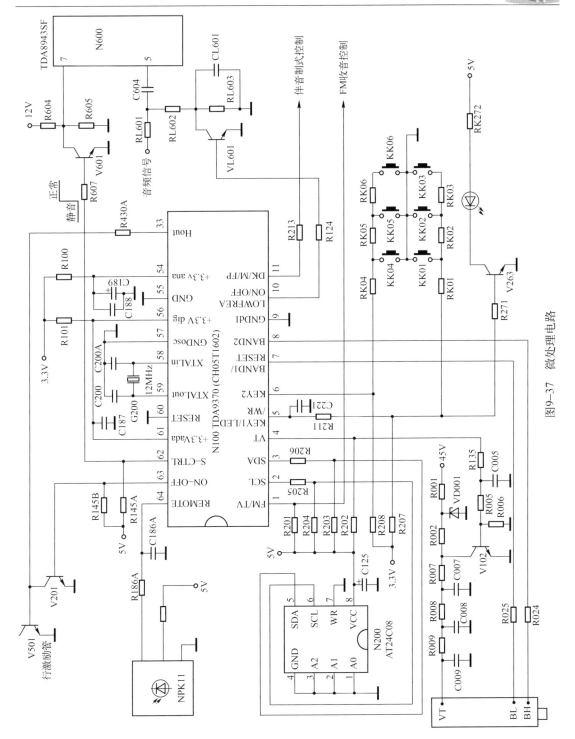

图9-37　微处理电路

1 脚为 FM（调频）收音功能控制端，实现 TV/FM 的切换。这种控制作用仅对设有 FM 收音功能的机型〔如 PF2115 型彩电〕有效，该脚输出的电压送到 FM 收音组件。当该脚输出低电平时，机器工作于 FM 收音状态，此时，机器相当于一台调频收音机，行场扫描电路均停止工作。当该脚输出高电平时，机器脱离 FM 状态。若用遥控器或本机键盘输入 AV 命令时，机器将按 TV→AV→SVHS→DVD→FM→TV 顺序显示及切换。在未设 FM 收音功能的机型中（如 SF2198 彩电），该脚保持 5V 高电平。

2 脚和 3 脚分别为 $I^2C$ 总线时钟端（SCL）与数据端（SDA），它们分别与存储器 N200（AT24C08）的 6 脚和 5 脚相接，实现微处理系统与存储器之间的数据交换。为了确保总线输出端得到供电，它们还通过上拉电阻接 5V 电源。

4 脚为调谐控制端，在全自动搜索时，该脚输出 3.4~0V 的可变电压，通过 V102 倒相放大，变换成 0~32V 的可变电压，加到调谐器的 VT 端，实现调谐控制。

5 脚为键控指令输入及面板指示灯控制端。它与本机键盘相连，外接三个按键，即"节目 +"键、"节目 −"键及"音量 +"键。按其外部按键时，5 脚就会得到一个相应的电压输入，经内部电路处理后，实现相应的控制。该脚电压的变化还送至三极管 V263，以实现面板指示灯的控制。

6 脚也为键控指令输入端，外接三个按键，即"音量 −"键、"菜单"键及"TV/AV"键。按其外部按键时，6 脚就会得到一个相应的电压输入，经内部电路处理后，实现相应的控制。当 6 脚有键控指令输入时，通过内部电路将引起 5 脚电压发生变化，经 V263 驱动面板指示灯，以做相应指示。由于 5 脚电压变化是因内部电路引起的，故 5 脚不实现键控作用。

7 脚和 8 脚为波段控制端，用来控制调谐器的工作波段，其控制逻辑见表 9–11 所示。

表 9–11　7 脚和 8 脚控制逻辑

| 引　　脚 | VHF-L | VHF-H | VHF-U |
|---|---|---|---|
| 7 | H（4.5V） | L（0V） | H（4.5V） |
| 8 | L（0V） | H（4.5V） | H（4.5V） |

10 脚为低音提升控制端，10 脚控制电压送至伴音功放电路。低电平时，提升低音。

11 脚为伴音制式控制端，用来控制伴音中频陷波电路的工作制式，以实现 M 制（4.5MHz）与其他制（D/K、I 制）的切换。该脚为高电平时选择其他制，为低电平时选择 M 制。

54 脚、56 脚及 61 脚为 3.3V 供电端。

58 脚和 59 脚外接时钟振荡晶体，频率为 12MHz。60 脚为复位端，直接接地。

62 脚为静音控制端，静音控制电压送至伴音功放电路。高电平时，伴音功放电路正常工作，低电平时伴音功放电路处于静音状态。

63 脚为待机控制端，控制电压送至 V201 基极，由 V201 去控制行激励管 V501，以实现待机控制。该脚为高电平时，V201 饱和，V501 停止工作，机器处于待机状态。

64 脚为红外遥控信号输入端，红外接收器送来的遥控编码信号，从该脚送入，由内部电路进行译码识别并实现相应的控制功能。当 64 脚有遥控指令输入时，通过内部电路将引起 5 脚电压发生变化，经 V263 驱动面板指示灯，以做相应指示。由于 5 脚电压变化是因内部电路引起的，故 5 脚不实现键控作用。

## 3. TDA9370（CH05T1602）检修数据

TDA9370（CH05T1602）检修数据见表 9-12 所示，表中数据是在 SF2198 型彩电中测得的。

表 9-12　TDA9370（CH05T1602）检修数据

| 引　脚 | 符　号 | 功　能 | 电压（V） | | 黑笔接地 |
| --- | --- | --- | --- | --- | --- |
| | | | 动态 | 静态 | |
| 1 | FM/TV | FM 收音控制 | 5 | 5 | 10.4 |
| 2 | SCL | I²C 总线时钟端（SCL） | 3.1 | 3 | 11.1 |
| 3 | SDA | I²C 总线数据端（SDA） | 2.9 | 2.7 | 11.1 |
| 4 | VT | 调谐电压输出 | 1.8 | 1.8 | 9.3 |
| 5 | KEY1/LED/WR | 键控指令输入及指示灯控制 | 0.2 | 0.2 | 10.0 |
| 6 | KEY2 | 键控指令输入 | 3.4 | 3.4 | 10.2 |
| 7 | BAND1/RESET | 波段切换控制 | 4.5 | 4.5 | 9.2 |
| 8 | BAND2 | 波段切换控制 | 0.1 | 0.1 | 9.2 |
| 9 | GNDd1 | 地 | 0 | 0 | 0 |
| 10 | LOWFREA ON/OFF | 低音提升控制（低电平有效） | 2.9 | 2.9 | 8.1 |
| 11 | DK/M/FP | 伴音制式控制 | 5 | 5 | 11.9 |
| 12 | GNDtxt | 地 | 0 | 0 | 0 |
| 13 | SECPL | 锁相环滤波 | 2.3 | 2.3 | 7.5 |
| 14 | +8V | +8V 供电 | 8 | 8 | 1.4 |
| 15 | DECDIG | TV 部分去耦滤波端 | 5 | 5 | 7.1 |
| 16 | PH2LF | 行 AFC2 滤波 | 3.3 | 3.4 | 7.6 |
| 17 | PH1LF | 行 AFC1 滤波 | 4 | 3.9 | 7.7 |
| 18 | GNDon | 地 | 0 | 0 | 0 |
| 19 | DECBG | 带隙滤波端 | 4.1 | 4.1 | 6.7 |
| 20 | EW/AVL | 自动音量电平控制滤波 | 0 | 0 | 7.6 |
| 21 | I− | 负极性场锯齿波输出 | 2.4 | 2.4 | 7.7 |
| 22 | I+ | 正极性场锯齿波输出 | 2.4 | 2.4 | 7.7 |
| 23 | IFin1 | 中频输入 | 1.9 | 1.9 | 7.3 |
| 24 | IFin2 | 中频输入 | 1.9 | 1.9 | 7.3 |
| 25 | VSC | 场基准电流设置 | 3.9 | 3.9 | 7.5 |
| 26 | Iref | 场锯齿波形成 | 3.8 | 3.8 | 7.5 |
| 27 | Tuner-AGC | RF AGC 电压输出 | 1.1 | 4.1 | 7.2 |
| 28 | Audio-DEEM | 音频去加重及音频输出 | 3.2 | 3.2 | 6.6 |
| 29 | DECSDEM | 伴音解调去耦滤波 | 2.4 | 2.5 | 7.7 |
| 30 | GNDana | 地 | 0 | 0 | 0 |
| 31 | SNDPLL | 伴音窄带 PLL 滤波 | 2.4 | 2.5 | 7.6 |
| 32 | SIF | 6.5MHz 第二伴音中频输入 | 4.9 | 5 | 7.3 |
| 33 | H out | 行激励脉冲输出 | 0.5 | 0.5 | 5.4 |
| 34 | SAND | 行逆程脉冲输入/沙堡脉冲输出 | 0.5 | 0.6 | 7.4 |
| 35 | Audio-EXT | AV 音频输入 | 3.7 | 3.8 | 7.8 |

续表

| 引　脚 | 符　号 | 功　能 | 电压（V） | | 黑笔接地 |
| --- | --- | --- | --- | --- | --- |
| | | | 动态 | 静态 | |
| 36 | EHT | EHT 校正/保护输入 | 1.6 | 1.6 | 7.4 |
| 37 | PLLIF | 中频 PLL 锁相环滤波 | 2.5 | 2.9 | 7.7 |
| 38 | IFVout | 视频信号输出 | 3.4 | 3.9 | 6.6 |
| 39 | +8V | +8V 供电 | 8 | 8 | 1.4 |
| 40 | CVBSin | TV 视频信号输入 | 3.9 | 4.2 | 7.7 |
| 41 | GNDana | 地 | 0 | 0 | 0 |
| 42 | CVBS/Y | AV 视频或 S 端子 Y 信号输入 | 3.4 | 3.4 | 7.7 |
| 43 | Cin | S 端子 C 信号输入 | 1.5 | 1.5 | 7.7 |
| 44 | Audio-out | 音频信号输出 | 3.5 | 3.5 | 6.8 |
| 45 | INSERT | RGB/YUV 模式控制 | 1.8 | 1.8 | 7.5 |
| 46 | R2/Vin | 外部 V（R-Y）信号输入 | 2.6 | 2.6 | 7.9 |
| 47 | G2/Yin | 外部 Y 信号输入 | 2.6 | 2.6 | 7.9 |
| 48 | B2/Uin | 外部 U（B-Y）信号输入 | 2.6 | 2.6 | 7.9 |
| 49 | ABL | 束电流（ABL）控制输入 | 2 | 1.7 | 7.8 |
| 50 | Black – C | 黑电流检测输入 | 6.1 | 6.2 | 7.9 |
| 51 | Rout | 红（R）基色输出 | 2.2 | 1.7 | 1.1 |
| 52 | Gout | 绿（G）基色输出 | 2.2 | 1.6 | 1.1 |
| 53 | Bout | 蓝（B）基色输出 | 2.1 | 2.8 | 1.1 |
| 54 | +3.3V ana | TV 数字部分供电 | 3.2 | 3.2 | 0.7 |
| 55 | GND | 地 | 0 | 0 | 0 |
| 56 | +3.3V dig | 微处理部分供电 | 3.3 | 3.3 | 0.7 |
| 57 | GNDosc | 地 | 0 | 0 | 0 |
| 58 | XTALin | 时钟振荡输入 | 1.5 | 1.5 | 12.1 |
| 59 | XTALout | 时钟振荡输出 | 1.7 | 1.7 | 10 |
| 60 | RESET | 复位端（本机接地） | 0 | 0 | 0 |
| 61 | +3.3Vada | 周边数字电路供电 | 3.3 | 3.3 | 0.7 |
| 62 | S – CTRL | 静音控制 | 3.7 | 0 | 9.3 |
| 63 | ON – OFF | 开/待机控制 | 0.1 | 0.1 | 6.5 |
| 64 | REMOTE | 遥控信号输入 | 5 | 5 | 14.2 |

## 9.3.4　场扫描电路

### 1. TDA8356 介绍

在长虹 CH-16 机心中，小屏幕机的场扫描电路均由 TDA8356 构成。TDA8356 是飞利浦公司推出的新一代场输出电路，其内部结构如图 9-38 所示，具有以下一些特点：

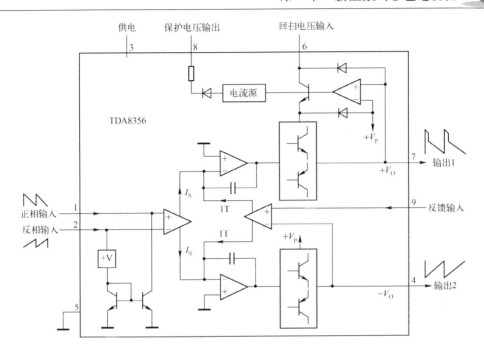

图 9-38　TDA8356 内部结构

（1）采用对称输入方式，桥式（BTL）输出方式，输出效率高，且无需耦合电容。

（2）采用两个电源进行供电，主电源：9～25V，回扫电源为 30～60V。

（3）输出电流大，最大可达 $3A_{P-P}$。

（4）内置多种保护电路，一旦电路出现异常情况，保护电路立即动作。

（5）内置垂直反馈开关，电路动态性能好。

（6）适合 50～120Hz 扫描场合，偏转角为 90° 和 110°。

## 2. 场扫描电路分析

CH-16 机心小屏幕彩电场扫描电路如图 9-39 所示，由 N100 送来的场频锯齿波脉冲

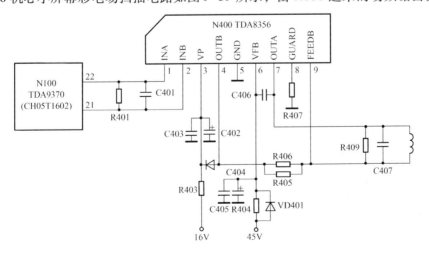

图 9-39　CH-16 机心小屏幕彩电场扫描电路

分别从 TDA8356 的 1 脚和 2 脚输入，属于差动输入方式。锯齿波电压经内部前置放大和 BTL 功率放大后，从 4 脚和 7 脚输出，送至偏转线圈，控制电子束做垂直方向上的扫描运动。8 脚输出场逆程脉冲（本机未用）。3 脚为 TDA8356 的供电端（主电源），供电电压为 16V；6 脚为回扫供电端，供电电压为 45V。9 脚为场反馈输入端，引入反馈的目的是为了改善场线性。R409、C407 构成场偏转线圈阻尼电路，可防止偏转线圈与电路中的分布电容产生谐振。

### 3. TDA8356 检修数据

TDA8356 的引脚功能及检修数据见表 9-13 所示。

表 9-13　TDA8356 检修数据

| 引　脚 | 符　号 | 功　能 | 电压（V） | | 电阻（kΩ） |
| --- | --- | --- | --- | --- | --- |
| | | | 动态 | 静态 | 黑笔接地 |
| 1 | INA | 场锯齿波输入（+） | 2.4 | 2.4 | 8 |
| 2 | INB | 场锯齿波输入（-） | 2.4 | 2.4 | 8 |
| 3 | VP | 主电源 | 15.5 | 15.5 | 7.7 |
| 4 | OUTB | 场锯齿波输出（-） | 7.5 | 7.5 | 5.7 |
| 5 | GND | 地 | 0 | 0 | 0 |
| 6 | VFB | 逆程电源 | 44 | 44 | ∞ |
| 7 | OUTA | 场锯齿波输出（+） | 7.6 | 7.6 | 5.7 |
| 8 | GUARD | 逆程脉冲输出（本机未用） | 0.3 | 0.3 | 10 |
| 9 | FEEDB | 场反馈输入 | 7.5 | 7.5 | 5.7 |

## 9.3.5　伴音功放电路

### 1. TDA8943SF 介绍

长虹 CH-16 机心中，小屏幕彩电伴音功放电路均由 TDA8943SF 构成，TDA8943SF 是飞利浦公司推出的单声道音频功率放大器，属于 TDA894X 家族中的一员，其内部结构及引脚排列见图 9-40 所示。它内含一路功率放大电路、待机/静音模式控制电路、短路保护及过热保护电路等。具有以下特点。

（1）功率放大电路采用 BTL 形式（即桥式功率放大器），低频响应好。

（2）外部元器件少，增益固定（32dB）。

（3）具有待机和静音模式。待机模式下，电流极小（仅 10μA）。

（4）无开、关机噪声。

（5）供电范围宽（6～18V）。在供电电压为 12V，负载阻抗为 8Ω 时，输出功率可达 6W。

（6）具有输出对地短路保护功能及过热保护功能。

（7）输出信号失真小（小于 1%）

### 2. 电路分析

伴音功放电路如图 9-41 所示。N100 输出的音频信号经 RC 耦合送入 TDA8943SF 的 5

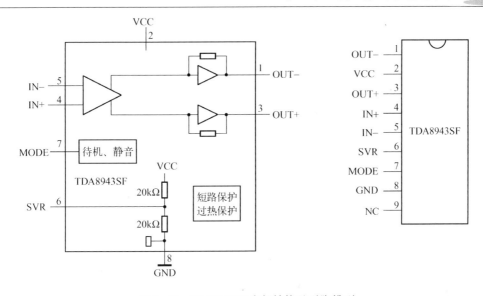

图 9-40　TDA8943SF 内部结构及引脚排列

脚，由内部电路进行功率放大后，再从 1 脚和 3 脚输出，推动扬声器工作。

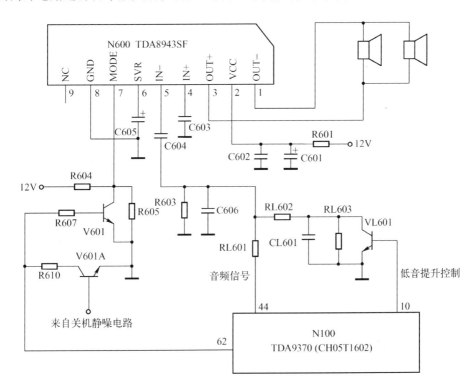

图 9-41　CH-16 机心小屏幕彩电伴音功放电路

7 脚用于静音控制，正常工作时，N100 的 62 脚输出高电平，V601 饱和导通，7 脚电压为 0V，TDA8943SF 处于运行模式，能对输入信号进行功率放大。在无信号或静音状态时，N100 的 62 脚输出低电平，V601 截止，7 脚电压由 R604 和 R605 分压决定，约 6V 左右，此时，TDA8943SF 处于静音模式，内部功率放大器停止工作，扬声器无声音发出。另外，在关机后的瞬间，关机静噪电路会送来一个高电平，使 V601A 饱和，进而使 V601 截止，TDA8943SF 处于静音状态，防止关机噪声的产生。

N100 的 10 脚输出低音提升控制电压，接通低音提升功能时，N100 的 10 脚输出低电平，VL601 截止，由 CL601 和 RL603 组成的低音提升电路工作，因该电路主要衰减高音，从而相当于提升了低音。若关闭低音提升功能，则 N100 的 10 脚输出高电平，VL601 饱和，CL601、RL603 被旁路，无低音提升能力。

### 3. TDA8943SF 检修数据

TDA8943SF 检修数据见表 9-14 所示。

**表 9-14　TDA8943SF 维修数据**

| 引　　脚 | 符　　号 | 功　　能 | 电压（V） | | 电阻（KΩ） |
| --- | --- | --- | --- | --- | --- |
| | | | 动态 | 静态 | 黑笔接地 |
| 1 | OUT − | 音频输出（−） | 5.6 | 5.9 | 5.8 |
| 2 | VCC | 电源 | 11.5 | 12 | 1.2 |
| 3 | OUT + | 音频输出（+） | 5.6 | 5.9 | 5.8 |
| 4 | IN + | 同相输入 | 5.7 | 5.9 | 6.8 |
| 5 | IN − | 反相输入 | 5.7 | 5.9 | 6.6 |
| 6 | SVR | 滤波 | 5.7 | 6 | 6.3 |
| 7 | MODE | 静音控制 | 0 | 6 | 5.3 |
| 8 | GND | 地 | 0 | 0 | 0 |
| 9 | NC | 空脚 | 0 | 0 | ∞ |

### 9.3.6　电源部分

长虹 CH-16 机心小屏幕彩电开关电源采用 A6 机心电源，由分离元器件组成，这种电源的工作过程在上一章中分析过，在此不再赘述。

### 9.3.7　I²C 总线调整密码

#### 1. 维修模式的进入与退出

长虹 CH-16 机心所用的遥控器型号有 K16C、K16D、K16H、K16J 等。先将电视机音量调到最小，在按住遥控器"静音"键的同时，按电视机的"菜单"键，屏幕显示字符"S"，表明机器进入了维修模式。调整完毕，遥控关机，即可退出维修模式，新数据自动保存。

#### 2. 调整方法

在维修模式下，用遥控器上"节目增/减"键可选择调整项目，用"音量增/减"键可改变数据，调整清单见表 9-15 所示。

**表 9–15　CH-16 机心典型机型总线参考数据**

| 序　号 | 项　　目 | 调整内容 | 数据 | | | | | |
|---|---|---|---|---|---|---|---|---|
| | | | PF2998 | SF2518 | SF3415 | SF3498 | SF2198 | SF2115 |
| 1 | PODE | 模式选择 | 10 | 10 | 10 | | 10 | 10 |
| 2 | CL | 彩色预置 | 0B | 0B | 0B | | 09 | 09 |
| 3 | YDEL | 亮度信号延迟 | 0D | 0D | 0D | | 0D | 0D |
| 4 | IFO | 中频跟踪 | 20 | 20 | 20 | 20 | | |
| 5 | 彩色 99 | 色饱和度最大值 | 3F | 3F | 3F | 3F | 3F | 3F |
| 6 | 对比 99 | 对比度最大值 | 3F | 3F | 3F | 3F | 3F | 3F |
| 7 | 对比 50 | 对比度中间值 | 0C | 0C | 0C | 0C | 25 | 20 |
| 8 | 亮度 99 | 亮度最大值 | 33 | 33 | 33 | 33 | 33 | 3F |
| 9 | 亮度 50 | 亮度中间值 | 1F | 1F | 1F | 1F | 1C | 1C |
| 10 | 音量 25 | 音量设置 | 32 | 3C | 3C | 3C | 35 | 35 |
| 11 | 音量 00 | 音量最小值 | 36 | 39 | 39 | 39 | 25 | 25 |
| 12 | VOL | 音量控制 | 28 | 28 | 28 | 28 | | |
| 13 | AGC | AGC 设置 | 15 | 19 | 14 | 16 | 14 | 14 |
| 14 | BDRV | 蓝激励 | 20 | 20 | 20 | 20 | 20 | 20 |
| 15 | GDRV | 绿激励 | 20 | 21 | 1E | 18 | 23 | 20 |
| 16 | RDRV | 红激励 | 20 | 1F | 1B | 15 | 23 | 20 |
| 17 | GCUT | 绿截止 | 20 | 21 | 20 | 24 | 1E | 1F |
| 18 | RCUT | 红截止 | 20 | 21 | 20 | 21 | 21 | 1F |
| 19 | HB | 水平弓形校正 | 20 | 20 | 20 | 20 | | |
| 20 | BCP | 下边角校正 | 33 | 30 | 2B | 2B | | |
| 21 | UCP | 上边角校正 | 2E | 30 | 26 | 30 | | |
| 22 | TC | 梯形校正 | 1B | 15 | 19 | 20 | | |
| 23 | HP | 行补偿 | 23 | 1C | 1D | 2C | | |
| 24 | 50V | 50Hz 字符起始位置 | 2E | 2E | 2E | 3F | 3C | 37 |
| 25 | 5EW | 50Hz 东西枕形校正 | 36 | 36 | 36 | 20 | | |
| 26 | 5HS | 50Hz 行中心 | 1F | 1F | 1F | 20 | 19 | 1A |
| 27 | 5HA | 50Hz 行幅 | 2E | 2E | 2E | 2A | | |
| 28 | 5VSH | 50Hz 场中心 | 10 | 10 | 10 | 23 | 23 | 16 |
| 29 | 5VA | 50Hz 场幅 | 14 | 14 | 14 | 19 | 37 | 23 |
| 30 | SC | 场 S 校正 | 20 | 20 | 20 | 20 | 18 | 15 |
| 31 | VS | 场线性 | 23 | 22 | 20 | 23 | | 23 |
| 32 | VX00 | 场变化量设置 | 19 | 19 | 19 | 19 | | |
| 33 | AVG | AV 增益 | 28 | 28 | 28 | 28 | 20 | 20 |
| 34 | OP3 | 模式数据 3 | C6 | C6 | C6 | C6 | F2 | F2 |
| 35 | OP2 | 模式数据 2 | 68 | 48 | 48 | 48 | 6C | 6C |

续表

| 序 号 | 项 目 | 调整内容 | 数　据 | | | | | |
|---|---|---|---|---|---|---|---|---|
| | | | PF2998 | SF2518 | SF3415 | SF3498 | SF2198 | SF2115 |
| 36 | OP1 | 模式数据1 | FE | FE | FE | FE | FC | FC |
| 37 | 60V | 60Hz 字符起始位置 | 29 | 29 | 29 | | 22 | |
| 38 | 6EW | 60Hz 枕形校正 | 3C | 20 | 21 | | | |
| 39 | 6HS | 60Hz 行中心 | 24 | 22 | 23 | | 22 | |
| 40 | 6HA | 60Hz 行幅 | 30 | 38 | 2E | | | |
| 41 | 6VSH | 60Hz 场中心 | 0F | 24 | 1C | | 20 | |
| 42 | 6VA | 60Hz 场幅 | 18 | 25 | 23 | | 3C | |
| 43 | OP4 | 模式数据4 | | | | | 4E | 4E |
| 44 | INIT | 初始化 | | | | | | |

### 3. 模式数据的含义

长虹 CH-16 机心一般有三到四个模式数据（即 OP1、OP2、OP3 等），每一模式数据对应一组 8 位二进制数，二进制数的最低位用 bit0 表示，最高位用 bit7 表示。二进制数的相应位代表相应的控制功能，现以 SF2198 彩电来说明模式数据的控制功能，参考表 9-16。对于模式数据 OP1 来说，bit0 决定 B/G 制的有无，若将该位设为 1，表明有 B/G 制功能，设为 0 表明无 B/G 制功能。bit6 决定 S 端子的有无，若将该位设为 1，表明有 S 端子输入功能，设为 0 表明无 S 端子输入功能，其他类推。若将 OP1 中的二进制数（11111100）转换为十六进制数，则为 FC。同理，将 OP2、OP3、OP4 中的二进制数转为十进制数，则分别为 6C、F2、4E，即表 9-14 中所填的数据。

**表 9-16　SF2198 彩电模式数据表**

| 项　目 | 数据位 | 名　称 | 内　容 | 默认值 |
|---|---|---|---|---|
| OP1 | Bit0 | 伴音制式（B/G） | 1：有；0：无 | 0 |
| | Bit1 | 伴音制式（M） | 1：有；0：无 | 0 |
| | Bit2 | 伴音制式（I） | 1：有；0：无 | 1 |
| | Bit3 | 伴音制式（D/K） | 1：有；0：无 | 1 |
| | Bit4 | 开机模式 | 1：通电待机；0：通电直接开机 | 1 |
| | Bit5 | LOGO（厂标） | 1：无信号显示厂标，0：无信号不显示厂标 | 1 |
| | Bit6 | S 端子 | 1：有 0：无 | 1 |
| | Bit7 | DVD 端子 | 1：有 0：无 | 1 |
| OP2 | Bit0 | RF NTSC | 1：有；0：无 | 0 |
| | Bit1 | FM 收音机 | 1：有；0：无 | 0 |
| | Bit2 | 菜单（OSD）显示 | 1：中英文；0：单英文 | 1 |
| | Bit3 | SIF 选择 | 1：外部；0：内部 | 1 |
| | Bit4 | AKB | 1：关；0：开 | 0 |
| | Bit5 | FM SW | 1：开；0：关 | 1 |
| | Bit6 | XDT | 1：开；0：关 | 1 |
| | Bit7 | 总线控制调谐器选择 | 1：飞利浦调谐器；0：松下调谐器 | 0 |

续表

| 项　目 | 数 据 位 | 名　称 | 内　容 | 默 认 值 |
|---|---|---|---|---|
| OP3 | Bit0 | 换台方式 | 1：换台黑屏；　0：换台跳跃 | 0 |
| | Bit1 | OSO | 1：开；　0：关 | 1 |
| | Bit2 | DPL | 1：开；　0：关 | 0 |
| | Bit3 | FFI 速度控制 | 1：FAST；0：NOR－MAL | 0 |
| | Bit4 | FORF | FORF | 1 |
| | Bit5 | FORS | FORS | 1 |
| | Bit6 | AGC1 | AGC1 | 1 |
| | Bit7 | AGC0 | AGC0 | 1 |
| OP4 | Bit0 | 单独听 | 1：有；　0：无 | 0 |
| | Bit1 | 开机画面 | 1：有；　0：无 | 1 |
| | Bit2 | 蓝背景识别方式 | 1：LOCK；0：IFI | 1 |
| | Bit3 | 打火自启动 | 1：有；　0：无 | 1 |
| | Bit4 | 开机状态记忆 | 1：记忆；0：开机 TV | 0 |
| | Bit5 | PSNS | 1：21dB；0：26dB | 0 |
| | Bit6 | MUS | 1：USA；0：JAPAN | 1 |
| | Bit7 | YUV0 | 1：内接放大器；0：外接放大器 | 0 |

## 9.3.8　TDA 超级芯片故障分析

### 1. 超级芯片的互换

TDA9370 损坏时，不能用市售的空白芯片替代，否则，机器无法正常工作。不同厂家所用的 TDA 超级芯片，因其软件的不同，也不能相互代换。

对于长虹 CH-16 机心来说，小屏幕彩电所用的三种掩模片之间可以互相代换，代换后，可能会出现操作界面发生变化的现象，但不影响整机的正常使用。

### 2. 存储器的互换

超级芯片外部的存储器存有本机的控制软件，一旦损坏，切莫用市售的空白存储器进行替换，必须使用原厂提供的已写程序的存储器来替换。对于具有初始化功能的机器来说（长虹 CH-16 机心有此功能），当存储器损坏后，可以使用空白存储器进行更换。更换后，只要进入维修模式，选中调整菜单中的"INIT"项，按"音量"键，即可完成对存储器的初始化。此时，CPU 中控制数据写入到存储器中，电视机基本能正常工作。初始化后，还应对电视机进行必要的调整，以确保机器能工作在最佳状态。

### 3. TDA 超级芯片检修要点

1）微处理器的工作条件

54 脚、56 脚、58 脚、59 脚、61 脚的电压是否正常，是决定微处理器部分能否正常工作的先决条件。当这些引脚电压不正常或外围电路有故障时，TDA 超级芯片内部的微处理器就会停止工作，引起不能二次开机的现象；或出现开机后，机器不能正常运行，且遥控和键控皆失灵，机器处于三无状态的现象。

2）$I^2C$ 总线电压

2 脚和 3 脚为 $I^2C$ 总线端子，外部至少接有存储器，有的还接有其他被控电路。当 2 脚和 3 脚电压不正常时，机器一般会出现不能二次开机的现象。2 脚和 3 脚采用开路漏极输出方式，它们与电源之间接有上拉电阻。当 2 脚和 3 脚电压不正常时，可先对上拉电阻及总线与地之间的电容进行检查，若无问题，再用开路法检查被控电路。若断开某被控电路后，总线电压恢复正常，则该被控电路即为故障所在。

当 2 脚和 3 脚电压完全等于 5V，且不摆动时，说明超级芯片内部的微处理器不工作，应重点对微处理器的工作条件进行检查。当 2 脚或 3 脚电压低于正常值时，一般是其外部电路有问题。当 2 脚和 3 脚电压高于正常值且摆动时，则应对 14 脚和 39 脚的供电电压进行检查，以及对 15 脚、19 脚外部的滤波电容进行检查。另外，对于长虹 CH-16 机心来说，当 25 脚外部电阻开路时，也会引起总线电压高于正常值，且摆动。

3）值得注意的一些引脚

16 脚和 17 脚外接 AFC2 和 AFC1 滤波器，当其外部元器件损坏后，轻者出现同步不稳或不同步现象，重者出现机器自我保护，不能二次开机的现象。

25 脚为场基准电流设置端，25 脚外部电阻的大小决定对锯齿波电容的充电速度及充电幅值。当 25 脚外部电阻阻值增大时，会出现场幅减小的现象。若 25 脚外部电阻开路时，就会导致锯齿波无法形成，在长虹 CH-16 机心中，若锯齿波未能形成，就会使芯片自我保护，机器处于三无状态或待机状态。

49 脚用于 ABL 控制，49 脚电压在 2.0～3.5V 之间，当 49 脚电压不正常时，芯片内部亮度通道工作会不正常或进入自我保护状态。例如在长虹 CH-16 机心中，若 49 脚电压不正常，常表现为画面背景变暗，图像变淡的现象。

50 脚为黑电流检测输入端，由末级视放电路送来的黑电流检测电压从 50 脚输入。正常工作时，50 脚电压在 7V 左右。若 50 脚电压偏离较大时，芯片会自我保护，出现黑屏现象，此时，51 脚、52 脚和 53 脚无三基色信号输出（这三脚的直流电压很低）。在检修过程中，若加速极电压调节不当，也会导致黑电流检测不正常，引起黑屏现象。

34 脚为行逆程脉冲输入端，同时又是沙堡脉冲输出端。34 脚输入的行逆程脉冲主要送至芯片内部 AFC2 电路，34 脚产生的沙堡脉冲送至内部亮度处理、色度处理及保护电路。当 34 脚无行逆程脉冲输入时，沙堡脉冲也就无法形成，内部保护电路检测不到沙堡脉冲，就会使芯片自我保护。在长虹 CH-16 机心中，自我保护的结果将切断 33 脚行脉冲的输出，出现三无现象。

36 脚用于高压反馈和 EHT 保护，该脚电压为 1.8V 左右。若 36 脚偏离过多，芯片也会进入保护状态，出现黑屏、自动关机（进入待机状态）或光栅伸缩的现象。

TDA 超级芯片中无专门的副载波振荡电路，彩色副载波是由微处理电路中的 12MHz 时钟信号经分频后产生的，当 12MHz 时钟偏离正常值时，就有可能导致无彩色的现象，此时，应对 58 脚和 59 脚外部的时钟振荡器进行检查。

TDA 超级芯片的 45 脚电压决定 YUV/RGB 输入模式，当 45 脚大于 1V 时，TDA 超级芯片支持 YUV 输入方式，此时，要求 47 脚、48 脚和 46 脚分别输入 Y（亮度）、U（B－Y）及 V（R－Y）信号。若 45 脚电压小于 1V，TDA 超级芯片将支持 RGB 输入方式，此时，要求 46 脚、47 脚和 48 脚分别输入 R、G、B 信号。绝大多数 TDA 超级芯片彩电设有 YUV 输入端子，45 脚电压设置在 1V 以上，若 45 脚外部电路出现故障而引起 45 脚电压小于 1V 时，机器就出现不能接收外部 YUV 信号的故障。

## 习题

### 一、填空题

1. I$^2$C 总线是一种_____、_____、_____总线，总线仅由两根线组成，一根叫_____线，表示符号为_____，另一根叫_____线，表示符号为_____。

2. 在彩色电视机的 I$^2$C 总线系统中，_____为主控器，其余挂接在总线上的电路皆为被控器。

3. 对于彩色电视机而言，一个完整的 I$^2$C 总线系统至少含有_____、_____和_____三个电路。

4. I$^2$C 总线彩电的存储器中有两类信息，一类是由厂家写入的，叫_____信息，另一类是由用户写入的，叫_____信息。

5. I$^2$C 总线的输出端常采用开路漏极（或开路集电极）方式，为了确保总线输出端得到供电，必须接_____电阻。

6. I$^2$C 总线系统具有用户操作功能、_____功能、_____功能及_____功能。

7. I$^2$C 总线彩电的调整是在_____模式下进行的，每一调整项目均对应一个项目名称和一个预置数据。

8. I$^2$C 总线彩电有两大特殊故障，即_____和_____。

9. 长虹 CN-12 机心常用 CHT0406 或 CHT0410 等型号的 CPU，它事实上是将控制软件写入到_____芯片中而形成的。

10. LA76810 的 I$^2$C 总线接口供电引脚为_____，CHT0406（或 CHT0410）的总线通/断控制引脚为_____。

11. 海信 TB1238 机心所用的小信号处理器为_____，CPU 为_____。

12. TB1238N 的 I$^2$C 总线接口供电引脚为_____，供电电压大小为_____；行启振供电引脚为_____，供电电压大小为_____。

### 二、问答题

1. 被控器中，为什么要设 I$^2$C 总线接口？为什么要对 I$^2$C 总线接口赋予地址码？

2. 被控器与总线的连接方式有哪几种，各有什么特点？

3. 长虹 G2108 彩电的 I$^2$C 总线系统由哪几块集成块构成？并画出该系统。

4. LA76810 内部包含哪几大主要电路？

5. 黑电平延伸（扩展）电路的作用是什么？

6. 长虹 G2108 彩电出现场幅略偏小的故障，想调节场幅，但机中又无场幅调节电阻，请问应如何调节（写出操作步骤）？

# 反侵权盗版声明

电子工业出版社依法对本作品享有专有出版权。任何未经权利人书面许可，复制、销售或通过信息网络传播本作品的行为；歪曲、篡改、剽窃本作品的行为，均违反《中华人民共和国著作权法》，其行为人应承担相应的民事责任和行政责任，构成犯罪的，将被依法追究刑事责任。

为了维护市场秩序，保护权利人的合法权益，本社将依法查处和打击侵权盗版的单位和个人。欢迎社会各界人士积极举报侵权盗版行为，本社将奖励举报有功人员，并保证举报人的信息不被泄露。

举报电话：（010）88254396；（010）88258888

传　　真：（010）88254397

E-mail： dbqq@ phei. com. cn

通信地址：北京市海淀区万寿路 173 信箱
　　　　　电子工业出版社总编办公室

邮　　编：100036